英特尔 FPGA 中国创新中心系列丛书
普通高等教育"十三五"规划教材

FPGA设计与VHDL实现

王金明 ｜ 编著

电子工业出版社

Publishing House of Electronics Industry

北京·BEIJING

内 容 简 介

本书根据 EDA 课程教学要求，以提高数字系统设计能力为目标，系统阐述 FPGA 数字开发的相关知识，主要内容包括 EDA 技术概述、FPGA/CPLD 器件、Quartus Prime 使用指南、VHDL 设计初步、VHDL 结构与要素、VHDL 基本语句、VHDL 设计进阶、VHDL 有限状态机设计、VHDL 数字设计与优化、VHDL 的 Test Bench 仿真、VHDL 设计实例等。全书以 Quartus Prime、ModelSim SE 软件为工具，以 VHDL 为设计语言，以可综合的设计为重点，通过诸多精选设计案例，系统阐述数字系统设计方法与设计思想，由浅入深地介绍 VHDL 工程开发的手段与技能。

本书着眼于实用，紧密联系教学科研实际，实例丰富，配套电子课件、程序代码、习题参考答案等。本书可作为电子、通信、集成电路、计算机、电路与系统、通信与信息系统、测控技术与仪器等专业本科生和研究生的教材，也可供从事电路设计和系统开发的工程技术人员学习参考。

图书在版编目（CIP）数据

FPGA 设计与 VHDL 实现 / 王金明编著. —北京：电子工业出版社，2021.1

ISBN 978-7-121-38767-8

Ⅰ. ①F… Ⅱ. ①王… Ⅲ. ①可编程序逻辑阵列—系统设计—高等学校—教材 ②VHDL 语言—程序设计—高等学校—教材 Ⅳ. ①TP332.1 ②TP312.8

中国版本图书馆 CIP 数据核字（2020）第 043326 号

责任编辑：王羽佳
印　　刷：北京虎彩文化传播有限公司
装　　订：北京虎彩文化传播有限公司
出版发行：电子工业出版社
　　　　　北京市海淀区万寿路 173 信箱　邮编　100036
开　　本：787×1 092　1/16　印张：19.75　字数：570 千字
版　　次：2021 年 1 月第 1 版
印　　次：2025 年 2 月第 6 次印刷
定　　价：59.90 元

凡所购买电子工业出版社图书有缺损问题，请向购买书店调换。若书店售缺，请与本社发行部联系，联系及邮购电话：（010）88254888，88258888。

质量投诉请发邮件至 zlts@phei.com.cn，盗版侵权举报请发邮件至 dbqq@phei.com.cn。

本书咨询联系方式：（010）88254535，wyj@phei.com.cn。

英特尔 FPGA 中国创新中心系列丛书
编委会

序

众所周知，我们正在进入一个全面科技创新的时代。科技创新驱动并引领着人类社会的发展，从人工智能、自动驾驶、5G，到精准医疗、机器人等，所有这些领域的突破都离不开科技的创新，也离不开计算的创新。

从 CPU、GPU，到 FPGA、ASIC，再到未来的神经拟态计算、量子计算等，英特尔正在全面布局未来的端到端计算创新，以充分释放数据的价值。中国拥有巨大的市场和引领全球创新的需求，其产业生态的全面性以及企业创新的实力、活力和速度都令人瞩目。英特尔始终放眼长远，以丰富的生态经验和广阔的全球视野，持续推动与中国产业生态的合作共赢。以此为前提，英特尔在 2018 年建立了英特尔 FPGA 中国创新中心，与戴尔、海云捷迅等合作伙伴携手共建 AI 和 FPGA 生态，并通过组织智能创新大赛、产学研合作及高新人才培训等，发掘优秀团队，培养专业人才，孵化应用创新，加速智能产业发展。

该系列丛书是英特尔 FPGA 中国创新中心专为 AI 和 FPGA 领域的人才培养而设计编撰的系列丛书，非常高兴作为英特尔 FPGA 中国创新中心总经理为丛书写序。同时也希望该系列丛书能为中国 AI 和 FPGA 相关产业的生态建设和人才培养添砖加瓦！

张 瑞

英特尔® FPGA 中国创新中心 总经理

2020 年秋

EDA 技术已成为电子信息类专业学生的一门重要的专业基础课程，并在教学、科研及大学生电子设计竞赛等活动中广泛应用，成为电子信息类本科生和研究生需要掌握的专业知识与基本技能。随着教改的深入，对 EDA 课程教学的要求也在不断提高，必须对教学内容不断更新和优化，与时俱进，以适应 EDA 技术的快速发展。

开放式、自主式学习已成为 EDA 教学的主流，而"口袋实验板"适应了教学的需要，受到越来越多师生的欢迎。FPGA "口袋实验板"便携易用，资源丰富，学生可随时随地进行创新设计，非常有利于学生自主学习能力和创新实践能力的培养。

本书以 Quartus Prime 为主要设计工具，以 VHDL 为设计语言，以 Intel FPGA 芯片为目标器件，选取 C4_MB "口袋实验板"为目标开发板，结合大量精选设计案例，系统地介绍 EDA 开发的方法与技能。本书可作为 EDA 技术、FPGA 开发或数字系统设计的教材。

全书共 12 章。第 1 章综述 EDA 技术；第 2 章介绍 FPGA/CPLD 器件的发展与历史，重点介绍 Intel 的 FPGA 芯片的结构与配置；第 3 章介绍 Quartus Prime 集成开发工具的使用方法；第 4、5、6 章系统介绍 VHDL 的语法、语句；第 7 章讨论 VHDL 设计的风格和层次；第 8 章介绍有关有限状态机设计的内容；第 9 章列举 VHDL 控制常用 I/O 外设的案例以及设计优化的问题；第 10 章介绍 VHDL 仿真，以及用 ModelSim SE 进行功能和时序仿真的过程；第 11 章举例说明复杂数字逻辑系统的设计方法。

本书提供配套电子课件、程序代码等，请登录华信教育资源网（http://www.hxedu.com.cn）免费注册下载。

由于 FPGA 芯片和 EDA 软件的不断更新换代，同时因编著者时间和精力所限，本书不免有诸多疏漏和遗憾。参加本书编写的还有朱莉莉、王婧菡、王兰聆等，在此一并表示诚挚的感谢。

本书疏漏与错误之处，希望读者和同行给予批评指正。

编者联系方式 E-mail：wjm_ice@163.com

编　者
2020 年 1 月

目 录

第1章 EDA 技术概述 ················ 001

1.1 EDA 技术及其发展 ············· 001

1.2 Top-down 设计与 IP 核复用 ········ 003

　1.2.1 Top-down 设计 ············ 004

　1.2.2 Bottom-up 设计 ··········· 005

　1.2.3 IP 复用技术与 SoC ········· 005

1.3 数字设计的流程 ·············· 006

　1.3.1 设计输入 ·············· 006

　1.3.2 综合 ················· 007

　1.3.3 布局布线 ·············· 007

　1.3.4 仿真 ················· 008

　1.3.5 编程配置 ·············· 008

1.4 常用的 EDA 工具软件 ··········· 008

1.5 EDA 技术的发展趋势 ············ 011

习题 1 ····················· 012

第2章 FPGA/CPLD 器件 ··········· 013

2.1 PLD 概述 ················· 013

　2.1.1 PLD 的发展历程 ·········· 013

　2.1.2 PLD 的分类 ············ 014

2.2 PLD 的基本原理与结构 ·········· 016

　2.2.1 PLD 的基本结构 ·········· 016

　2.2.2 PLD 电路的表示方法 ······· 016

2.3 低密度 PLD 的原理与结构 ········ 018

2.4 CPLD 的原理与结构 ··········· 021

　2.4.1 宏单元结构 ············· 022

　2.4.2 典型 CPLD 的结构 ········· 022

2.5 FPGA 的原理与结构 ··········· 024

　2.5.1 查找表结构 ············· 024

　2.5.2 Cyclone IV 器件结构 ······· 026

2.6 FPGA/CPLD 的编程元件 ········· 029

2.7 边界扫描测试技术 ············· 032

2.8 FPGA/CPLD 的编程与配置 ······· 034

　2.8.1 在系统可编程 ··········· 034

　2.8.2 FPGA 器件的配置 ········· 034

　2.8.3 Cyclone IV 器件的编程 ····· 035

2.9 Intel 的 FPGA/CPLD ··········· 038

2.10 FPGA/CPLD 的发展趋势 ········· 041

习题 2 ····················· 042

第3章 Quartus Prime 使用指南 ········ 043

3.1 Quartus Prime 原理图设计 ········ 044

　3.1.1 半加器原理图设计输入 ····· 044

　3.1.2 1 位全加器设计输入 ······· 047

　3.1.3 1 位全加器的编译 ········· 049

　3.1.4 1 位全加器的仿真 ········· 050

　3.1.5 1 位全加器的下载 ········· 054

　3.1.6 配置数据固化与脱机

　　　　运行 ··············· 058

3.2 基于 IP 核的设计 ············· 060

　3.2.1 用 LPM_COUNTER 设计模

　　　　24 方向可控计数器 ······· 061

　3.2.2 用 LPM_ROM 模块实现 4×4

　　　　无符号数乘法器 ········· 067

3.3 SignalTap II 的使用方法 ········· 074

3.4 Quartus Prime 的优化设置与

　　时序分析 ················· 078

习题 3 ····················· 082

第4章 VHDL 设计初步 ············· 085

4.1 VHDL 简介 ················ 085

4.2 VHDL 组合电路设计 ··········· 086

4.3 VHDL 时序电路设计 ··········· 090

习题 4 ····················· 096

第5章 VHDL 结构与要素 ··········· 097

5.1 实体 ···················· 097

　5.1.1 类属参数说明 ··········· 098

　5.1.2 端口说明 ·············· 099

5.2 结构体 ··················· 099

5.3 VHDL 库和程序包 ············ 100

　5.3.1 库 ·················· 100

　5.3.2 程序包 ··············· 103

5.4　配置 ································ 104

5.5　子程序 ························· 107

　　5.5.1　过程（PROCEDURE）····· 107

　　5.5.2　函数（FUNCTION）······· 109

5.6　VHDL 文字规则 ············· 111

　　5.6.1　标识符 ·················· 111

　　5.6.2　数字 ······················ 112

　　5.6.3　字符串 ·················· 113

5.7　数据对象 ······················ 113

　　5.7.1　常量 ······················ 113

　　5.7.2　变量 ······················ 114

　　5.7.3　信号 ······················ 114

　　5.7.4　文件 ······················ 115

5.8　VHDL 数据类型 ············· 116

　　5.8.1　预定义数据类型 ········ 117

　　5.8.2　用户自定义数据类型 ···· 119

　　5.8.3　数据类型的转换 ········ 122

5.9　VHDL 运算符 ················ 124

　　5.9.1　逻辑运算符 ············· 124

　　5.9.2　关系运算符 ············· 124

　　5.9.3　算术运算符 ············· 125

　　5.9.4　并置运算符 ············· 126

　　5.9.5　运算符重载 ············· 127

习题 5 ································· 128

第 6 章　VHDL 基本语句 ············· 129

6.1　顺序语句 ······················ 129

　　6.1.1　赋值语句 ················ 129

　　6.1.2　IF 语句 ·················· 130

　　6.1.3　CASE 语句 ·············· 135

　　6.1.4　LOOP 语句 ·············· 138

　　6.1.5　NEXT 与 EXIT 语句 ······· 140

　　6.1.6　WAIT 语句 ·············· 141

　　6.1.7　子程序调用语句 ········ 142

　　6.1.8　断言语句 ················ 142

　　6.1.9　REPORT 语句 ············ 143

　　6.1.10　NULL 语句 ············· 144

6.2　并行语句 ······················ 144

　　6.2.1　并行信号赋值语句 ······ 145

　　6.2.2　进程语句 ················ 149

　　6.2.3　块语句 ·················· 152

　　6.2.4　元件例化语句 ·········· 153

6.2.5　生成语句 ················ 155

6.2.6　并行过程调用语句 ······ 158

6.3　属性说明与定义语句 ········ 158

　　6.3.1　数据类型属性 ·········· 158

　　6.3.2　数组属性 ················ 159

　　6.3.3　信号属性 ················ 160

习题 6 ································· 161

第 7 章　VHDL 设计进阶 ············· 162

7.1　行为描述 ······················ 162

7.2　数据流描述 ··················· 163

7.3　结构描述 ······················ 164

　　7.3.1　用结构描述设计 1 位

　　　　　全加器 ················ 164

　　7.3.2　用结构描述设计 4 位

　　　　　加法器 ················ 166

　　7.3.3　用结构描述设计 8 位

　　　　　加法器 ················ 167

7.4　三态逻辑设计 ················ 168

7.5　分频器设计 ··················· 170

　　7.5.1　占空比为 50%的

　　　　　奇数分频 ·············· 170

　　7.5.2　半整数分频 ············· 173

　　7.5.3　数控分频器 ············· 174

7.6　用锁相环 IP 核实现倍频和相移···· 175

习题 7 ································· 181

第 8 章　VHDL 有限状态机设计 ········ 182

8.1　有限状态机 ··················· 182

　　8.1.1　有限状态机的描述 ······ 182

　　8.1.2　枚举数据类型 ·········· 184

8.2　有限状态机的描述方式 ······ 186

　　8.2.1　三进程表述方式 ········ 186

　　8.2.2　双进程表述方式 ········ 188

　　8.2.3　单进程表述方式 ········ 190

8.3　状态编码 ······················ 193

　　8.3.1　常用的编码方式 ········ 193

　　8.3.2　用 ATTRIBUTE 指定编码

　　　　　方式 ················ 194

　　8.3.3　用常量进行编码 ········ 196

8.4　有限状态机设计要点 ········ 198

　　8.4.1　起始状态的选择和复位··· 198

8.4.2　多余状态的处理 ············ 199

8.5　有限状态机应用实例 ·············· 200

8.5.1　用有限状态机控制
流水灯 ·············· 200

8.5.2　用有限状态机控制 A/D
采样 ·············· 203

习题 8 ·················· 205

第 9 章　VHDL 数字设计与优化 ············ 206

9.1　流水线设计 ·············· 206

9.2　资源共享 ················ 209

9.3　4×4 矩阵键盘 ·············· 213

9.4　字符液晶 ················ 217

9.5　汉字图形点阵液晶 ············ 224

9.6　VGA 显示器 ·············· 230

9.6.1　VGA 显示原理与时序 ······ 230

9.6.2　VGA 彩条信号发生器 ······ 232

9.6.3　VGA 图像显示与控制 ······ 237

9.7　音乐演奏电路 ·············· 243

9.7.1　音乐演奏实现的方法 ········ 243

9.7.2　实现与下载 ·············· 245

习题 9 ·················· 248

第 10 章　VHDL 的 Test Bench 仿真 ·········· 250

10.1　VHDL 仿真概述 ············ 250

10.2　VHDL 测试平台 ············ 251

10.2.1　用 VHDL 描述仿真激励
信号 ·············· 251

10.2.2　用 TEXTIO 进行仿真 ····· 255

10.3　ModelSim SE 仿真实例 ·············· 258

10.3.1　图形界面仿真方式 ·········· 260

10.3.2　命令行仿真方式 ············ 264

10.3.3　ModelSim SE 时序
仿真 ·············· 265

习题 10 ················· 267

第 11 章　VHDL 设计实例 ············· 270

11.1　m 序列产生器 ·············· 270

11.2　Gold 码 ················· 274

11.3　数字过零检测和等精度频率
测量 ·············· 277

11.3.1　数字过零检测 ············ 277

11.3.2　等精度频率测量 ············ 279

11.3.3　数字测量系统 ············ 280

11.4　QPSK 数字调制器 ············· 283

11.5　小型神经网络 ·············· 292

11.6　数字 AGC ················ 295

习题 11 ················· 304

附录 A　VHDL 关键字 ············· 305

参考文献 ················· 306

第 |1| 章

EDA 技术概述

我们已经进入数字化和信息化的时代,其特点是各种数字产品的广泛应用。现代数字产品在性能提高、复杂度增大的同时,更新换代的步伐也越来越快,实现这种进步的因素在于芯片制造技术和设计技术的进步。

芯片制造技术以微细加工技术为代表,目前已进展到深亚微米阶段,可以在几平方厘米的芯片上集成数千万个晶体管。摩尔曾经对半导体集成技术的发展做出预言:大约每 18 个月,芯片的集成度提高 1 倍,功耗下降 1 倍,他的预言被人们称为摩尔定律(Moore's law)。几十年来,集成电路的发展与这个预言非常吻合,数字器件经历了从 SSI、MSI、LSI 到 VLSI,直到现在的 SoC(System on Chip,芯片系统),我们已经能够把一个完整的电子系统集成在一个芯片上。还有一种器件的出现极大改变了数字系统的设计方式,这就是可编程逻辑器件(Programmable Logic Device,PLD)。PLD 器件是 20 世纪 70 年代后期发展起来的一种器件,它经历了可编程逻辑阵列(Programmable Logic Array,PLA)、通用阵列逻辑(Generic Array Logic,GAL)等简单形式到现场可编程门阵列(Field Programmable Gate Array,FPGA)和复杂可编程逻辑器件(Complex Programmable Logic Device,CPLD)的高级形式的发展,它的广泛使用不仅简化了电路设计、提高了设计的灵活性,而且给数字系统的整个设计和应用带来深刻的改变。

数字设计的方法也发生了深刻的变化,从电子 CAD(Computer Aided Design)、电子 CAE(Computer Aided Engineering)到电子设计自动化(Electronic Design Automation,EDA),设计的自动化程度越来越高,设计的复杂性也越来越大。

EDA 技术已成为现代电子设计的有力工具,没有 EDA 技术的支持,要完成超大规模集成电路的设计和制造是不可想象的,反过来,生产制造技术的进步又不断对 EDA 技术提出新要求,促使其不断向前发展。

1.1 EDA 技术及其发展 ●●●

在现代数字系统设计中,EDA 技术已经成为一种普遍的工具。对设计者而言,熟练地掌握 EDA 技术,可以极大提高工作效率,起到事半功倍的效果。

EDA(电子设计自动化)技术没有一个精确的定义,我们可以这样来认识:所谓 EDA 技术,就是以计算机为工具,设计者基于 EDA 软件平台,采用原理图或者硬件描述语言(HDL)完成设计输入,然后由计算机自动完成逻辑综合、优化、布局布线,直至对目标芯片(FPGA/CPLD)的适配和编程下载等工作(甚至是完成 ASIC 专用集成电路掩膜设计)。上述辅助进行电子设计的软件工具及技术统称 EDA。EDA 技术的发展以计算机科学、微电子技术的发展为基础,融合了应用电子技术、人工智能(Artificial Intelligence,AI),以及计算机图形学、拓扑学、计算数学等众多学科的最新成果。EDA 技术经历了一个由简单到复杂、由初级到高级不断发展进步的阶段。从 20 世纪 70 年代,人们就已经开始基于计算机开发出一些软件工具帮助设计者完成电路系统的设计任务,以代替传统的手工设计方法,随着计算机软件和硬件技术水平的提高,EDA 技术也在不断进步,大致经历了下面三个发展阶段。

1. CAD 阶段

电子 CAD 阶段是 EDA 技术发展的早期阶段(时间大致为 20 世纪 70 年代至 80 年代初)。在这个阶段,一方面,计算机的功能还比较有限,个人计算机还没有普及;另一方面,电子设计软件的功能也较弱。人们主要借助计算机对所设计电路的性能进行一些模拟和预测;另外,就是完成 PCB 的布局布线、简单版图的绘制等工作。

2. CAE 阶段

集成电路规模的扩大,电子系统设计的逐步复杂,使得电子 CAD 的工具逐步完善和发展,尤其是人们在设计方法学、设计工具集成化方面取得了长足的进步,EDA 技术进入电子 CAE 阶段(时间大致为 20 世纪 80 年代初至 90 年代初)。在这个阶段,各种单点设计工具、各种设计单元库逐渐完备,并且开始将许多单点工具集成在一起使用,大大提高了工作效率。

3. EDA 阶段

20 世纪 90 年代以来,微电子工艺有了显著的发展,工艺水平达到深亚微米级,在一个芯片上可以集成数目上千万乃至上亿的晶体管,芯片的工作速度达到 Gbps 级,这样就对电子设计的工具提出了更高的要求,也促使设计工具提高性能。

EDA 技术已成为电子设计的普遍工具,无论是设计芯片还是设计各种电子电路,没有 EDA 工具的支持都是难以完成的。EDA 技术的使用贯穿电子系统开发的各个层级,比如寄存器传输级(RTL)、门级和版图级;也贯穿电子系统开发的各个领域,从低频到高频电路、从线性到非线性电路、从模拟电路到数字电路、从 PCB 到 FPGA 领域等。EDA 技术的功能和范畴如图 1.1 所示。

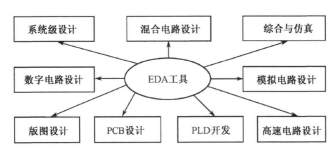

图 1.1　EDA 技术的功能和范畴

进入 21 世纪后,EDA 技术得到了更快的发展,开始步入一个新的时期,突出地表现在以下几个方面。

① 电子设计各个领域全方位融入 EDA 技术,除日益成熟的数字技术外,可编程模拟器件的设计技术也有了很大的进步。EDA 技术使得电子领域各学科的界限更加模糊,相互包容和渗透,如模拟与数字、软件与硬件、系统与器件、ASIC 与 FPGA、行为与结构等,软/硬件协同设计技术也成为 EDA 技术的一个发展方向。

② IP(Intellectual Property)核在电子设计领域得到了更广泛的应用,进一步缩短了设计周期,提高了设计效率。基于 IP 核的 SoC(System on Chip,芯片系统)设计技术趋向成熟,电子设计

成果的可重用性得到提高。

③ 嵌入式微处理器软核的出现、更大规模的 FPGA/CPLD 器件的不断推出，使得 SoPC（System on Programmable Chip，可编程芯片系统）步入实用化阶段，在一片 FPGA 芯片中实现一个完备的系统成为可能。

④ 用 FPGA（Field Programmable Gate Array，现场可编程门阵列）器件实现完全硬件的 DSP（数字信号处理）成为可能，用纯数字逻辑进行 DSP 模块的设计，为高速数字信号处理算法提供了实现途径。

⑤ 在设计和仿真两方面支持标准硬件描述语言的 EDA 软件不断推出，系统级、行为验证级硬件描述语言的出现（如 System C）使得复杂电子系统的设计和验证更加高效。在一些大型的系统设计中，设计验证工作艰巨，这些高效的 EDA 工具的出现减少了开发人员的工作量。

除了上述发展趋势，现代 EDA 技术和 EDA 工具还呈现出以下一些共同特点。

1）硬件描述语言（HDL）标准化程度提高

硬件描述语言（Hardware Description Language，HDL）不断进化，其标准化程度越来越高，便于设计的复用、交流、保存和修改，也便于组织大规模、模块化的设计。标准化程度最高的硬件描述语言是 Verilog HDL 和 VHDL，它们已成为 IEEE 标准，并且有新的版本获得通过，比如 Verilog 有 Verilog-1995 和 Verilog-2001 等版本，其功能不断完善。

2）EDA 工具的开放性和标准化程度不断提高

现代 EDA 工具普遍采用标准化和开放性的框架结构，可以接纳其他厂商的 EDA 工具一起进行设计工作。这样可实现各种 EDA 工具间的优化组合，并集成在一个易于管理的统一环境之中，实现资源共享，有效提高设计者的工作效率，有利于大规模、有组织的设计开发工作。

EDA 工具已经能接受功能级或 RTL（Register Transport Level）级的 HDL 描述进行逻辑综合和优化。为了更好地支持自顶向下的设计方法，EDA 工具需要在更高的层级进行综合和优化，并进一步提高智能化程度，提高设计的优化程度。

3）EDA 工具的库（Library）不断完备

EDA 工具要具有更强大的设计能力和更高的设计效率，必须配有丰富的库，比如元器件符号库、元器件模型库、工艺参数库、标准单元库、可复用的宏功能模块库、IP 核库等。在电路设计的各个阶段，EDA 系统需要不同层次、不同种类的元器件库的支持。比如，原理图输入时需要原理图符号库、宏模块库；逻辑仿真时需要逻辑单元的功能模型库，模拟电路仿真时需要模拟器件的模型库；版图生成时需要适应不同工艺的版图库等。各种模型库的规模和功能是衡量 EDA 工具优劣的一个重要标志。

从过去发展的过程看，EDA 技术一直滞后于制造工艺的发展，它在制造技术的驱动下不断进步；从长远看，EDA 技术将随着微电子技术、计算机技术的不断发展而发展。"工欲善其事，必先利其器"，EDA 工具已成为现代电子设计的利器，它也在诸多因素的推动下不断提升自身性能。

1.2　Top-down 设计与 IP 核复用 ●●●

数字系统的设计方法发生了深刻的变化。传统的数字系统采用搭积木的方式设计，由一些固定功能的器件加上一定的外围电路构成模块，由这些模块进一步形成各种功能电路，进而构成系统。构成系统的积木块是各种标准芯片，如 74/54 系列（TTL）、4000/4500 系列（CMOS）

芯片等，这些芯片的功能是固定的，用户只能根据需要从这些标准器件中选择，并按照推荐的电路搭成系统，设计的灵活性低，设计电路所需的芯片种类多且数量大。

PLD 器件和 EDA 技术的出现，改变了这种传统的设计思路，使人们可以立足于 PLD 芯片来实现各种功能，新的设计方法使设计者可自己定义器件的内部逻辑，将原来由电路板完成的工作放至芯片的设计中完成，这样增加了设计的自由度，提高了效率，而且引脚定义的灵活性减轻了原理图和印制板设计的工作量和难度，同时，缩小了系统体积，降低了功耗，提高了可靠性。

在基于 EDA 技术的设计中，通常有两种设计思路：一种是自顶向下（Top-down）的设计思路，另一种是自底向上（Bottom-up）的设计思路。

1.2.1 Top–down 设计

Top-down 设计，即自顶向下的设计。这种设计方法首先从系统设计入手，在顶层进行功能的划分；在功能级进行仿真、纠错，并用硬件描述语言进行行为描述，然后用综合工具将设计转化为门级电路网表，其对应的物理实现可以是 PLD 器件或专用集成电路（ASIC）。设计的仿真和调试可以在高层级完成，这一方面有利于早期发现设计上的缺陷，避免设计时间的浪费，另一方面也有助于提前规划模拟仿真工作，在设计阶段就考虑仿真，提高了设计的一次成功率。

在 Top-down 设计中，将设计分成几个不同的层次：系统级、功能级、门级和开关级等，按照自上而下的顺序，在不同的层次上对系统进行描述与仿真。图 1.2 是这种设计方式的示意图。如图中所示，在 Top-down 设计过程中，需要 EDA 工具的支持，有些步骤 EDA 工具可以自动完成，比如综合等，有些步骤 EDA 工具为用户提供辅助。Top-down 设计必须经过"设计—验证—修改设计—再验证"的过程，不断反复，直至得到自己想要的结果，并且在速度、功耗、可靠性方面达到较为合理的平衡。

图 1.3 是用 Top-down 设计方式设计 CPU 的示意图。首先在顶层划分，将整个 CPU 划分为 ALU、PC、RAM 等模块，再对每个模块分别描述，然后通过 EDA 工具将整个设计综合为网表并实现它。在设计过程中，需要不断仿真和迭代，直至完成设计目标。

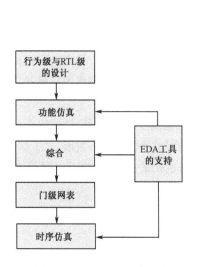

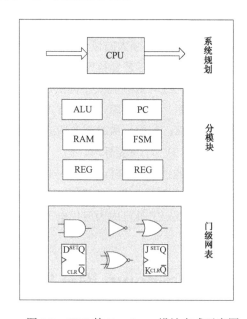

图 1.2 Top-down 设计方式   图 1.3 CPU 的 Top-down 设计方式示意图

1.2.2 Bottom-up 设计

Bottom-up 设计，即自底向上的设计。这是一种传统的设计思路，一般是设计者选择标准集成电路，或者将门电路、加法器、计数器等模块做成基本单元库，调用这些单元，逐级向上组合，直到设计出满足自己需要的系统。这样的设计方法就如同一砖一瓦建造房子，设计者往往更多地关注细节，而对整个系统缺乏规划，当设计出现问题需要修改时，就会陷入麻烦，甚至前功尽弃，不得不从头再来。

Top-down 设计符合人们逻辑思维的习惯，便于对复杂的系统进行合理的划分与不断的优化，因此成为主流的设计思路；不过，Top-down 设计也并非是绝对的，在设计过程中，有时也需要用到自底向上的方法，两者相辅相成。在数字系统设计中，应以 Top-down 设计为主，以 Bottom-up 设计为辅。

1.2.3 IP 复用技术与 SoC

电子系统的设计越向高层发展，基于 IP 复用（IP Reuse）的设计技术越显示出优越性。IP（Intellectual Property）原来的含义是指知识产权、著作权等，在 IC 设计领域，可将其理解为实现某种功能的设计，IP 核（IP 模块）则是指完成某种功能的设计模块。

IP 核分为硬核、固核和软核三种类型。

① 软核：软核指的是寄存器传输级（RTL）模型，表现为 RTL 代码（Verilog 或 VHDL）。软核只经过功能仿真，其优点是灵活性高、可移植性强，用户可以对软核的功能加以裁剪以符合特定的应用，也可以对软核的参数进行重新载入。

② 固核：固核指经过了综合（布局布线）的带有平面规划信息的网表，通常以 RTL 代码和对应具体工艺网表的混合形式提供。和软核相比，固核的设计灵活性稍差，但在可靠性上有较大提高。

③ 硬核：硬核指经过验证的设计版图，其经过前端和后端验证，并针对特定的设计工艺，用户不能对其进行修改。

软核使用灵活，但其可预测性差，延时不一定能达到要求；硬核可靠性高，能确保性能，如速度、功耗等，能很快地投入使用。

基于 IP 核的设计能节省开发时间、缩短开发周期、避免重复劳动，因此基于 IP 复用的设计技术得到广泛应用，但也存在一些问题，如 IP 版权的保护、IP 的保密、IP 间的集成等。

系统芯片（System on Chip，SoC），或者称为芯片系统、片上系统，是指把系统集成在一个芯片上，这在便携设备中用得较多，尤其是手机芯片，是典型的 SoC，手机 SoC 上集成了 CPU、GPU（Graphics Processing Unit，图形处理器）、RAM、Modem（调制解调器）、DSP（数字信号处理器）、CODEC（编解码器）等部件，集成度很高，是 SoC 的典型代表。

微电子工艺的进步为 SoC 的实现提供了硬件基础，EDA 软件则为 SoC 实现提供了工具。EDA 工具一直在向着高层化发展，如果把电子设计看成设计者根据设计规则用软件搭接已有的不同模块，那么早期的设计是基于晶体管的（Transistor Based Design），在这一阶段，设计者最关心的是怎样减小芯片的面积，所以又称面积驱动的设计（Area Driving Design，ADD）；随着设计方法的改进，出现了以门级模块为基础的设计（Gate Based Design）。在这一阶段，设计者在考虑芯片面积的同时，更多关注门级模块之

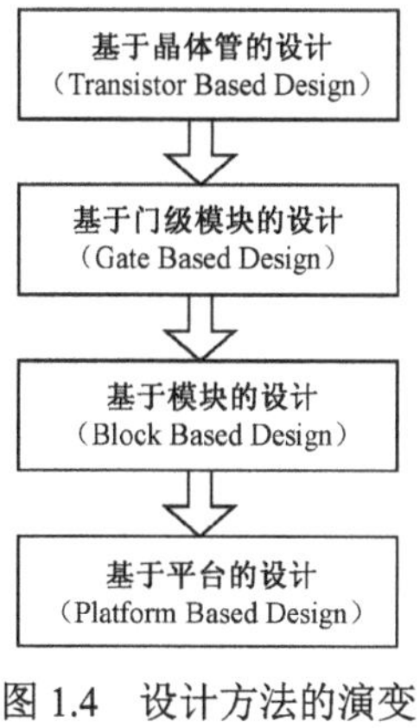

图 1.4 设计方法的演变

间的延时，所以这种设计又称延时驱动的设计（Time Driving Design，TDD）。20 世纪 90 年代以来，芯片的集成度进一步提高，SoC 的出现，使得以 IP 复用为基础的设计逐渐流行，这种设计方法称为基于模块的设计（Block Based Design，BBD）方法；在应用 BBD 方法进行设计的过程中，逐渐产生的一个问题是，在开发完一个产品后，怎么能尽快开发出其系列产品，这样就产生了新的概念——PBD，PBD 是基于平台的设计（Platform Based Design）方法，它是一种基于 IP 的、面向特定应用领域的 SoC 设计环境，可以在更短的时间内设计出满足需要的电路。PBD 的实现依赖于如下关键技术的突破：高层次系统级的设计工具、软/硬件协同设计技术等。图 1.4 是上述设计方法演变的示意图。

1.3　数字设计的流程 ●●◦

数字系统的实现主要依赖两类器件，一种是可编程逻辑器件（PLD），另一种是专用集成电路（ASIC），这两类器件各有优点。

PLD（FPGA/CPLD）是一种半定制的器件，器件内已做好各种逻辑资源，用户只需对器件内的资源编程连接就可实现所需的功能，而且可以反复修改、反复编程，直至满足设计需求，方便性、灵活性高，成本低、风险小。

专用集成电路（Application Specific Integrated Circuit，ASIC）指用全定制方式（版图级）实现设计，也称掩膜（Mask）ASIC。ASIC 实现方式能得到功耗更低、面积更省的设计，它要求设计者使用版图编辑工具从晶体管的版图尺寸、位置及连线进行设计，以得到最优性能。版图设计好后，还要进行一系列检查和验证，才可以将得到的标准格式的版图文件（如 CIF、GDS II 格式）交厂家（Foundry）进行流片。此方式实现成本高、设计周期长，适用于性能要求高、批量大的芯片。用 FPGA/CPLD 实现设计则有周期短、投入少、风险低等好处，对于成熟的设计来说，可考虑用 ASIC 替换 PLD，以获得最优的性价比。

基于 FPGA/CPLD 的数字设计流程如图 1.5 所示，包括设计输入、综合、布局布线、仿真和编程配置等步骤。

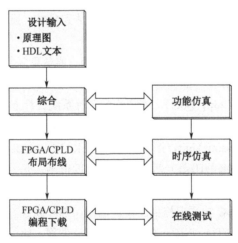

图 1.5　基于 FPGA/CPLD 的数字设计流程

1.3.1　设计输入

设计输入（Design Entry）是将设计者设计的电路以开发软件要求的某种形式表达出来，并输入相应软件的过程。设计输入最常用的是原理图输入方式和 HDL 文本输入方式。

1. 原理图输入

原理图（Schematic）是图形化的表达方式，它使用元件符号和连线描述设计。其特点是适合描述连接关系和接口关系，表达直观，对表现层次结构、模块化结构更为方便，但它要求设计工具提供必要的元件库或宏模块库，设计的可重用性、可移植性也弱一些。

2. HDL 文本输入

硬件描述语言（HDL）是一种用文本形式描述、设计电路的语言。硬件描述语言的发展至今不过 30 多年的历史，已成功应用于数字开发的各个阶段：设计、综合、仿真和验证等。到 20 世纪 80 年代时，已出现数十种硬件描述语言，进入 20 世纪 80 年代后期，硬件描述语言向着标准化、集成化的方向发展。最终，VHDL 和 Verilog HDL 适应了这种发展趋势，先后成为 IEEE 标准，在设计领域成为事实上的通用硬件描述语言。

VHDL 和 Verilog HDL 各有优点，可用来进行算法级（Algorithm Level）、寄存器传输级（RTL）、门级（Gate Level）等各种层次的逻辑设计，也可以进行仿真验证、时序分析等。由于 HDL 语言的标准化，易于将设计移植到不同平台。

1.3.2 综合

综合（Synthesis）是一个很重要的步骤，指的是将较高级抽象层次的设计描述自动转化为较低层次描述的过程。综合有下面几种形式：

- 将算法表示、行为描述转换到寄存器传输级（RTL），即从行为描述到结构描述。
- 将 RTL 级描述转换到逻辑门级（包括触发器），称为逻辑综合。
- 将逻辑门表示转换到版图表示，或转换到 PLD 器件的配置网表表示；根据版图信息能够进行 ASIC 生产，有了配置网表可完成基于 PLD 器件的系统实现。

综合器就是自动实现上述转换的软件工具。或者说，综合器是将原理图或 HDL 语言表达、描述的电路编译成由与或阵列、RAM、触发器、寄存器等逻辑单元组成的电路结构网表的工具。

硬件综合器和软件程序编译器有着本质的区别，图 1.6 所示是表现两者区别的示意图，软件程序编译器将 C 语言或汇编语言等编写的程序编译为 0、1 代码流，而硬件综合器则将用硬件描述语言编写的程序代码转化为具体的电路网表结构。

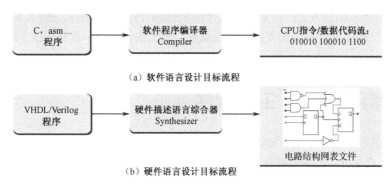

(a) 软件语言设计目标流程

(b) 硬件语言设计目标流程

图 1.6　软件程序编译器和硬件综合器的比较

1.3.3 布局布线

布局布线（Place & Route），或者称为适配（Fitting），可理解为将综合生成的电路逻辑网表映射到具体的目标器件中实现，并产生最终的可下载文件的过程。布局布线将综合后的网表文件针对某一具体的目标器件进行逻辑映射，把整个设计分为多个适合器件内部逻辑资源实现的逻辑小块，并根据用户的设定在速度和面积之间做出选择或折中；布局是将已分割的逻辑小块放到器件内部逻辑资源的具体位置，并使它们易于连线；布线则利用器件的布线资源完成各功能块之间和反馈信号之间的连接。

布局布线完成后产生如下一些重要的文件：

① 芯片资源耗用情况报告。

② 面向其他 EDA 工具的输出文件，如 EDIF 文件等。

③ 产生延时网表结构，以便进行精确的时序仿真，因为已经提取出延时网表，所以仿真结果能比较精确地预测未来芯片的实际性能。如果仿真结果达不到设计要求，就需要修改源代码或选择不同速度的器件，直至满足设计要求。

④ 器件编程文件。如用于 CPLD 编程的 JEDEC、POF 等格式的文件；用于 FPGA 配置的 SOF、JAM、BIT 等格式的文件。

布局布线与芯片的物理结构直接相关，因此一般选择芯片制造商提供的开发工具进行此项工作。

1.3.4　仿真

仿真（Simulation）也称模拟，是对所设计电路的功能的验证。用户可以在设计过程中对整个系统和各模块进行仿真，即在计算机上用软件验证功能是否正确、各部分的时序配合是否准确。有问题可以随时进行修改，避免了逻辑错误。高级的仿真软件还可以对整个系统设计的性能进行估计。规模越大的设计越需要进行仿真。

仿真包括功能仿真（Function Simulation）和时序仿真（Timing Simulation）。不考虑信号时延等因素的仿真，称为功能仿真，又叫前仿真；时序仿真又称后仿真，它是在选择具体器件并完成布局布线后进行的包含延时的仿真。由于不同器件的内部时延不一样，不同的布局、布线方案也给延时造成很大的影响，因此在设计实现后，对网络和逻辑块进行时延仿真、分析定时关系、估计设计性能是非常必要的。

1.3.5　编程配置

把适配后生成的编程文件装入 PLD 器件中的过程称为下载。通常将对基于 EEPROM 工艺的非易失结构 CPLD 器件的下载称为编程（Program），而将基于 SRAM 工艺结构的 FPGA 器件的下载称为配置（Configuration）。编程需要满足一定的条件，如编程电压、编程时序和编程算法等。有两种常用的编程方式：在系统编程（In-System Programmable，ISP）和用专用的编程器编程，现在的 PLD 器件一般都支持在系统编程，因此在设计数字系统和做 PCB 时，应预留器件的下载接口。

1.4　常用的 EDA 工具软件 ●●●

EDA 工具软件有两种分类方法：一种是按公司类别进行分类，另一种是按照软件的功能进行分类。按公司类别分，大体有两类：一类是专业 EDA 软件公司开发的工具，也称第三方 EDA 软件工具，专业 EDA 公司较著名的有 Synopsys、Cadence Design Systems、Mentor Graphics，它们的软件工具被广泛应用；另外一类是 PLD 器件厂商为销售其芯片而开发的 EDA 工具，较著名的有 Intel、Xilinx、Lattice 等。前者独立于半导体器件厂商，其推出的 EDA 软件在某些方面有独到之处，但价格较高；后者能针对自己器件的工艺特点做出优化设计，提高资源利用率并降低功耗，适合在各种情况下使用。

1. 集成的 FPGA/CPLD 开发工具

集成的 FPGA/CPLD 开发工具是由 FPGA/CPLD 芯片生产厂家提供的，这些工具可以完成从设计输入（原理图或 HDL）、逻辑综合、模拟仿真到适配下载等全部工作。常用的集成

FPGA/CPLD 开发工具见表 1.1，这些开发工具多数将一些专业的第三方软件集成在一起，方便用户在设计过程中选择其完成某些设计任务。

表 1.1　常用的集成 FPGA/CPLD 开发工具

软　件	说　明
MAX+PLUS II	MAX+Plus II 是 Altera 的集成开发软件，使用广泛，支持 Verilog HDL、VHDL 和 AHDL，MAX+Plus II 发展到 10.2 版本后，已不再推出新版本
QUARTUS II	Quartus II 是 Altera 继 MAX+Plus II 后的第 2 代开发工具
Quartus Prime Design Software	从 Quartus II 15.1 开始，Quartus II 更名为 Quartus Prime（Intel 收购了 Altera）。Quartus Prime 已发布的最新版本是 19.3。Quartus Prime 集成了新的 Spectra-Q 综合工具，支持数百万 LE 单元的 FPGA 器件的综合；集成了新的前端语言解析器，扩展了对 VHDL-2008 和 SystemVerilog-2005 的支持
ISE	ISE 是 Xilinx 的 FPGA/CPLD 的集成开发软件，提供从设计输入到综合、布线、仿真、下载的全套解决方案，并提供与其他 EDA 工具的接口，其中，原理图输入可用第三方软件 ECS，HDL 综合可用 Xilinx 的 XST、Synopsys 的 FPGA Express 和 Synplicity 的 Synplify/Synplify Pro，前、后仿真可使用 ModelSim XE 或 ModelSim SE
VIVADO	Vivado 设计套件是 Xilinx 于 2012 年发布的新的集成设计环境。Vivado 是基于 AMBA AXI4 互连规范、IP-XACT IP 封装元数据、工具命令语言（TCL）、Synopsys 系统约束（SDC）及其他有助于根据客户需求量身定制设计流程并符合业界标准的开放式环境，支持多达 1 亿个等效 ASIC 门的设计
ispLEVER CLASSIC	ispLEVER Classic 是 Lattice 的 FPGA 设计环境，支持 FPGA 器件的整个设计过程，从概念设计到 JEDEC 或位流编程文件输出
LATTICE DIAMOND	Diamond 软件也是 Lattice 的开发工具，支持 FPGA 从设计输入到位流文件下载的整个流程。支持 Windows 7、Windows 8 等操作系统

2．设计输入工具

输入工具主要帮助用户完成原理图和 HDL 文本的编辑与输入工作。好的输入工具支持多种输入方式，包括原理图、HDL 文本、波形图、状态机、真值表等。例如，HDL Designer Series 是 Mentor 公司的设计输入工具，包含于 FPGA Advantage 软件中，可以接受 HDL 文本、原理图、状态图、表格等多种设计输入形式，并将其转化为 HDL 文本表达方式，功能很强。输入工具可帮助用户提高输入效率，多数人习惯使用集成开发软件或者综合/仿真工具中自带的原理图和文本编辑器，也可以直接使用普通文本编辑器，如 Notepad++等。

3．逻辑综合器（Synthesizer）

逻辑综合是将设计者在 EDA 平台上编辑输入的 HDL 文本、原理图或状态图描述，依据给定的硬件结构和约束控制条件进行编译、优化和转换，最终获得门级电路甚至更底层的电路描述网表文件的过程。

逻辑综合工具能够自动完成上述过程，产生优化的电路结构网表，输出.edf 文件，导入 FPGA/CPLD 厂家的软件进行适配和布局布线。专业的逻辑综合软件通常比 FPGA/CPLD 厂家的集成开发软件自带的逻辑综合功能更好一些，能得到更优的结果。

用于 FPGA/CPLD 设计的著名 HDL 综合工具有 Synopsys 的 Synplify、Synplify Pro 和 Synplify Premier，Mentor 的 Leonardo Spectrum，表 1.2 中对这些综合器的性能做了介绍。

表 1.2　常用的 HDL 综合工具

软　件	说　明
Synplicity®	Synplify、Synplify Pro 和 Synplify Premier 是 Synopsys（Synplicity 已被 Synopsys 收购）的 VHDL/Verilog HDL 综合软件。Synplify Premier 功能最强，内部集成 Identify RTL 调试仪，能快速查错；与 VCS 仿真器集成并支持 DesignWare IP 时序性能分析；支持 Verilog、SystemVerilog、VHDL、VHDL-2008 和混合语言编程；支持单机或多机综合
LEONARDO *spectrum*	Leonardo Spectrum 是 Mentor 的子公司 Exemplar Logic 推出的 VHDL/Verilog HDL 综合软件，并作为 FPGA Advantage 软件的一个组成部分。Leonardo Spectrum 可同时用于 FPGA/CPLD 和 ASIC 设计两类目标

4．仿真器

仿真工具提供了对设计进行模拟仿真的手段，包括布线以前的功能仿真（前仿真）和布线以后包含延时的时序仿真（后仿真）。在一些复杂的设计中，仿真比设计本身还要艰巨，因此有人认为仿真是 EDA 的精髓所在，仿真器的仿真速度、仿真的准确性、易用性等成为衡量仿真器性能的重要指标。

仿真器按对设计语言的处理方式分为两类：编译型仿真器和解释型仿真器。编译型仿真器的仿真速度快，但需要预处理，因此不能即时修改；解释型仿真器的仿真速度要慢一些，但可以随时修改仿真环境和仿真条件。按处理的 HDL 语言类型，仿真器可分为 Verilog HDL 仿真器、VHDL 仿真器和混合仿真器，混合仿真器能够同时处理 Verilog HDL 和 VHDL。

常用的 HDL 仿真软件如表 1.3 所示。

表 1.3　常用的 HDL 仿真软件

软　件	说　明
M ModelSim	ModelSim 是 Mentor 的子公司 Model Technology 的一个出色的 VHDL/Verilog HDL 混合仿真软件，它属于编译型仿真器，仿真速度快、功能强
cadence NC-Verilog/NC-VHDL/NC-Sim Verilog-XL	这几个软件都是 Cadence 公司的 VHDL/Verilog HDL 仿真工具，其中 NC-Verilog 的前身是著名的 Verilog 仿真软件 Verilog-XL，用于对 Verilog 程序进行仿真；NC-VHDL 用于 VHDL 仿真；而 NC-Sim 则能够对 VHDL/Verilog HDL 进行混合仿真
SYNOPSYS® VCS/Scirocco	VCS 是 Synopsys 公司的 Verilog HDL 仿真软件，Scirocco 是 Synopsys 的 VHDL 仿真软件
Active HDL	Active HDL 是 Aldec 的 VHDL/Verilog HDL 仿真软件，简单易用

ModelSim 能够提供 Verilog HDL 和 VHDL 混合仿真；NC-Verilog 和 VCS 是基于编译技术的仿真软件，能够胜任行为级、RTL 级和门级各种层次的仿真，速度快；而 Verilog-XL 是基于解释的仿真工具，速度要慢一些。

5．芯片版图设计软件

提供 IC 版图设计工具的著名公司有 Synopsys、Cadence、Mentor，Synopsys 的优势在于其逻辑综合工具，而 Mentor 和 Cadence 则能够在设计的各个层次提供全套的开发工具。在晶体管级或基本门级提供图形输入工具的有 Cadence 的 Composer、Viewlogic 公司的 Viewdraw 等。专用于 IC 的综合工具有 Synopsys 的 Design Compiler 和 Behavial Compiler，Cadence 的 Synergy 等。SPICE 是著名的模拟电路仿真工具，SPICE 最早产生于伯克利大学，经历数十年的发展，随晶体管线宽的不断缩小，SPICE 也引入了更多的参数和更复杂的晶体管模型，使其在亚微米和深亚微米工艺的今天依旧是模拟电路仿真的重要工具之一。此外，还有其他一些 IC 版图工具，如自动布局布线（Auto Plane & Route）工具、版图输入工具、物理验证（Physical Validate）和参数提取（LVS）工具等。半导体集成技术还在不断发展，相应的 IC 设计工具也不断地更新换代，以提供对 IC 设计的全方位支持。应该说，没有 EDA 工具就没有 IC。

6．其他 EDA 工具

除了上面介绍的 EDA 软件，一些公司还推出了一些开发套件和专用的开发工具，比如，Quartus Prime 推出的 Platform Designer 就是一种基于 PBD（Platform Based Design）设计理念的开发工具，它是一种基于 IP 的面向 SoC 的设计环境，可以在更短的时间内设计出满足需要的电路。这些专用的 EDA 开发套件和开发工具如表 1.4 所示。

表 1.4　专用的 EDA 开发套件和开发工具

软　　件	说　　明
Advantage FPGA	Mentor 公司的 VHDL/Verilog HDL 完整开发系统，可以完成除适配和编程以外的所有工作，包括三套软件：HDL Designer Series（输入及项目管理）、Leonardo Spectrum（逻辑综合）和 ModelSim（模拟仿真）
DSP Builder	Altera 的开发工具，支持在 MATLAB 和 Simulink 中进行 DSP 算法设计，然后自动将算法设计转化为 HDL 文件，实现 DSP 工具（MATLAB）到 EDA 工具（Quartus II）的无缝连接
SOPC Builder Qsys Platform Designer	从 Quartus II 10 开始，SOPC Builder 已被 Qsys 代替，Qsys 是 SOPC Builder 的升级版，用于系统级的 IP 集成，能将不同 IP 模块以及 Nios II 核整合在一起，提高 FPGA 设计效率；从 Quartus Prime 17.1 版开始，Qsys 更名为 Platform Designer，内容与名字更为统一

1.5　EDA 技术的发展趋势 ●●●

1．高性能的 EDA 工具将得到进一步发展

随着市场需求的增长，集成工艺水平及计算机自动设计技术的不断提高，单片系统或系统集成芯片成为 IC 设计的主流，这一发展趋势表现在以下几个方面。

① 超大规模集成电路技术水平的不断提高，超深亚微米（VDSM）工艺已走向成熟，在一个芯片上完成系统级的集成已成为现实。

② 由于工艺线宽的不断减小，在半导体材料上的许多寄生效应已经不能简单地被忽略，这就对 EDA 工具提出了更高的要求。同时，也使得 IC 生产线的投资更为巨大，可编程逻辑器件开始进入传统的 ASIC 市场。

③ 市场对电子产品提出更高的要求，如必须降低电子系统的成本，减小系统的体积、功耗等，从而对系统的集成度不断提出更高的要求。同时，设计效率也成为一个产品能否成功的关键因素，促使 EDA 工具更重视 IP 核的集成。

④ 高性能的 EDA 工具将得到长足的发展，其自动化和智能化程度将不断提升；另一方面计算机技术的提高，也为复杂的 SoC 设计提供了物质基础。

现在的硬件描述语言只提供行为级或功能级的描述，尚无法完成系统级的抽象描述，目前已开发出更趋于电路行为级设计的硬件描述语言，如 SystemC、System Verilog 等；还出现了一些系统级混合仿真工具，可在同一开发平台上完成高级语言（如 C/C++等）与标准硬件描述语言（Verilog HDL、VHDL）的混合仿真。

2．EDA 技术将促使 ASIC 和 FPGA 逐步走向融合

随着系统开发对 EDA 技术的目标器件各种性能指标要求的提高，ASIC 和 FPGA 将更大程度地相互融合。这是因为，虽然标准逻辑 ASIC 芯片尺寸小、功能强、耗电省，但设计复杂，并且有批量生产要求；可编程逻辑器件的开发费用低，能现场编程，但体积大、功耗大。因此 FPGA 和 ASIC 正在走到一起，两者之间正在诞生一种"杂交"产品，互相融合，取长补短，以满足成本和上市速度的要求。例如，将可编程逻辑器件嵌入标准单元。

3．EDA 技术的应用领域将更为广泛

从目前的 EDA 技术来看，其特点是使用普及、应用面广、工具多样。ASIC 和 PLD 器件正在向超高速、高密度、低功耗、低电压方向发展。EDA 技术水平不断进步，设计工具不断趋于完善。

习　题　1

1.1　现代 EDA 技术的特点有哪些？

1.2　什么是 Top-down 设计方式？

1.3　什么是 IP 复用技术？IP 核对 EDA 技术的应用和发展有什么意义？

1.4　基于 FPGA/CPLD 的数字系统设计流程包括哪些步骤？

1.5　什么是综合？常用的综合工具有哪些？

1.6　功能仿真与时序仿真有什么区别？

1.7　FPGA 与 ASIC 在概念上有什么区别？

第 | 2 | 章

FPGA/CPLD 器件

可编程逻辑器件（Programmable Logic Device，PLD）是 20 世纪 70 年代发展起来的一种新型器件，它的应用和发展不仅简化了电路设计、降低了开发成本、提高了系统可靠性，而且给数字系统的设计方式带来了革命性的变化。PLD 不断进步，其动力来自实际需求和芯片制造商间的竞争，PLD 在结构、容量、速度和灵活性方面不断提升性能。

2.1　PLD 概述 ●●●

PLD 的工艺和结构经历了一个不断发展变革的过程。

2.1.1　PLD 的发展历程

PLD 的雏形是 20 世纪 70 年代中期出现的可编程逻辑阵列（Programmable Logic Array，PLA），PLA 在结构上由可编程的与阵列和可编程的或阵列构成，阵列规模小，编程烦琐。后来出现了可编程阵列逻辑（Programmable Array Logic，PAL），PAL 由可编程的与阵列和固定的或阵列组成，采用熔丝编程工艺，它的设计较 PLA 灵活、快速，因而成为第一个得到普遍应用的 PLD。

20 世纪 80 年代初，美国的 Lattice 公司发明了通用阵列逻辑（Generic Array Logic，GAL）。GAL 器件采用了输出逻辑宏单元（OLMC）的结构和 EEPROM 工艺，具有可编程、可擦除、可长期保持数据的优点，使用方便，所以 GAL 得到了更为广泛的应用。

之后，PLD 进入了一个快速发展时期，向着大规模、高速度、低功耗的方向发展。20 世纪 80 年代中期，Altera 公司推出一种新型的可擦除、可编程的逻辑器件（Erasable Programmable Logic Device，EPLD），EPLD 采用 CMOS 和 UVEPROM 工艺制成，集成度更高、设计更灵活，但它的内部连线功能弱一些。

1985 年，美国 Xilinx 公司推出了现场可编程门阵列（Field Programmable Gate Array，FPGA），这是一种采用单元型结构的新型 PLD。它采用 CMOS、SRAM 工艺制作，在结构上和阵列型 PLD 不同，它的内部由许多独立的可编程逻辑单元构成，各逻辑单元之间可以灵活地相互连接，具有密度高、速度快、编程灵活、可重新配置等优点，FPGA 成为当前主流的 PLD 之一。

CPLD（Complex Programmable Logic Device），即复杂可编程逻辑器件，是从 EPLD 改进而来的，采用 EEPROM 工艺制作。同 EPLD 相比，CPLD 增加了内部连线，对逻辑宏单元和 I/O 单元也有重大改进，它的性能好，使用方便。尤其是在 Lattice 公司提出在系统编程（In System

Programmable，ISP）技术后，相继出现了一系列具备 ISP 功能的 CPLD，CPLD 是当前另一主流的 PLD。

PLD 仍处在不断发展变革中。由于 PLD 在其发展过程中出现了很多种类，不同公司生产的 PLD，其工艺与结构也各不相同，因此就产生了不同的分类标准，以对众多的 PLD 进行划分。

2.1.2　PLD 的分类

1. 按集成度分类

集成度是 PLD 的一项重要指标，从集成密度上分，PLD 可分为低密度 PLD（LDPLD）和高密度 PLD（HDPLD），低密度 PLD 也可称为简单 PLD（SPLD）。历史上，GAL22V10 是简单PLD 和高密度 PLD 的分水岭，一般按照 GAL22V10 芯片的容量区分 SPLD 和 HDPLD。GAL22V10 的集成度大致在 500～750 门。如果按照这个标准，PROM，PLA、PAL 和 GAL 属于简单 PLD，而 CPLD 和 FPGA 则属于高密度 PLD，如表 2.1 所示。

表 2.1　PLD 按集成度分类

PLD	简单 PLD（SPLD）	PROM
		PLA
		PAL
		GAL
	高密度 PLD（HDPLD）	CPLD
		FPGA

1）简单的可编程逻辑器件

简单的可编程逻辑器件（SPLD）：包括 PROM、PLA、PAL 和 GAL 四类器件。

- 可编程只读存储器（Programmable Read-Only Memory，PROM）：PROM 采用熔丝工艺编程，只能写一次，不可以擦除或重写。随着技术的发展和应用上的需求，出现了一些可多次擦除使用的存储器件，如 EPROM（紫外线擦除可编程只读存储器）和EEPROM（电擦写可编程只读存储器）。PROM 具有成本低、编程容易的特点，适于存储数据、函数和表格。
- 可编程逻辑阵列（PLA）：PLA 现在基本已经被淘汰。
- 可编程阵列逻辑（PAL）：GAL 可以完全代替 PAL。
- 通用可编程阵列逻辑（GAL）：由于 GAL 器件简单、便宜，使用也方便，因此在一些成本低、保密要求低、电路简单的场合仍有应用价值。

以上四类 SPLD 都是基于"与或"阵列结构的，不过其内部结构有明显区别，主要表现在与阵列、或阵列是否可编程，输出电路是否含有存储元件（如触发器），以及是否可以灵活配置（可组态）方面，具体的区别如表 2.2 所示。

表 2.2　四类 SPLD 的区别

器　件	与　阵　列	或　阵　列	输　出　电　路
PROM	固定	可编程	固定
PLA	可编程	可编程	固定
PAL	可编程	固定	固定
GAL	可编程	固定	可组态

2）高密度可编程逻辑器件

高密度可编程逻辑器件（HDPLD）：主要包括 CPLD 和 FPGA 两类器件，这两类器件也是当前 PLD 的主流。

2. 按编程特点分类

1）按编程次数分类

大致可分为两类：

- 一次性编程（One Time Programmable，OTP）器件：只允许对器件编程一次，不能修改；
- 可多次编程器件：允许对器件多次编程，适合用于研发。

2）按不同的编程元件和编程工艺分类

PLD 的可编程特性是通过器件的可编程元件来实现的，按照不同的编程元件和编程工艺划分，PLD 可分为下面几类。

①采用熔丝（Fuse）编程元件的器件，早期的 PROM 器件采用此类编程结构，编程过程就是根据设计的熔丝图文件来烧断对应的熔丝以达到编程的目的。

②采用反熔丝（Antifuse）编程元件的器件，反熔丝是对熔丝技术的改进，在编程处通过击穿漏层使得两点之间获得导通，与熔丝烧断获得开路正好相反。

③采用紫外线擦除、电编程方式的器件，如 EPROM。

④EEPROM 型器件，即采用电擦除、电编程方式的器件，目前多数的 CPLD 采用此类编程方式，它是对 EPROM 编程方式的改进，用电擦除取代了紫外线擦除，提高了使用的方便性。

⑤闪速存储器（Flash）型器件。

⑥采用静态存储器（SRAM）结构的器件，即采用 SRAM 查找表结构的器件，大多数的 FPGA 采用此类结构。

一般将采用前 5 类编程工艺结构的器件称为非易失类器件，这类器件在编程后，配置数据将一直保持在器件内，直至被擦除或重写；而采用第 6 类编程工艺的器件则称为易失类器件，这类器件在每次掉电后配置数据会丢失，因而每次上电都需要重新进行配置。

采用熔丝或反熔丝编程工艺的器件只能写一次，所以属于 OTP 类器件，其他种类的器件都可以反复多次编程。Actel、Quicklogic 的部分产品采用反熔丝工艺，这种 PLD 是不能重复擦写的，所以用于开发会比较麻烦，费用也比较高。反熔丝技术也有许多优点：布线能力强、系统速度快、功耗低，同时抗辐射能力强、耐高低温、可加密，所以适合在一些有特殊要求的领域运用，如军事及航空航天。

3. 按结构特点分类

按照不同的内部结构可以将 PLD 分为如下两类。

1）基于乘积项（Product-Term）结构的 PLD

乘积项结构的 PLD 的主要结构是与或阵列，此类器件都包含一个或多个与或阵列，低密度的 PLD（包括 PROM、PLA、PAL 和 GAL 四种器件）、EPLD 及绝大多数的 CPLD（包括 Intel 早期的 MAX7000，MAX3000A 系列，Lattice、Cypress 的大部分 CPLD 产品）都是基于与或阵列结构的，这类器件多采用 EEPROM 或 Flash 工艺制作，配置数据掉电后不会丢失，器件容量大多小于 5 000 门的规模。

2）基于查找表（Look Up Table，LUT）结构的 PLD

查找表的原理类似于 ROM，其物理结构基于静态存储器（SRAM）和数据选择器（MUX），通过查表方式实现函数功能。函数值存放在 SRAM 中，SRAM 的地址线即输入变量，不同的输入通过数据选择器（MUX）找到对应的函数值并输出。查找表结构的功能强，速度快，N 个输入的查找表可以实现任意 N 输入变量的组合逻辑函数。

绝大多数的 FPGA 器件都基于 SRAM 查找表结构实现，比如 Altera 的 Cyclone、ACEX 1K 器件等。此类器件的特点是集成度高（可实现百万逻辑门以上设计规模）、逻辑功能强，可实现大规模的数字系统设计和复杂的算法运算，但器件的配置数据易失，需外挂非易失配置器件存储配置数据，才能构成可独立运行的系统。

2.2　PLD 的基本原理与结构　●●●

PLD 是一类实现逻辑功能的通用器件，它可以根据用户的需要构成不同功能的逻辑电路。PLD 内部主要由各种逻辑部件（如逻辑门、触发器等）和可编程开关构成，如图 2.1 所示，这些逻辑部件通过可编程开关按照用户的需要连接起来，即可完成特定的功能。

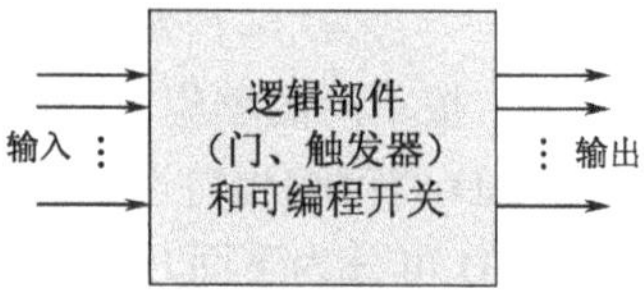

图 2.1　逻辑部件和可编程
开关构成 PLD 器件

2.2.1　PLD 的基本结构

任何组合逻辑函数均可化为"与或"表达式，用"与门—或门"二级电路实现，而任何时序电路又都可以由组合电路加上存储元件（触发器）构成。因此，从原理上说，与或阵列加上触发器的结构就可以实现任意的数字逻辑电路。PLD 就是采用这样的结构，再加上可以灵活配置的互连线，从而实现任意逻辑功能的。

图 2.2 表示的是 PLD 的基本结构，它由输入缓冲电路、与阵列、或阵列和输出缓冲电路四部分组成。"与阵列"和"或阵列"是主体，主要用来实现各种逻辑函数和逻辑功能；输入缓冲电路用于产生输入信号的原变量和反变量，并增强输入信号的驱动能力；输出缓冲电路主要用来对将要输出的信号进行处理，既能输出纯组合逻辑信号，也能输出时序逻辑信号，输出缓冲电路中一般有三态门、寄存器等单元，甚至是宏单元，用户可以根据需要灵活配置成各种输出方式。

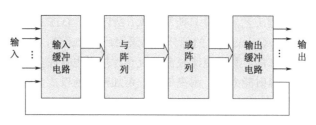

图 2.2　PLD 的基本结构

图 2.2 所示是基于与或阵列的 PLD 的基本结构，这种结构的缺点是器件的规模不容易做得很大，随着器件规模的增大，设计人员又开发出另外一种可编程逻辑结构，即查找表（Look Up Table，LUT）结构，目前绝大多数的 FPGA 器件都采用查找表结构。查找表的原理类似于 ROM，其物理结构是静态存储器（SRAM），N 个输入项的逻辑函数可以由一个 2^N 位容量的 SRAM 来实现，函数值存放在 SRAM 中，SRAM 的地址线起输入线的作用，地址即输入变量值，SRAM 的输出为逻辑函数值，由连线开关实现与其他功能块的连接。查找表结构将在 2.5 节进一步介绍。

2.2.2　PLD 电路的表示方法

首先回顾一下常用的数字逻辑电路符号。表 2.3 中是与门、或门、非门、异或门的逻辑电路符号，有两种表示方式：一种是 IEEE-1984 版的国际标准符号，称为矩形符号（Rectangular Outline Symbols）；另一种是 IEEE-1991 版的国际标准符号，称为特定外形符号（Distinctive Shape Symbols）。这两种符号都是 IEEE（Institute of Electrical and Electronics Engineers）和 ANSI（American National Standards Institute）规定的国际标准符号。显然在大规模 PLD 中，特定外形符号更适于表示其内部逻辑结构。

表 2.3 与门、或门、非门、异或门的逻辑电路符号

	与　门	或　门	非　门	异　或　门
矩形符号	A & F	A ≥1 F	A 1 $\overline{A}$	A =1 F
特定外形符号	A F	A F	A $\overline{A}$	A F

对于 PLD，为了能直观地表示 PLD 的内部结构并便于识读，广泛采用下面这样的逻辑表示方法。

1．PLD 缓冲电路的表示

PLD 的输入缓冲器和输出缓冲器都采用互补的结构，其表示方法如图 2.3 所示。

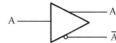

图 2.3　PLD 的输入缓冲电路

2．PLD 与门、或门表示

图 2.4 是 PLD 与阵列的表示符号，图中表示的乘积项为 $P = A \cdot B \cdot C$；图 2.5 是 PLD 或阵列的表示符号，图中表示的逻辑关系为 $F = P_1 + P_2 + P_3$。

图 2.4　PLD 与阵列的表示符号

图 2.5　PLD 或阵列的表示符号

3．PLD 连接的表示

图 2.6 是 PLD 中阵列交叉点三种连接关系的表示法，其中图 2.6（a）中的 "·" 表示固定连接，是厂家在生产芯片时连好的，不可改变；图 2.6（b）中的 "×" 表示可编程连接，表示该点既可以连接，也可以断开，在熔丝编程工艺的 PLD（如 PAL）中，接通对应于熔丝未熔断，断开对应于熔丝熔断；图 2.6（c）的未连接有两种可能：一是该点在出厂时就是断开的；二是该点是可编程连接，但熔丝熔断。

4．逻辑阵列的表示

在图 2.7 表示的阵列中，与阵列是固定的，或阵列是可编程的，与阵列的输入变量为 A_2、A_1 和 A_0，输出变量为 F_1 和 F_0，其表示的逻辑关系为 $F_1 = A_2 A_1 \overline{A_0}$，$F_0 = \overline{A_2}\,\overline{A_1} A_0 + A_2 A_1 A_0$。

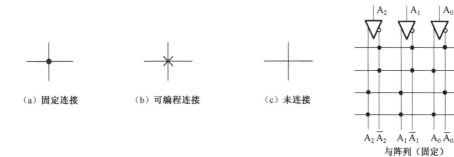

图 2.6　PLD 中阵列交叉点三种连接关系的表示法　　　　图 2.7　简单阵列图

2.3　低密度 PLD 的原理与结构 ●●●●

SPLD 包括 PROM、PLA、PAL 和 GAL 四类器件。SPLD 中最基本的结构是"与或"阵列，通过编程改变"与阵列"和"或阵列"的内部连接，就可以实现不同的逻辑功能。

1. PROM

PROM 开始是作为只读存储器出现的，最早的 PROM 是用熔丝编程的，在 20 世纪 70 年代就开始使用了。从存储器的角度来看，PROM 存储器结构可表示成图 2.8 所示的形式，由地址译码器和存储阵列构成，地址译码器用于完成 PROM 存储阵列行的选择。从可编程逻辑器件的角度看，可以发现，地址译码器可看成一个与阵列，其连接是固定的；存储阵列可看成一个或阵列，其连接关系是可编程的。这样，可将 PROM 的内部结构用与或阵列的形式表示出来，如图 2.9 所示是 PROM 的与或阵列结构表示形式，图中所示的 PROM 有 3 个输入端、8 个乘积项、3 个输出端。图中的"·"表示固定连接点，"×"表示可编程连接点。

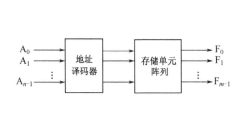

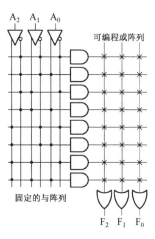

图 2.8　PROM 存储器结构　　　　图 2.9　PROM 的与域阵列结构表示形式

如图 2.10 所示是用 PROM 结构实现半加器逻辑功能的示意图，图 2.10（a）表示的是 2 输入的 PROM 阵列结构，图 2.10（b）是用该 PROM 结构实现半加器的电路连接图，其输出逻辑为 $F_0 = A_0\overline{A}_1 + \overline{A}_0A_1$，$F_1 = A_0A_1$。

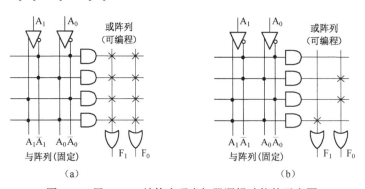

图 2.10　用 PROM 结构实现半加器逻辑功能的示意图

2. PLA

PLA 在结构上由可编程的与阵列和可编程的或阵列构成，图 2.11 是 PLA 逻辑阵列结构，图中所示的 PLA 只有 4 个乘积项，实际中的 PLA 规模要大一些，典型的结构是 16 个输入，32 个乘积项，8 个输出。PLA 的与阵列、或阵列都可以编程，这种结构的优点是芯片的利用率高，节省芯片面积；缺点是对开发软件的要求高，优化算法复杂；此外，器件的运行速度低。因此，PLA 只在小规模逻辑芯片上得到应用，目前，PLA 在实际中已经被淘汰。

3. PAL

PAL 在结构上对 PLA 进行了改进，PAL 的与阵列是可编程的，或阵列是固定的，这样的结构使得送到或门的乘积项的数目是固定的，大大简化了设计算法。图 2.12 表示的是两个输入变量的 PAL 阵列结构，由于 PAL 的或阵列是固定的，因此图 2.12 表示的 PAL 阵列结构也可以用图 2.13 表示。如果逻辑函数有多

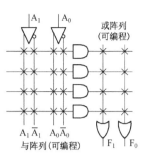

图 2.11　PLA 逻辑阵列结构图

个乘积项，PAL 通过输出反馈和互连的方式解决，即允许输出端再反馈到下一个与阵列。图 2.14 是 PAL22V10 器件的内部结构图，从图中可以看到 PAL 的输出反馈，此外还可看出，PAL22V10 器件在输出端还加入了宏单元结构，宏单元中包含触发器，用于实现时序逻辑功能。

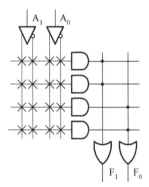

图 2.12　两个输入变量的 PAL 阵列结构

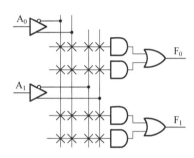

图 2.13　PAL 阵列的常用表示

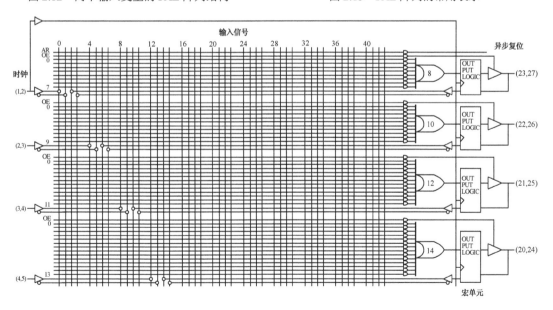

图 2.14　PAL22V10 器件的内部结构图

图 2.15 展示了 PAL22V10 输出宏单元的结构。来自与或阵列的输入信号连至宏单元内的异或门，异或门的另一输入端可编程设置为 0 或者 1，因此该异或门可以用来为或门的输出求补；异或门的输出连接到 D 触发器，2 选 1 多路器允许将触发器旁路；无论是触发器的输出还是三态缓冲器的输出都可以连接到与阵列。如果三态缓冲器输出为高阻态，那么与之相连的 I/O 引

脚可以用做输入。

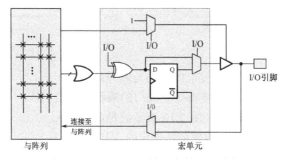

图 2.15　PAL22V10 输出宏单元的结构

4．GAL

1985 年，Lattice 公司在 PAL 的基础上设计出了 GAL 器件。GAL 首次在 PLD 上采用 EEPROM 工艺，使得 GAL 具有电可擦除重复编程的特点，解决了熔丝工艺不能重复编程的问题。GAL 器件在与或阵列上沿用 PAL 的结构，即与阵列可编程，或阵列固定，但在输出结构上做了较大改进，设计了独特的输出逻辑宏单元（Output Logic Macro Cell，OLMC）。

OLMC 是一种灵活的、可编程的输出结构，GAL 作为第一种得到广泛应用的 PLD，其许多优点都源自 OLMC。图 2.16 是 GAL 器件 GAL22V10 的结构框图，图 2.17 是 GAL22V10 的局部细节结构图，图 2.18 则对 GAL22V10 的 OLMC 的结构做了展示。从图 2.18 中可以看出：OLMC 主要由或门、1 个 D 触发器、2 个数据选择器（MUX）和 1 个输出缓冲器构成。其中 4 选 1 MUX 用来选择输出方式和输出的极性，2 选 1 MUX 用来选择反馈信号。而这 2 个 MUX 的状态由 2 位可编程的特征码 S_1S_0 来控制，S_1S_0 有 4 种组态，因此，OLMC 有 4 种输出方式。当 $S_1S_0 = 00$ 时，为低电平有效寄存器输出方式；当 $S_1S_0 = 01$ 时，为高电平有效寄存器输出方式；当 $S_1S_0 = 10$ 时，为低电平有效组合逻辑输出方式；当 $S_1S_0 = 11$ 时，为高电平有效组合逻辑输出方式。OLMC 的这 4 种输出方式分别如图 2.19 所示。

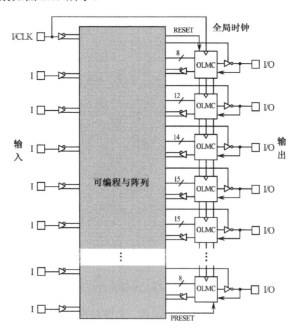

图 2.16　GAL 器件 GAL22V10 的结构框图

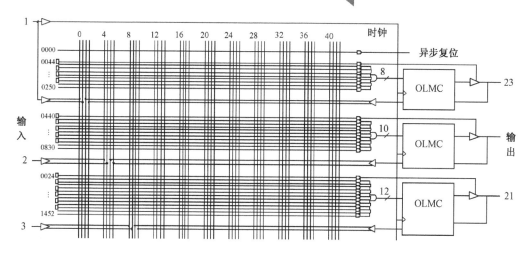

图 2.17 GAL22V10 的局部细节结构图

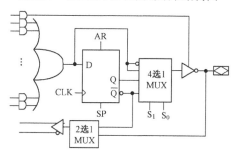

图 2.18 GAL22V10 的 OLMC 的结构

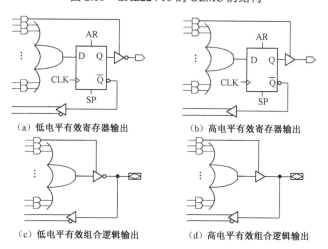

图 2.19 OLMC 的 4 种输出方式

　　用户在使用 GAL 器件时，借助开发软件的帮助将 S_1S_0 编程为 00，01，10，11 中的一个，便可将 OLMC 配置为 4 种输出方式中的一种。这种多输出结构的选择使 GAL 器件能适应不同数字系统的需要，具有比其他 SPLD 更高的灵活性和通用性。

2.4 CPLD 的原理与结构 ●●●

　　CPLD 是在 PAL、GAL 基础上发展起来的阵列型 PLD，CPLD 芯片中包含多个电路块，称为宏功能块，或称为宏单元，每个宏单元由类似 PAL 的电路块构成。图 2.20 所示的 CPLD 中包

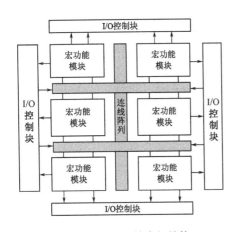

图 2.20　CPLD 的内部结构

含了 6 个类似 PAL 的宏单元,宏单元再通过芯片内部的连线资源互连,并连接到 I/O 控制块。

2.4.1　宏单元结构

如图 2.21 所示是宏单元内部结构及两个宏单元间互连结构的示意图,即图 2.20 的细节展示图。我们可以看到每个宏单元是由类似 PAL 结构的电路构成的,包括可编程的与阵列,固定的或阵列。或门的输出连接至异或门的一个输入端,由于异或门的另一个输入可以由编程设置为 0 或者 1,所以该异或门可以用来为或门的输出求补。异或门的输出连接到 D 触发器的输入端,2 选 1 多路选择器可以将触发器旁路,也可以将三态缓冲器使能或者连接到与阵列的乘积项。三态缓冲器的输出还可以反馈到与阵列。如果三态缓冲器输出处于高阻状态,那么与之相连的 I/O 引脚可以用做输入。

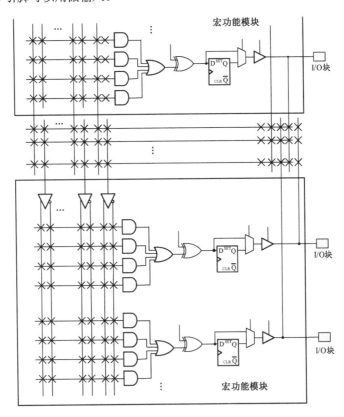

图 2.21　宏单元内部结构及两个宏单元互连结构的示意图

很多的 CPLD 都采用了与图 2.21 类似的结构,比如 Intel 的 MAX7000、MAX3000 系列(EEPROM 工艺)。

2.4.2　典型 CPLD 的结构

MAX 7000S 是 Intel 早期推出的一款 CPLD。如图 2.22 所示是 MAX 7000S 器件的内部结构,主要由以下部件构成:宏单元(Macrocells),可编程连线阵列(Programmable Interconnet Array,PIA)和 I/O 控制块(I/O Control Blocks)。宏单元是 CPLD 的基本结构,用来实现逻辑功能;可

编程连线负责信号传递，连接所有的宏单元；I/O 控制块负责输入/输出的电气特性控制，比如可以设定集电极开路输出、摆率控制和三态输出等。

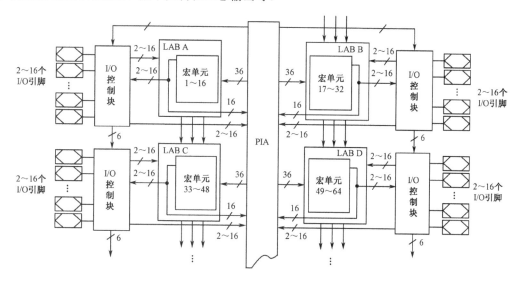

图 2.22　MAX 7000S 器件的内部结构

　　MAX 7000S 器件的宏单元的结构如图 2.23 所示。每个宏单元主要由 3 个功能块组成：逻辑阵列、乘积项选择矩阵和可编程触发器。左侧是乘积项阵列，实际就是与阵列，每个交叉点都是一个可编程熔丝，如果导通就是实现与逻辑。后面的乘积项选择矩阵是一个或阵列，两者一起完成组合逻辑。后面是可编程触发器，根据需要触发器可以分别配置为具有可编程时钟控制的 D、T、JK 或 SR 触发器工作方式，其时钟、清零端可编程选择，可使用专用的全局清零和全局时钟，也可以使用内部逻辑（乘积项阵列）产生的时钟和清零。如果不需要触发器，可将触发器旁路，信号直接输给 PIA 或输出到 I/O 引脚。显然 MAX 7000S 的宏单元结构与图 2.21 类似，但更复杂一些。对于简单的逻辑函数，只需要一个宏单元就可以完成；但对于复杂的电路，单个宏单元实现不了，此时就需要通过并联扩展项和共享扩展项将多个宏单元相连，宏单元的输出可连接到可编程连线阵列，作为另一个宏单元的输入。这样，CPLD 就可以实现更为复杂的逻辑关系。

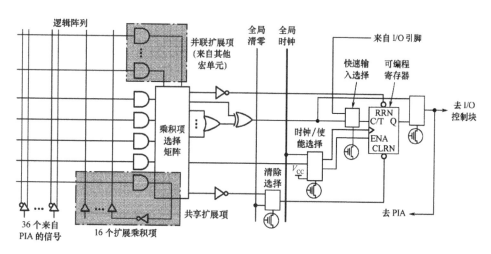

图 2.23　MAX 7000S 器件的宏单元的结构

2.5　FPGA 的原理与结构 ●●●

CPLD 是在小规模 PLD 的基础上发展而来的，在结构上它主要以与或阵列为主构成，后来，人们又从 ROM 工作原理、地址信号与输出数据间的关系以及 ASIC 的门阵列法中得到启发，构造出另外一种可编程逻辑结构，即查找表（Look Up Table，LUT）。

2.5.1　查找表结构

大部分 FPGA 器件采用了查找表结构。查找表的原理类似于 ROM，其物理结构是静态存储器（SRAM），N 个输入项的逻辑函数可以由一个 2^N 位容量的 SRAM 来实现，函数值存放在 SRAM 中，SRAM 的地址线起输入线的作用，地址即输入变量值，SRAM 的输出为逻辑函数值，由连线开关实现与其他功能块的连接。

查找表结构的功能非常强。N 个输入的查找表可以实现任意 N 个输入变量的组合逻辑函数。从理论上讲，只要能够增加输入信号线和扩大存储器容量，用查找表就可以实现任意输入变量的逻辑函数。但在实际应用中，查找表的规模受技术和成本因素的限制。每增加一个输入变量，查找表 SRAM 的容量就要扩大一倍，SRAM 的容量与输入变量数 N 的关系是 2^N 倍。8 个输入变量的查找表需要 256 比特容量的 SRAM，而 16 个输入变量的查找表则需要 64 Kb 容量的 SRAM，这个规模已经不能忍受了。实际中 FPGA 器件的查找表的输入变量一般不超过 5 个，多于 5 个输入变量的逻辑函数可由多个查找表级联实现。

图 2.24 是用 2 输入查找表实现表 2.4 所示的 2 输入或门功能的示意图，2 输入查找表中有 4 个存储单元，用来存储真值表中的 4 个值，输入变量 A、B 作为查找表中 3 个多路选择器的地址选择端，根据变量 A、B 值的组合从 4 个存储单元中选择一个作为 LUT 的输出，从而实现了或门的逻辑功能。

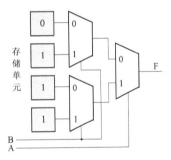

表 2.4　2 输入或门真值表

A　B	F
0　0	0
0　1	1
1　0	1
1　1	1

图 2.24　用 2 输入查找表实现或门功能

假如要用 3 输入的查找表实现一个 3 人表决电路，其真值表如表 2.5 所示，用 3 输入查找表实现该真值表的电路如图 2.25 所示。3 输入查找表中有 8 个存储单元，用来存储真值表中的 8 个数值，输入变量 A、B、C 作为地址选择端，根据 A、B、C 的值从 8 个存储单元中选择一个作为 LUT 的输出，从而实现了 3 人表决电路的功能。

综上所述，一个 N 输入查找表可以实现 N 个输入变量的任何逻辑功能。比如，图 2.26 所示的 4 输入 LUT，能够实现任意的输入变量为 4 个或少于 4 个的逻辑函数。需要指出的是，一个 N 输入查找表对应 N 个输入变量构成的真值表，需要用 2^N 位容量的 SRAM 存储单元。显然，N 不可能很大，否则 LUT 的利用率很低。实际应用中 FPGA 器件的 LUT 的输入变量数一般是 4 个或 5 个，最多的有 6 个，所以存储单元的个数一般是 16 个、32 个或 64 个。更多输入变量的逻辑函数，可以用多个查找表级联来实现。

表 2.5　3 人表决电路的真值表

A　B　C	F
0　0　0	0
0　0　1	0
0　1　0	0
0　1　1	1
1　0　0	0
1　0　1	1
1　1　0	1
1　1　1	1

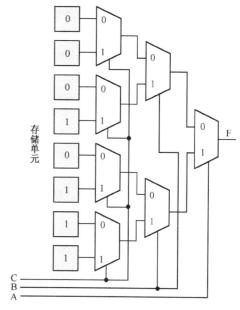

图 2.25　用 3 输入查找表实现 3 人表决电路

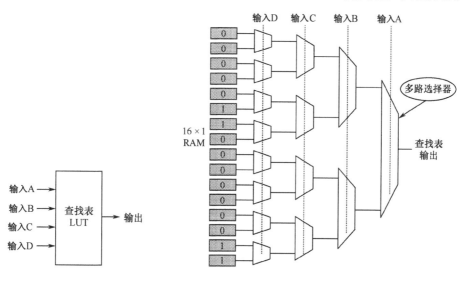

图 2.26　4 输入 LUT 及内部结构图

在 FPGA 的逻辑块中，除包含 LUT 外，一般还包含触发器，如图 2.27 所示。加入触发器的作用是将 LUT 输出的值保存起来，用以实现时序逻辑电路。当然也可以将触发器旁路掉，以实现纯组合逻辑功能，在图 2.27 所示的电路中，2 选 1 数据选择器的作用就是用于旁路触发器的。输出端一般还加一个三态缓冲器，以使输出更加灵活。

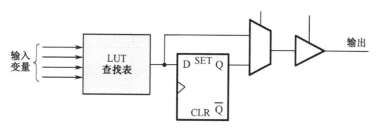

图 2.27　FPGA 的逻辑块结构示意图（LUT 加触发器）

　　FPGA 器件的规模可以做得非常大，其内部主要由大量纵横排列的逻辑块（Logic Block，LB）构成，每个逻辑块采用类似图 2.27 所示的结构构成，大量这样的逻辑块通过内部连线和开关就可以实现非常复杂的逻辑功能。如图 2.28 所示是 FPGA 器件的内部结构示意图，很多 FPGA 器件的结构都可以用该图来表示，比如 Intel 的 Cyclone、FLEX 10K、ACEX 1K 等器件。

2.5.2　Cyclone IV 器件结构

　　Cyclone IV 器件是 Intel 与 TSMC（台积电）优化制造工艺推出的低成本、低功耗 FPGA 器件，提供以下两种型号。

- Cyclone IV E：低功耗、低成本。
- Cyclone IV GX：低功耗、低成本，集成了 3.125 Gbps 收发器。

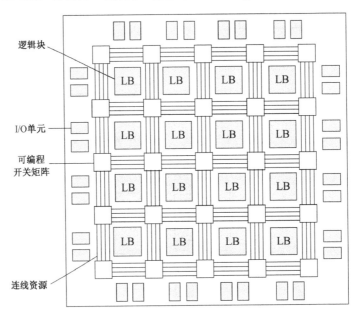

图 2.28　FPGA 器件的内部结构示意图

　　两种型号器件均采用 60 nm 低功耗工艺。Cyclone IV GX 器件具有多达 150 K 个逻辑单元（LE）、6.5 Mbit RAM 和 360 个乘法器、8 个支持主流协议的收发器，可达到 3.125 Gbps 的数据收发速率，Cyclone IV GX 还为 PCI Express（PCIe）提供硬核 IP，其封装（Wirebond 封装）大小只有 11 mm×11 mm，非常适合低成本、便携场合的应用；另一个型号 Cyclone IV E 器件，不带收发器，但它可以在 1.0 V 和 1.2 V 内核电压下使用，比 Cyclone IV GX 具有更低的功耗。Cyclone IV E 器件的主要片内资源如表 2.6 所示。

表 2.6　Cyclone IV E 器件的主要片内资源

器　件	逻辑单元（LE）	嵌入式存储器（Kbit）	嵌入式 18×18 乘法器	锁相环（PLL）	最大用户 I/O
EP4CE6	6 272	270	15	2	179
EP4CE10	10 320	414	23	2	179
EP4CE15	15 408	504	56	4	343
EP4CE22	22 320	594	66	4	153
EP4CE30	28 848	594	66	4	532
EP4CE40	39 600	1 134	116	4	532
EP4CE55	55 856	2 340	154	4	374

器 件	逻辑单元 (LE)	嵌入式存储器 (Kbit)	嵌入式 18×18 乘法器	锁相环 (PLL)	最大用户 I/O
EP4CE75	75 408	2 745	200	4	426
EP4CE115	114 480	3 888	266	4	528

Cyclone IV 器件体系结构主要包括 FPGA 核心架构、I/O 特性、时钟管理、外部存储器接口、高速收发器（仅适用于 Cyclone IV GX 器件）等。

这里重点介绍 Cyclone IV 器件的核心架构。Cyclone IV 的核心架构与 Cyclone 和 Cyclone II 基本相同，这一架构包括由 4 输入查找表（LUT）构成的 LE、存储器模块和乘法器。每个 Cyclone IV 器件的 M9K 存储器模块都具有 9 Kbit 的嵌入式 SRAM 存储器，可以把 M9K 模块配置成单端口、简单双端口、真双端口 RAM 以及 FIFO 缓冲器或者 ROM；Cyclone IV 器件中的乘法器模块可以实现一个 18×18 或两个 9×9 乘法器。

1. Cyclone IV 的 LE 结构

Cyclone IV 器件的基本逻辑块称为逻辑单元（Logic Element，LE）。LE 结构如图2.29所示，观察图 2.29 可发现，LE 主要由一个 4 输入查找表、进位链逻辑、寄存器链和一个可编程的寄存器构成。4 输入的 LUT 用以完成组合逻辑功能；每个 LE 中的可编程寄存器可被配置成 D、T、JK 和 SR 触发器模式。每个可编程寄存器具有数据、时钟、时钟使能、异步置数、清零信号。LE 中的时钟、时钟使能选择逻辑可以灵活配置寄存器的时钟、时钟使能信号。如果是纯组合逻辑应用，可将触发器旁路，这样 LUT 的输出直接作为 LE 的输出。每个 LE 的输出都可以连接到局部连线、行列、寄存器链等布线资源。

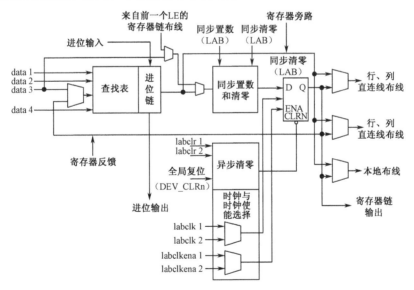

图 2.29 Cyclone IV 器件的 LE 结构

Cyclone IV 的 LE 可以工作于两种模式：普通模式和动态算术模式。在不同的 LE 操作模式下，LE 的内部结构和 LE 之间的互连有些差异，图 2.30 是 LE 在普通模式下的结构和连接图。普通模式下的 LE 适合通用逻辑和组合逻辑的实现。普通模式下的 LE 支持寄存器打包和寄存器反馈。

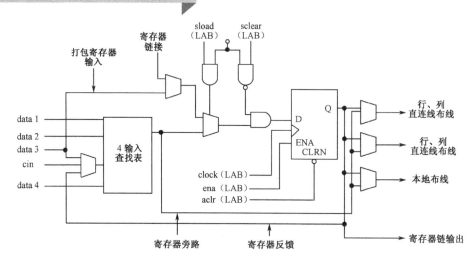

图 2.30　Cyclone IV 器件的 LE 结构（普通模式）

Cyclone IV 的 LE 还可以工作于动态算术模式下，图 2.31 是 LE 在算术模式下的结构和连接图，在此模式下，可以更好地实现加法器、计数器、累加器和比较器。在动态算术模式下的 LE 内有两个 3 输入 LUT，可被配置成一位全加器和基本进位链结构，其中一个 3 输入 LUT 用于计算，另一个 3 输入 LUT 用于生成进位输出信号 cout。在动态算术模式下，LE 支持寄存器打包和寄存器反馈。

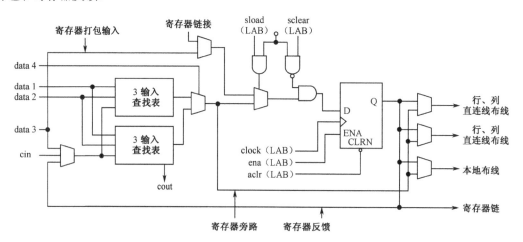

图 2.31　Cyclone IV 器件的 LE 结构（动态算术模式）

2．Cyclone IV 的 I/O 结构

Cyclone IV 器件 I/O 支持可编程总线保持、可编程上拉电阻、可编程延迟、可编程驱动能力以及可编程 slew-rate 控制，从而实现了信号完整性以及热插拔的优化。Cyclone IV 器件支持符合单端 I/O 标准的校准后片上串行匹配或者驱动阻抗匹配。

3．Cyclone IV 的时钟管理

Cyclone IV 器件包含了高达 30 个全局时钟（GCLK）网络以及高达 8 个 PLL，每个 PLL 上均有 5 个输出端，以提供可靠的时钟管理与综合。设计者可以在用户模式中对 Cyclone IV 器件的 PLL 进行动态重配置来改变时钟频率或者相位。

Cyclone IV GX 器件支持两种类型的 PLL，即多用 PLL 和通用 PLL。

- 多用 PLL 主要用于同步收发器模块。当没有用于收发器时钟时，多用 PLL 也可用于通用时钟。

- 通用 PLL 用于架构及外设中的通用应用，例如外部存储器接口。一些通用 PLL 可以支持收发器时钟。

2.6 FPGA/CPLD 的编程元件 ●●●

FPGA/CPLD 可采用不同的编程工艺和编程元件，这些可编程元件常用来存储逻辑配置数据或作为电子开关。常用的可编程元件有下面 4 种类型：

- 熔丝（Fuse）型开关；
- 反熔丝（Antifuse）型开关；
- 浮栅编程元件（EPROM、EEPROM 和 Flash）；
- 基于 SRAM 的编程元件。

其中，前三类为非易失性元件，编程后配置数据会一直保持在器件上；SRAM 类为易失性元件，每次掉电后配置数据会丢失，再次上电时需重新导入配置数据。熔丝型开关和反熔丝型开关元件只能写一次，属于 OTP 类器件；浮栅编程元件和 SRAM 编程元件则可以多次重复编程。反熔丝型开关元件一般用在对可靠性要求较高的军事、航空航天产品器件上，而浮栅编程元件一般用在民用、消费类产品中。

1. 熔丝型开关

熔丝型开关是最早的可编程元件，它由可以用电流熔断的熔丝组成。使用熔丝编程技术的可编程逻辑器件如 PROM、EPLD 等，一般在需要编程的互连节点上设置相应的熔丝开关，在编程时，根据设计的熔丝图文件，需保持连接的节点保留熔丝，需去除连接的节点烧掉熔丝，其原理图如图 2.32 所示。

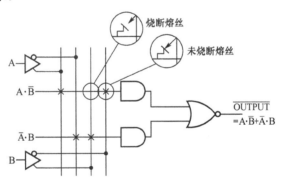

图 2.32 熔丝型开关原理图

熔丝型开关烧断后不能够恢复，只可编程一次，而且熔丝开关很难测试其可靠性。在器件编程时，即使发生数量非常小的错误，也会造成器件功能的不正确。为了保证熔丝熔化时产生的金属物质不影响器件的其他部分，还需要留出较大的保护空间，因此熔丝占用的芯片面积较大。

2. 反熔丝结构

熔丝型开关要求的编程电流大，占用的芯片面积大。为了克服熔丝型开关的缺点，出现了反熔丝编程技术。反熔丝技术主要通过击穿介质来达到连通的目的。反熔丝元件在未编程时处于开路状态，编程时，在其两端加上编程电压，反熔丝就会由高阻抗变为低阻抗，从而实现两个极间的连通，且在编程电压撤除后也一直处于导通状态。

如图 2.33 所示是反熔丝结构示意图，在未编程时，反熔丝是连接两个金属连线的非晶硅，其电阻值大于 1 000 MΩ。在反熔丝上加 10～11 V 的编程电压后，将绝缘的非晶硅转化为导电的多晶硅，从而在两金属层之间形成永久性的连接，称为通孔（via），连接电阻通常低于 50 Ω。

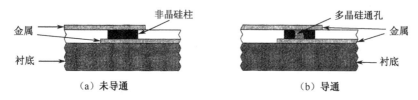

（a）未导通   （b）导通

图 2.33　反熔丝结构示意图

反熔丝在硅片上只占一个通孔的面积，占用的硅片面积小，适于作为集成度很高的 PLD 的编程元件。Actel、Cypress 的部分 PLD 采用了反熔丝工艺结构。

3．浮栅编程器件

浮栅编程技术包括紫外线擦除、电编程的 EPROM、电擦除电编程的 EEPROM 及 Flash 闪速存储器，这三种存储器都是用浮栅存储电荷的方法来保存编程数据的，因此在断电时，存储的数据是不会丢失的。

EPROM 的存储内容不仅可以根据需要来编制，而且当需要更新存储内容时，还可以将原存储内容抹去，再写入新的内容。EPROM 的基本结构是一个浮栅管，浮栅管相当于一个电子开关，当浮栅中没有注入电子时，浮栅管导通；当浮栅中注入电子后，浮栅管截止。

图 2.34 所示是一种以浮栅雪崩注入型 MOS 管为存储单元的 EPROM 存储器，其中图（a）和（b）分别是其结构和电路符号。它与普通的 NMOS 管相似，但有 G_1 和 G_2 两个栅极，G_1 栅无引出线，被包围在二氧化硅（SiO_2）中，称为浮栅。G_2 为控制栅，有引出线。若在漏极和源极间加上几十伏的电压脉冲，在沟道中产生足够强的电场，造成雪崩，令电子跃入浮栅中，从而使浮栅 G_1 带上负电荷。由于浮栅周围都是绝缘 SiO_2 层，泄漏电流极小，所以一旦电子注入 G_1 栅，能长期保存。当 G_1 栅有电子积累时，该 MOS 管的开启电压变得很高，即使 G_2 栅为高电平，该管仍不能导通，相当于存储了 0。反之，G_1 栅无电子积累时，MOS 管的开启电压较低，当 G_2 栅为高电平时，该管可导通，相当于存储了 1。

从外形上看，EPROM 器件的上方都有一个石英窗口，如图 2.34（c）所示。当用光子能量较高的紫外光照射浮栅时，G_1 中的电子获得了足够的能量，穿过氧化层回到衬底中，如图 2.34（d）所示。这样可使浮栅上的电子消失，达到抹去存储信息的目的，相当于存储器又存了全 1。这种采用光擦除的方法在实用中不够方便，因此 EPROM 早已被电擦除的 EEPROM 工艺所取代。

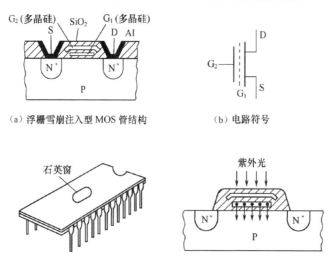

（a）浮栅雪崩注入型 MOS 管结构   （b）电路符号

（c）存储器外形   （d）光抹成全1

图 2.34　EPROM 存储器

EEPROM 也可写成 E²PROM，它是电擦除电编程的器件。EEPROM 晶体管也是基于浮栅技术的，如图 2.35（a）所示为 EEPROM 晶体管的结构，这是一个具有两个栅极的 NMOS 管，其中 G_2 是普通栅，有引出线；G_1 是控制栅，是一个浮栅，被包围在二氧化硅（SiO_2）中，无引出线；在 G_1 栅和漏极间有一小面积的氧化层，其厚度极小，可产生隧道效应。当 G_2 栅加正电压 P_1（典型值为 12 V）时，通过隧道效应，电子由衬底注入 G_1 浮栅，相当于存储了 1，利用此方法可将存储器抹成全 1 状态。

EEPROM 器件在出厂时，存储内容为全 1 状态。使用时可根据需要把某些存储单元写 0，写 0 电路如图 2.35（d）所示，此时漏极 D 加正电压 P_2，G_2 栅接地，浮栅上电子通过隧道返回衬底，相当于写 0。一旦 EEPROM 被编程（写 0 或写 1），它将永远保持编程后的状态。EEPROM 读出时的电路如图 2.35（e）所示，此时 G_2 栅加 3 V 的电压，若 G_1 栅有电子积累，则 VT_2 不能导通，相当于存 1；若 G_1 栅无电子积累，则 VT_2 导通，相当于存 0。

闪速存储器（Flash Memory）。Flash 闪速存储器（闪存）是一种新型可编程工艺，它把 EPROM 的高密度、低成本与 EEPROM 的电擦除性能结合在一起，同时又具有快速擦除（因其擦除速度快，因此被称为闪存）的功能，性能优越。闪速存储器与 EPROM 和 EEPROM 一样属于浮栅编程器件，其单元也由带两个栅极的 MOS 管组成。其中一个栅极称为控制栅，另一个栅极称为浮栅，其处于绝缘 SiO_2 的包围之中。

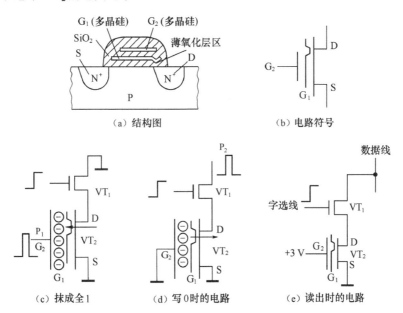

图 2.35　EEPROM 的存储单元

最早采用浮栅技术的存储器件都要求使用两种电压，即 5 V 工作电压和 12～21 V 的编程电压，现在已趋于单电源供电，由器件内部的升压电路提供编程和擦除电压。现在多数浮栅可编程器件工作电压为 5 V 和 3.3 V，也有部分芯片为 2.5 V。另外，EPROM、EEPROM 和 Flash 闪速存储器都属于可重复擦除的非易失器件，在现有的工艺水平上，EEPROM 和 Flash 编程器件的擦写寿命已达 10 万次以上。

4．SRAM 编程元件

SRAM（Static RAM）是指静态存储器，大多数 FPGA 采用 SRAM 存储配置数据。图 2.36 所示为 SRAM 基本单元结构图，从图中可以看出，一个 SRAM 单元由两个 CMOS 反相器和一个用来控制读/写的 MOS 传输开关构成，其中每个 CMOS 反相器包含两个晶体管（一个下拉 N 沟道晶体管和一个上拉 P 沟道晶体管）。因此，一个 SRAM 基本单元是由 5 个或 6 个晶体管组成的。

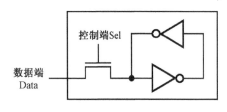

图 2.36　SRAM 基本单元结构图

在将数据存入 SRAM 单元时，控制端 Sel 被设置为 1，准备存储的数据放在数据端 Data 上，当经过一定时间后，Sel 端变为 0，这样，存储的数据就会一直保留在由两个非门构成的反馈回路中。一般情况下，作为反馈的那个非门应由弱驱动的晶体管做成，以便它的输出可以被数据端新输入的数据改写。

每个 SRAM 单元由 5 个或 6 个晶体管组成，从每个单元消耗的硅片面积来说，SRAM 结构并不节省，但 SRAM 结构的优点也是很突出的：编程迅速，静态功耗低，抗干扰能力强。采用 SRAM 编程结构的 FPGA 器件中大量 SRAM 单元按点阵分布，在配置时写入，而在回读时读出。在一般情况下，控制读/写的 MOS 传输开关处于断开状态，不影响单元的稳定性，而且功耗极低。需要指出的是，由于 SRAM 是易失性器件，FPGA 每次上电必须重新加载配置数据。

2.7　边界扫描测试技术

随着器件变得越来越复杂，对器件的测试变得越来越困难。ASIC 电路生产批量小，功能千变万化，很难用一种固定的测试策略和测试方法来验证其功能。此外，表面安装技术（SMT）和电路板制造技术的进步，使得电路板变小变密，这样一来，传统的测试方法难以实现。

为了解决超大规模集成电路（VLSI）的测试问题，自 1986 年开始，IC 领域的专家成立了联合测试行动组（Joint Test Action Group，JTAG），并制定出了 IEEE 1149.1 边界扫描测试（Boundary Scan Test，BST）技术规范。边界扫描测试技术提供了有效测试高密度引线器件的能力。现在的 FPGA 器件普遍支持 JTAG 技术规范，便于对 IC 芯片进行测试，甚至还可以通过这个接口对其进行编程。

图 2.37 是 JTAG 边界扫描测试结构示意图。由图可见，这种测试方法提供了一个串行扫描路径，它能捕获器件核心逻辑的内容，也可以测试遵守 JTAG 规范的器件之间的引脚连接情况，而且可以在器件正常工作时捕获功能数据。测试数据从左边的一个边界扫描单元串行移入，捕获的数据从右边的一个边界扫描单元串行移出，然后同标准数据进行比较，就能够知道芯片性能的好坏。

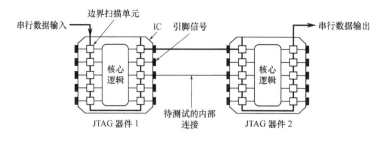

图 2.37　JTAG 边界扫描测试结构示意图

在 JTAG BST 模式中，共使用 5 个引脚来测试芯片，分别为 TCK、TMS、TDI、TDO 和 TRST。其中，TRST（Test Reset Input）引脚用来对 TAP Controller 进行复位（初始化），该信号在 IEEE 1149.1 标准中是可选的，并不是强制要求的，因为通过 TMS 也可以对 TAP Controller 进行复位（初始化）。其他 4 个引脚 TCK、TMS、TDI、TDO 在 IEEE 1149.1 标准中则是强制要求的，是必需的。JTAG 接口 5 个引脚的功能如表 2.7 所示。

表 2.7　JTAG 接口 5 个引脚的功能

引　　脚	名　　称	功　　能
TDI	测试数据输入	指令和测试数据的串行输入引脚，数据在 TCK 的上升沿时刻移入
TDO	测试数据输出	指令和测试数据的串行输出引脚，数据在 TCK 的下降沿时刻移出；如果没有数据移出器件，此引脚处于高阻态
TMS	测试模式选择	选择 JTAG 指令模式的串行输入引脚，在正常工作状态下 TMS 应是高电平
TCK	测试时钟输入	时钟引脚
TRST	测试电路复位	低电平有效，用于初始化或异步复位边界扫描电路

TCK（Test Cloc Kinput）引脚：TCK 为 TAP 的操作提供一个独立的、基本的时钟信号，TAP 的所有操作都是通过这个时钟信号来驱动的。

TMS（Test Mode Selection input）：TMS 信号用来控制 TAP 状态机的转换。通过 TMS 信号，可以控制 TAP 在不同的状态间相互转换。TMS 信号在 TCK 的上升沿有效。

TDI（Test Data Input）：TDI 是数据输入的接口。所有要输入到特定寄存器的数据都是通过 TDI 接口一位一位串行输入的（由 TCK 驱动）。

TDO（Test Data Output）：TDO 是数据输出的接口。所有要从特定寄存器中输出的数据都是通过 TDO 接口一位一位串行输出的（由 TCK 驱动）。

标准的边界扫描框图如图 2.38 所示，JTAG 边界扫描测试由测试访问端口（Test Access Port，TAP）控制器管理，该 TAP 控制器驱动 3 个寄存器：一个 3 位的指令寄存器用来引导扫描测试数据流；一个 1 位的旁路数据寄存器用来提供旁路通路（不进行测试时）；一个大型的测试数据寄存器（或称为边界扫描寄存器）位于器件的周边。边界扫描寄存器（见图 2.39）是一个大型的串行移位寄存器，它使用 TDI 引脚作为输入，使用 TDO 引脚作为输出，测试数据沿着器件的周边进行串行移位。边界扫描寄存器由一些 3 位的周边单元组成，它们可以是 I/O 单元（IOE）、专用输入，也可以是一些专用的配置引脚。用户可以使用边界扫描寄存器测试外部引脚的连接，或是在器件运行时捕获内部数据。

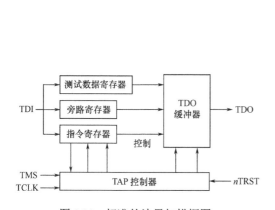

图 2.38　标准的边界扫描框图

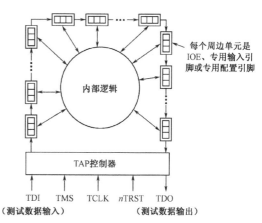

图 2.39　边界扫描寄存器

JTAG 边界扫描测试技术提供了一种合理而有效的方法，用以对高密度、引脚密集的器件和系统进行测试。目前生产的几乎所有高密度数字器件（CPU、DSP、ARM、FPGA 等）都具备标准的 JTAG 接口。同时，除了在系统测试，JTAG 接口也被赋予了更多的功能，比如编程下载、在线调试等。JTAG 接口还常用于实现 ISP 在线编程功能，对 Flash 等器件进行编程。同时还可通过 JTAG 接口对芯片进行在线调试，如 Quartus Prime、Quartus II 软件中 Signal Tap II 嵌入式逻辑分析仪，可使用 JTAG 接口进行逻辑分析，从而使开发人员能够在系统实时调试硬件。

Nios II 嵌入式处理器也是通过 JTAG 接口进行调试的。

2.8　FPGA/CPLD 的编程与配置 ●●●

2.8.1　在系统可编程

FPGA/CPLD 都支持在系统可编程功能，所谓在系统可编程（In System Programmable，ISP），指的是对器件、电路板或整个电子系统的逻辑功能可随时进行修改或重构的能力。这种重构或修改可以发生在产品设计、生产过程的任意环节，甚至是在交付用户后。

在系统可编程技术使器件的编程变得容易，允许用户先制板，后编程，在调试过程中发现问题，可在基本不改动硬件电路的前提下，通过对 FPGA/CPLD 的修改设计和重新配置，实现逻辑功能的改动，使设计和调试变得方便。图 2.40 是在系统可编程的示意图，只需在 PCB 上预留编程接口，就可实现 ISP 功能。

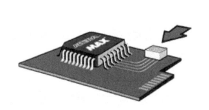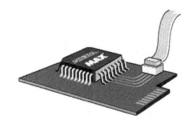

图 2.40　在系统可编程的示意图

在系统可编程一般采用 IEEE 1149.1 JTAG 接口进行，JTAG 接口原本是进行边界扫描测试用的，同时作为编程接口，可以减少对芯片引脚的占用，由此在 IEEE 1149.1 边界扫描测试接口规范的基础上产生了 IEEE 1532 编程标准，以对 JTAG 编程进行标准化。

下面以 Intel 的 FPGA/CPLD 的配置为例介绍编程方式与编程电路。Intel 提供了多种编程下载电缆，如 ByteBlaster MV、ByteBlaster II 并行下载电缆，以及采用 USB 接口的 USB-Blaster 下载电缆，图 2.41 是 USB-Blaster 下载电缆的外形，USB-Blaster 电缆除了可以用做编程下载电缆，还可以用做 SignalTap II 逻辑分析仪的调试电缆，也可以作为 Nios II 嵌入式处理器的调试工具。USB-Blaster 电缆与 FPGA 器件的连接采用 10 芯的接口，其信号定义如表 2.8 所示。

图 2.41　USB-Blaster 下载电缆的外形

表 2.8　USB-Blaster 下载电缆 10 芯接口各引脚信号名称

引　　脚	1	2	3	4	5	6	7	8	9	10
JTAG 模式	TCK	GND	TDO	V_{CC}	TMS	—	—	—	TDI	GND
PS 模式	DCK	GND	CONF_DONE	V_{CC}	nCONFIG	—	nSTATUS	—	DATA0	GND
AS 模式	DCK	GND	CONF_DONE	V_{CC}	nCONFIG	nCE	DATAOUT	nCS	ASDI	GND

2.8.2　FPGA 器件的配置

FPGA 器件是基于 SRAM 结构的，由于 SRAM 的易失性，每次加电时，配置数据都必须重新构造。Intel® FPGA 器件主要配置方式（Configuration Scheme）有如下几种。

JTAG 方式：用 Intel 下载电缆通过 JTAG 接口完成。

AS 方式 (Active Serial Configuration Mode)：主动串行配置方式，由 FPGA 器件引导配置过程，它控制外部存储器和初始化过程。EPCS 系列配置芯片（如 EPCS1、EPCS4）专供 AS 方式，在此方式中，FPGA 器件处于主动地位，配置器件处于从属地位，配置数据通过 DATA0 引脚送入 FPGA，配置数据被同步在 DCLK 输入上，1 个时钟周期传送 1 位数据。

PS 方式 (Passive Serial Configuration Mode)：被动串行配置方式，由外部主机 (Host) 控制配置过程。在 PS 配置期间，配置数据从外部储存器通过 DATA0 引脚送入 FPGA，配置数据在 DCLK 上升沿锁存，1 个时钟周期传送 1 位数据。

除 AS 和 PS 等串行配置方式外，现在的一些器件已经支持 PPS、FPP 等一些并行配置方式，提升了配置速度。表 2.9 对 Intel®FPGA 器件配置方式进行了汇总。

表 2.9　Intel®FPGA 器件配置方式

方　式	说　明
PS (Passive Serial)	被动串行，由外部主机（MAX II 芯片或微处理器）控制配置过程
AS (Active Serial)	主动串行，用串行配置器件（如 EPCS1，EPCS4，EPCS16）配置
FPP (Fast Passive Parallel)	快速被动并行，使用增强型配置器件或并行同步微处理器接口进行配置
AP (Active Parallel)	主动并行
PPS (Passive Parallel Synchronous)	被动并行同步，使用并行同步微处理器接口进行配置
PPA (Passive Parallel Asynchronous)	被动并行异步，使用并行异步微处理器接口进行配置
JTAG	使用下载电缆通过 JTAG 接口进行配置

不同的配置方式所需的编程文件也有所不同，表 2.10 对常用的编程文件做了汇总。

表 2.10　常用的编程文件

配置文件	JTAG	AS	PS	说　明
.sof(SRAM object file)	√		√	编程电缆下载
.pof(programmer object file)		√	√	编程电缆下载或用配置器件下载
.rbf(raw binary file)			√	微处理器配置
.hex(hexadecimal file)			√	微处理器配置或第 3 方编程器
.jic(JTAG indirect configuration file)	√	√	√	可以将.sof 转换为.jic 文件，通过 JTAG 方式和 JTAG 接口将.jic 文件下载到 EPCS 配置器件中
.jam(Jam File)	√			编程电缆下载或微处理器配置

2.8.3　Cyclone IV 器件的编程

以 Cyclone IV 器件的配置为例对配置方式进行更为具体的说明。Cyclone IV 器件支持的配置方式有多种，这里只介绍最常用的三种：JTAG 方式、AS 方式和 PS 方式。其中，以 JTAG 方式和 AS 方式最为重要。一般的 FPGA 实验板，多采用 AS+JTAG 的方式，这样可以用 JTAG 方式调试，程序调试无误之后，再用 AS 方式把程序烧到配置芯片里去，将配置文件固化到实验板上，达到脱机运行的目的。也可以在实验板上只保留 JTAG 接口，通过 JTAG 接口达到将配置文件固化到实验板上的目的，这需要将.sof 转换为.jic 文件，通过 JTAG 方式和 JTAG 接口将.jic 文件下载至 EPCS 配置器件中（配置文件先从 PC 传输至 FPGA，再从 FPGA 转给配置芯片，FPGA 起到中转作用），将配置文件固化到实验板上，达到脱机运行的目的。

Cyclone IV 器件的配置方式是通过 MSEL 引脚设置为不同的电平组合来选择的，表 2.11 是 Cyclone IV E 器件选择不同配置方式时 MSEL 引脚的电平设置一览表，主要列举了 AS、PS 和 JTAG 三种方式。多数 Cyclone IV E 器件的 MSEL 引脚为 4 个，少数为 3 个，具体应查阅器件手册。

表 2.11　Cyclone IV E 器件不同配置方式时 MSEL 引脚的电平设置

配置方式	MSEL3	MSEL2	MSEL1	MSEL0	速度
AS	1	1	0	1	快速
	0	1	0	0	快速
	0	0	1	0	标准
	0	0	1	1	标准
PS	1	1	0	0	快速
	0	0	0	0	标准
JTAG	建议接为 0000				—

1. AS 配置方式

在 AS 配置方式下，必须使用一个串行 Flash 来存储 FPGA 的配置数据，以作为串行配置器件，选用哪一种芯片由 FPGA 的容量决定。表 2.12 列出了 Intel 目前提供的常用的串行配置器件。

表 2.12　Intel 的串行配置器件

串行配置器件系列	型　号	容量/Mb	封　装	工作电压/V	适用的 FPGA 器件
EPCQ-L	EPCQL256	256	24 引脚 BGA	1.8	Stratix 10、Arria 10 和 Cyclone 10 GX FPGA
	EPCQL512	512	24 引脚 BGA	1.8	
	EPCQL1024	1024	24 引脚 BGA	1.8	
EPCQ	EPCQ16	16	8 引脚 SOIC	3.3	Stratix V、Arria V、Cyclone V、Cyclone 10 LP 以及早期的 FPGA 系列
	EPCQ32	32	8 引脚 SOIC	3.3	
	EPCQ64	64	16 引脚 SOIC	3.3	
	EPCQ128	128	16 引脚 SOIC	3.3	
	EPCQ256	256	16 引脚 SOIC	3.3	
	EPCQ512/A	512	16 引脚 SOIC	3.3	
EPCS	EPCS1	1	8 引脚 SOIC	3.3	兼容 Stratix IV、Arria II、Cyclone 10 LP 和更早的 FPGA，但建议使用 EPCQ 系列（ASX1 方式）
	EPCS4	4	8 引脚 SOIC	3.3	
	EPCS16	16	8 引脚 SOIC	3.3	
	EPCS64	64	16 引脚 SOIC	3.3	
	EPCS128	128	16 引脚 SOIC	3.3	

EPCS 配置器件对单个 Cyclone IV 器件的 AS 方式配置电路如图 2.42 所示，串行配置器件通过一个 4 个引脚（DATA、DCLK、nCS 和 ASDI）组成的串行接口与 FPGA 连接。系统上电时，FPGA 和串行配置器件都进入上电复位周期，此时 FPGA 将 nSTATUS 信号和 CONF_DONE 信号驱动为低电平，表示此时 FPGA 没有完成配置。上电复位周期大约持续 100 ms，然后 FPGA 释放 nSTATUS 信号并进入配置模式，此时 FPGA 将 nCSO 信号驱动为低电平以使能串行配置器件。FPGA 内置的振荡器产生串行时钟 DCLK，ASDO 引脚发送控制信号，DATA0 引脚串行传输配置数据。串行配置器件在 DCLK 的上升沿锁存输入的信号，在 DCLK 的下降沿驱动配置数据；FPGA 在 DCLK 的下降沿驱动控制信号，在 DCLK 的上升沿锁存配置数据。当配置完成后，FPGA 释放 CONF_DONE 信号，外部电路将其拉为高电平，FPGA 开始初始化。串行时钟 DCLK 是由 Cyclone 器件的内置振荡器产生的，其频率范围为 20～40 MHz，典型值为 30 MHz。

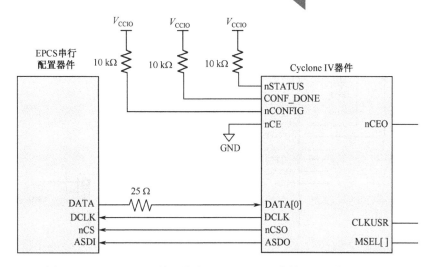

图 2.42　EPCS 配置器件对单个 Cyclone IV 器件的 AS 方式配置电路

2．PS 配置方式

PS（Passive Serial，被动串行）配置方式中，由外部主机（MAX II 芯片或微处理器）控制配置过程，如图 2.43 所示是外部主机 PS 方式配置单个 Cyclone IV 器件的电路连接图，配置数据在 DCLK 时钟信号的每个上升沿，通过 DATA0 引脚串行输入 Cyclone IV 器件。

与 PS 配置方式相关的配置文件格式有.rbf，.hex 和.ttf 格式等。

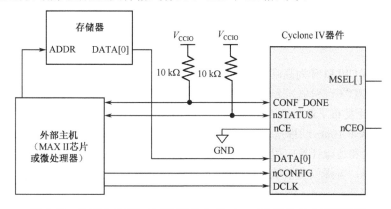

图 2.43　外部主机 PS 方式配置单个 Cyclone IV 器件的电路连接图

3．JTAG 配置方式

JTAG 配置方式是最基本也是最常用的配置方式，JTAG 配置方式具有比其他配置方式更高的优先级，Cyclone IV 系列 FPGA 的非 JTAG 配置过程中，一旦发起 JTAG 配置命令，则非 JTAG 配置被终止，进入 JTAG 配置方式。通过 JTAG 方式既可以直接将 PC 上的配置数据加载到 FPGA 上在线运行，也可以通过 FPGA 器件的中转将数据烧写到 Flash 外挂配置芯片中，实现配置数据的固化。

Cyclone IV 器件的 JTAG 配置方式电路如图 2.44 所示，PC 端的 Quartus Prime 软件通过下载线缆和 10 芯的下载接口将配置数据（.sof 文件）下载到 FPGA 内部，下载速度快，适于在线调试。JTAG 方式有 4 个专用配置引脚：TDI、TDO、TMS 和 TCK。TDI 引脚用于配置数据串行输入，数据在 TCK 的上升沿移入 FPGA；TDO 用于配置数据串行输出，数据在 TCK 的下降沿移出 FPGA；TMS 提供控制信号用于测试访问（TAP）端口控制器的状态机转移；TCK 则用于提供时钟。

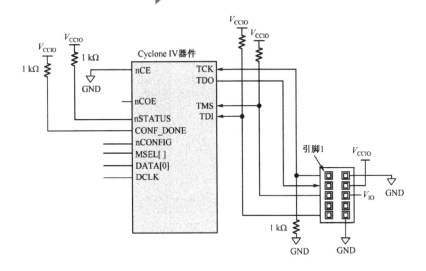

图 2.44　Cyclone IV 器件的 JTAG 配置方式电路

在 JTAG 配置完成后，Quartus Prime 软件将对其进行验证，其方法是检测 CONF_DONE 信号，如果 CONF_DONE 信号为高电平，则表明配置成功，否则配置失败。

2.9　Intel 的 FPGA/CPLD ●●●

FPGA/CPLD 的生产商主要有 Intel、Xilinx 和 Lattice 几家，本节主要介绍 Intel 的 FPGA/CPLD 的器件系列。

Intel 的 FPGA/CPLD 分为高端、中端和低成本等系列，每个系列又不断更新换代，推陈出新，Intel 还与 TSMC（台积电）合作，在制作工艺上不断提升。

目前 Intel 已经发布了最新的 Agilex 芯片系列，Agilex 家族采用了异构 3D 系统级封装技术，集成了 Intel 首款基于 10nm 制程技术的 FPGA 架构和第二代 Hyperflex 架构，可将性能提升 40%，将数据中心、网络和边缘计算应用的功耗降低 40%。Intel Agilex SoC 器件还集成了四核 Arm Cortex-A53 处理器，可提供高系统集成水平。

1. Stratix 高端 FPGA 家族系列

Stratix 高端 FPGA 家族（Family）系列从 I 代、II 代发展到现在的 Stratix V、Stratix 10 等，每一代的推出年份和采用的工艺技术如表 2.13 所示。

表 2.13　Stratix 系列高端 FPGA 器件

器件系列	Stratix	Stratix II	Stratix III	Stratix IV	Stratix V	Stratix 10
推出年份	2002	2004	2006	2008	2010	2013
制程工艺（nm）	130	90	65	40	28	14，三栅极

Stratix 器件是 2002 年推出的，采用 1.5 V、130 nm 全铜工艺制作，内部采用 Direct Drive 技术和快速连续互连（MultiTrack）技术。Direct Drive 技术保证片内所有的函数可以直接连接使用同一布线资源，MultiTrack 互连技术可以根据走线的不同长度进行优化，改善内部模块之间的连线。

Stratix II 器件采用 1.2 V、90 nm 工艺制作，容量从 15 600～179 400 个等效 LE 和多达 9 Mb 的嵌入式 RAM。Stratix II 器件采用新的逻辑结构，和 Stratix 器件相比，性能平均提高了 50%，逻辑容量增加了 1 倍，并支持 500 MHz 的内部时钟频率。

Stratix III 器件采用 65 nm 工艺制作，分为三个子系列：Stratix III 系列，主要用于标准型应用；Stratix III L 系列，侧重 DSP 应用，包含大量乘法单元和 RAM 资源；Stratix III GX 系列，集成高速串行收发模块。Stratix III FPGA 最大容量达到 338 000 个逻辑单元，包含分布式 RAM、9 Kb 和 144 Kb RAM 块，支持可调内核电压、自动功耗/速率调整。

Stratix IV 采用 40 nm 工艺制作，芯片内集成了速率达到 11.3 Gbps 的收发器，可以实现单片系统（SoC）。

Stratix V FPGA 采用 TSMC（台积电）28 nm 高 K 金属栅极工艺制作，达到 119 万个逻辑单元(LE)或者 14.3 M 个逻辑门；片内集成了 28.05 Gbps 和 14.1 Gbps 的高速收发器，1 066 MHz 的 6×72 DDR3 存储器接口；能提供嵌入式 HardCopy 模块和集成内核，以及 PCI Express Gen3、Gen2、Gen1 硬核。

Stratix 10 FPGA 于 2013 年推出，采用了 Intel 14 nm 三栅极制造工艺，最高达到 550 万个逻辑单元（LE），并可集成 1.5 GHz 四核 64 位 ARM Cortex-A53 硬核处理器，能提供 144 个收发器，数据速率达到 30 Gbps；支持 2666 Mbps 的 DDR4，整体性能达到了新的高度。

2．Arria 中端 FPGA 家族系列

Arria 是面向中端应用的 FPGA 系列，用于对成本和功耗敏感的收发器以及嵌入式应用。Arria 器件每一代的推出年份和采用的工艺技术如表 2.14 所示。

表 2.14　Arria 系列中端 FPGA 器件

器件系列	Arria GX	Arria II GX	Arria II GZ	Arria V GX, GT, SX	Arria V GZ	Arria 10
推出年份	2007	2009	2010	2011	2012	2013
制程工艺（nm）	90	40	40	28	28	20

Arria GX 器件 2007 年推出，采用 90 nm 工艺。收发器速率为 3.125 Gbps，支持 PCIe、以太网、Serial RapidIO 等多种协议。

Arria II 器件基于 40 nm 工艺，其架构包括 ALM、DSP 模块和嵌入式 RAM，以及 PCI Express 硬核。Arria II 包括两个型号：Arria II GX 和 Arria II GZ，后者功能更强一些。

Arria V GX 和 GT 器件使用了 28 nm 低功耗工艺实现了低静态功耗，还提供速率达 10.312 5 Gbps 的低功耗收发器，设计了具有硬核 IP 的优异架构，从而降低了动态功耗，还集成了 HPS（包括处理器、外设和存储器控制器）。

对于中端应用，Arria V GZ 器件实现了单位带宽最低功耗，收发器速率达到 12.5 Gbps；在 10 Gbps 数据速率，Arria V GZ FPGA 每通道功耗不到 180 mW，在 12.5 Gbps 数据速率，每通道功耗不到 200 mW。Arria V GZ FPGA 的-3L 速率等级器件进一步降低了静态功耗。

Arria 10 系列在性能上超越了前一代高端 FPGA，而功耗低于前一代中端 FPGA，重塑了中端器件。Arria 10 器件采用了 20 nm 工艺技术和高性能体系结构，其串行接口速率达到 28.05 Gbps，其硬核浮点 DSP 模块速率可达到每秒 1 500 G 次浮点运算（GFLOPS）。

3．Cyclone 低成本 FPGA 家族系列

Cyclone 低成本 FPGA 系列从 I 代、II 代、III 代发展到 Cyclone IV、Cyclone V、Cyclone 10，每一代的推出年份和采用的工艺技术如表 2.15 所示。

表 2.15　Cyclone 低成本 FPGA 家族系列

器件系列	Cyclone	Cyclone II	Cyclone III	Cyclone IV	Cyclone V	Cyclone 10
推出年份	2002	2004	2007	2009	2011	2017
制程工艺（nm）	130	90	65	60	28	20

　　Cyclone II 器件采用 90 nm 工艺制作；Cyclone 器件的工艺是 130 nm。Cyclone 和 Cyclone II 器件目前已停产。

　　Cyclone III 器件采用 65 nm 低功耗工艺制作，能提供丰富的逻辑、存储器和 DSP 功能，Cyclone III FPGA 含有 5 000～120 000 万个逻辑单元（LE），288 个 DSP 乘法器，存储器容量大幅增加，每个 RAM 块增加到 9 Kb，最大容量达到 4 Mb，18 位乘法器数量也达到 288 个。

　　Cyclone IV FPGA 器件有两种型号，均采用 60 nm 低功耗工艺。一种型号为 Cyclone IV GX，具有 150 K 个逻辑单元（LE）、6.5 Mb RAM 和 360 个乘法器，8 个支持主流协议的 3.125 Gbps 收发器，Cyclone IV GX 还为 PCI Express（PCIe）提供硬核 IP，其封装（Wirebond 封装）大小只有 11 mm×11 mm，非常适合低成本场合应用；另一个型号是 Cyclone IV E 器件，不带收发器，但它的内核电压只有 1.0 V，比 Cyclone IV GX 具有更低的功耗。

　　Cyclone V 器件在 2011 年推出，采用 TSMC（台积电）的 28 nm 低功耗（28LP）工艺制作，面向低成本、低功耗应用，并提供集成收发器型号以及具有基于 ARM 的硬核处理器系统（HPS）的型号，HPS 包括处理器、外设和存储器控制器。

　　Cyclone 10 FPGA 于 2017 年推出，Cyclone10 分为两个子系列：Cyclone 10 GX 和 Cyclone 10 LP。Cyclone 10 GX 支持 12.5 G 收发器、1.4 Gbps LVDS 和最高 72 位宽、1 866 Mbps DDR3 SDRAM 接口，逻辑容量从 85 K 到 220 K 个 LE 单元，性能已经接近中高端 FPGA 的水平，适用于对成本敏感的高带宽、高性能应用，比如工业视觉、机器人和车载娱乐多媒体系统等。

　　Cyclone 10 LP 适用于不需要高速收发器的低功耗、低成本应用，逻辑容量从 6 K 到 120 K 个 LE 单元，和上一代产品相比，静态功耗降低一半，成本也将大幅降低。

　　4．Intel 的 CPLD 家族系列

　　Intel 的 CPLD 均是基于非易失体系结构的，不需外挂配置器件。早期的 CPLD，比如 MAX7000S、MAX3000A 等采用 EEPOM 工艺，集成度为 32～512 个宏单元，工作电压多为 5.0 V。2004 年后推出的 MAX II、MAX V、MAX 10 系列器件，兼具 FPGA 和 CPLD 双重优点，解决了非易失、单芯片、低成本、低功耗、高密度的芯片实现方案。Intel 的 CPLD 每一代的推出年份和采用的工艺技术如表 2.16 所示。

表 2.16　Intel 的 CPLD 系列

器件系列	早期的 CPLD	MAX II	MAX IIZ	MAX V	MAX 10
推出年份	1995～2002	2004	2007	2010	2014
制程工艺	0.50～0.30 μm	180 nm	180 nm	180 nm	55 nm

　　MAX II 采用 0.18 μm Flash 工艺制作，基于查找表（LUT）结构，采用行列布线，每个 MAX II 器件都嵌入了 8 Kb 的 Flash 存储器，用户可以将配置数据集成到器件中，无须外挂配置器件。

　　MAX V 器件采用 180 nm 工艺制作，可靠性高，功耗低，采用非易失体系结构。MAX V 体系结构集成闪存、RAM、振荡器和锁相环等传统结构，绿色封装（20 平方毫米），静态功耗低至 45 μW。

　　MAX 10 器件采用 TSMC 的 55 nm 嵌入式 NOR 闪存技术制造，于 2014 年推出，是具有创新性的低成本、单芯片、小封装非易失器件，使用单核或者双核电压供电，其密度范围在 2 K 至 50 K 个 LE 之间，采用小圆晶片级封装（3 mm×3 mm）。MAX 10 集成功能包括模数转换器（ADC）和双配置闪存，还支持 Nios II 软核、DSP 模块和软核 DDR3 存储控制器等。MAX 10 器件的特点包括：双配置闪存；用户闪存，具有 736 KB 用户闪存代码存储功能；集成模拟模块和 ADC 以及温度传感器。

　　5．Intel 的 IP 核及宏功能模块

　　随着百万门级的 PLD 芯片的推出，芯片系统（SoC）成为可能，Intel 提出的概念为 SoPC

（System on a Programmable Chip），即可编程芯片系统，将一个完整的系统集成在一个 PLD 内。为了支持 SoPC 的实现，Intel 提供了宏模块、IP 核以及系统集成等解决方案。基于 IP 核的设计无疑会减少设计风险，缩短开发周期。Intel 通过下面两种方式开发 IP 模块。

AMPP：AMPP（Altera Megafunction Partners Program）是 Intel（Altera）宏功能模块、IP 核开发伙伴组织。通过这个组织，提供基于 Intel 器件的优化的宏功能模块、IP 核。

MegaCore：MegaCore 是 Intel 自行开发完成的，具有高度的灵活性，以及一些固定功能的器件所达不到的性能。Quartus Prime（Quartus II）软件提供对 MegaCore 模块进行评估的功能，允许用户在购买前对该模块进行编译、仿真并测试其性能。Quartus Prime 还提供新的系统级集成工具 Qsys，与 SOPC Builder 相比，Qsys 性能几乎加倍，以更高的抽象级来进行设计。

Intel 常用的宏功能模块、IP 核包括以下几类。

- 数字信号处理类：DSP 基本运算模块，比如快速加法器、快速乘法器、FIR 滤波器、FFT 等；
- 图像处理类：Intel 为数字视频处理所提供的方案包括旋转、压缩、过滤等应用，包括离散余弦变换、JPEG 压缩等；
- 通信类：包括信道编解码模块、Viterbi 编解码、Turbo 编解码、快速傅里叶变换、调制解调器等；
- 接口类：包括 PCI、USB、CAN 等总线接口；
- 处理器及外围功能模块：包括嵌入式微处理器、微控制器、CPU 内核、UART、中断控制器等。

2.10　FPGA/CPLD 的发展趋势 ●●●

FPGA/CPLD 在 40 年的时间中取得了巨大成功，在性能、成本、功耗、容量和编程能力方面不断提升。在未来的发展中，将呈现以下几方面的趋势。

① 向高密度、高速度、宽频带、高保密方向进一步发展：14 nm 制作工艺目前已用于 FPGA/CPLD，FPGA 在性能、容量方面取得的进步非常显著。在高速收发器方面 FPGA 也已取得了显著进步，可以解决视频、音频及数据处理的 I/O 带宽问题，这正是 FPGA 优于其他解决方案之处。

② 向低电压、低功耗、低成本、低价格的方向发展：功耗已成为电子设计开发中最重要的考虑因素之一，影响着最终产品的体积、重量和效率。

FPGA/CPLD 的内核电压呈不断降低的趋势，经历了 5 V→3.3 V→2.5 V→1.8 V→1.2 V→1.0 V 的演变，未来会更低。工作电压的降低使得芯片的功耗显著减少，使 FPGA/CPLD 适用于便携、低功耗应用场合，如移动通信设备、个人数字助理等。

③ 向 IP 软/硬核复用、系统集成的方向发展：FPGA 平台已经广泛嵌入 RAM/ROM、FIFO 等存储器模块，以及 DSP 模块、硬件乘法器等，可实现快速的乘累加操作；同时，越来越多的 FPGA 集成了硬核 CPU 子系统（ARM/MIPS/ MCU），以及其他软核和硬核 IP，向系统集成的方向快速发展。

④ 向模数混合可编程方向发展：迄今为止，PLD 开发和应用的大部分工作都集中在数字逻辑电路上，模拟电路及数模混合电路的可编程技术在未来将得到进一步发展，比如 Intel 已在 MAX 10 FPGA 中集成模拟模块、ADC 及温度传感器，这样的芯片将来会更多。

⑤ FPGA/CPLD 将在物联网、人工智能、云计算等领域大显身手：处理器+FPGA 的创新架构将极大提升数据处理的效能，并降低功耗，FPGA/CPLD 将在物联网、人工智能、云计算等领域大显身手。

习　题　2

2.1　PLA 和 PAL 在结构上有什么区别？

2.2　说明 GAL 的 OLMC 有什么特点，它怎样实现可编程组合电路和时序电路？

2.3　简述基于乘积项的可编程逻辑器件的结构特点。

2.4　基于查找表的可编程逻辑结构的原理是什么？

2.5　基于乘积项和基于查找表的结构各有什么优点？

2.6　CPLD 和 FPGA 在结构上有什么明显的区别？各有什么特点？

2.7　FPGA 器件中的存储器块有何作用？

2.8　边界扫描技术有什么优点？

2.9　说明 JTAG 接口有哪些功能。

第 3 章

Quartus Prime 使用指南

Quartus Prime 是 Intel FPGA 的集成开发工具，从 Quartus II 15.1 开始，Quartus II 开发工具改称为 Quartus Prime。目前，Quartus Prime 19.3 版本业已发布。

从 Quartus II 10.0 版本开始，Quartus II 软件中取消了自带的波形仿真工具，采用第三方仿真工具 ModelSim 进行仿真。

从 Quartus II 13.1 版本开始，Quartus II 软件已不再支持 Cyclone I 和 Cyclone II 器件，所以如果要使用基于 Cyclone II 器件的实验板，能采用的 Quartus II 最高版本是 13.0 sp1。

Quartus II 13.1 也是支持 32 位（32 位、64 位二合一）操作系统（如 Windows XP）的最后一版，之后的 Quartus II 只支持 64 位操作系统（Windows 7，Windows 8，Windows 10），建议用 15.0 以上版本，因为除了支持 Arria 10 系列新器件，还多了很多免费 IP，且编译速度更快，Quartus II 15.0 采用新的编译算法 Spectra-Q Engine，编译速度提高 5~10 倍。

2019 年 Intel 发布了 Quartus Prime 19.3，分为专业版、标准版和精简版三个版本。在 Quartus Prime 软件中集成了新的 Spectra-Q 综合工具，支持数百万 LE 单元的 FPGA 器件；该软件还集成了新的前端语言解析器，扩展了对 System Verilog-2005 和 VHDL-2008 的支持，增强了 RTL 级的设计功能。

基于 Quartus Prime 进行 FPGA 设计开发的流程如图 3.1 所示，主要包括以下步骤。

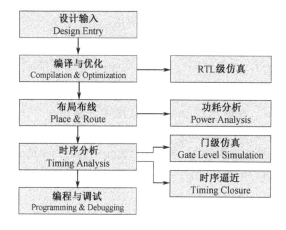

图 3.1　基于 Quartus Prime 进行 FPGA 设计开发的流程

① 设计输入：包括原理图输入、HDL 文本输入、EDIF 网表输入等几种方式。

② 编译与优化：根据设计要求设定编译方式和编译策略，如器件的选择、逻辑综合方式的选择等，然后根据设定的参数和策略对设计项目进行网表提取、逻辑综合。在综合阶段，应利用设计指定的约束文件将 RTL 级设计功能实现并优化到具有相等功能且具有单元延时（但不含时序信息）的基本器件中，如触发器、逻辑门等，得到的结果是功能独立于 FPGA 的网表。

③ 布局布线（Place & Route），或者称为适配（Fitting）：布局布线将综合后的网表文件针对某一具体的目标器件进行逻辑映射，器件适配，并产生报告文件（.rpt）、延时信息文件、编程文件（.pof、.sof 等）以及面向其他 EDA 工具的输出文件（EDIF 文件）等，供时序分析、仿真和编程使用。

④ 仿真：Quartus Prime 软件的仿真分为 RTL 级仿真（RTL Simulation）和门级仿真（Gate Level Simulation）两种。

Quartus Prime 取消了自带的波形仿真，采用专业第三方仿真工具 ModelSim 进行仿真。ModelSim RTL 级仿真是对设计的语法和基本功能进行验证，其输入为 RTL 级代码与 Testbench 激励脚本，在设计的初始阶段发现问题；门级仿真是针对门级时序进行的仿真，是通过布局布线得到标准时延格式的时序信息后进行的仿真，ModelSim 门级仿真，需要 VHDL 或 Verilog HDL 门级网表、FPGA 厂家提供的元件库，还需要标准延时文件（.sdf），门级仿真综合考虑电路的路径延迟与门延迟的影响，验证电路能否在一定时序条件下满足时序要求。

⑤ 编程与调试：用得到的编程文件通过编程电缆配置 FPGA，加入实际激励，进行在线测试。在以上设计过程中，如果出现错误，需重新回到设计输入阶段，改正错误或调整电路后重复上述过程。

3.1　Quartus Prime 原理图设计 ●●●

本节以 1 位全加器的设计为例，介绍基于 Quartus Prime 软件进行原理图设计的基本流程，本书采用的是 Quartus Prime 17.0，其他不同版本的 Quartus 软件（比如 Quartus II 12.0、Quartus II 13.0 sp1、Quartus II 13.1、Quartus Prime 15.1 等）使用方法与此类似。

1 位全加器通过两步实现，首先设计一个半加器，然后调用半加器构成 1 位全加器。

3.1.1　半加器原理图设计输入

在进行设计之前，首先应建立工作目录，每个设计都是一项工程（Project），一般单独建一个工作目录。本例设立的工作目录为 c:\VHDL\adder。

启动 Quartus Prime，出现如图 3.2 所示的主界面，界面分为几个区域，分别是工作区、设计项目层次显示区（Project Navigator）、信息提示窗口（Messages）、IP 目录（IP Catalog）、任务区（Tasks）等，以及各种工具按钮栏，可以根据自己的喜好调整该界面。

1. 输入源设计文件

选择菜单 File→New，在弹出的 New 对话框中选择源文件的类型，本例选择 Block Diagram/Schematic File 类型（见图 3.3），即出现图 3.4 所示的原理图编辑界面。

在图 3.4 所示的原理图编辑界面中，选择菜单 Edit→Insert Symbol（或者双击空白处），即出现如图 3.5 所示的输入元件对话框。

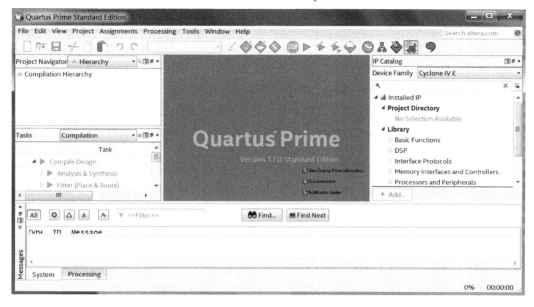

图 3.2   Quartus Prime 的主界面

图 3.3   选择源设计文件类型对话框

图 3.4   原理图编辑界面

在图 3.5 所示的输入元件对话框的 Name 栏中直接输入元件的名字（如果知道元件的名字）；或者在元件库中寻找，调入元件（比如 and2 元件可在 logic 库中找到）。

在原理图中调入与门（and2）、异或门（xor）、输入引脚（input）、输出引脚（output）等元件，并将这些元件连线，最终构成半加器电路，如图 3.6 所示。

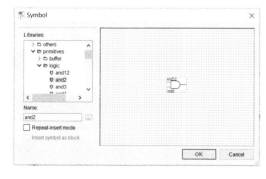

图 3.5   输入元件对话框

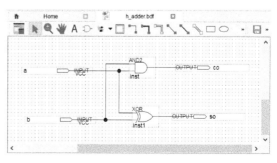

图 3.6   半加器电路图

将设计好的半加器原理图存于已建立的工作目录 c:\VHDL\adder 中，取文件名为 h_adder.bdf（文件名不可与库中已有的元件名重名）。

2．创建工程

每个设计都是一项工程（Project），所以还必须创建工程。这里利用 New Project Wizard 建立工程，在此过程中要设定工程名、目标器件、选用的综合器和仿真器等，其过程如下。

选择菜单 File→New Project Wizard，弹出如图 3.7 所示的 Introduction 对话框，可见工程设置需要 4 步。

① 设置工程名和顶层实体的名字：单击如图 3.7 所示对话框中的 Next 按钮，弹出 Directory，Name，Top-Level Entity 对话框，如图 3.8 所示。单击该框最上面一栏右侧的按钮 "…"，找到文件夹 C:/VHDL/addder，作为当前的工作目录；在第二栏中填写 fulladder，作为当前工程的名字（一般将顶层文件的名字作为工程名）；第三栏是顶层文件的实体名，一般与工程名相同。

② 将设计文件加入工程中：单击图 3.8 所示对话框中的 Next 按钮，弹出 Add Files 对话框，如图 3.9 所示。单击 Add All 按钮，将所有相关的文件都加入当前工程中。在本工程中，目前只有一个源设计文件 h_adder.bdf，因此只需将该文件加入工程中即可。

③ 选择目标器件：继续单击图 3.9 所示对话框中的 Next 按钮，出现如图 3.10 所示的选择目标器件的对话框。在 Device family 栏中选择 Cyclone IV E 器件系列，具体的目标器件应根据使用的目标器件进行选择，此处因为目标下载板为 AIGOC4_MB 开发板，所以 Available devices 选择 EP4CE6F17C8。

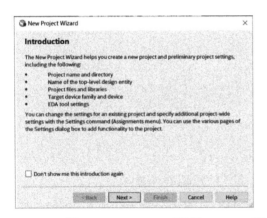

图 3.7　Introduction 对话框　　　　图 3.8　设置 Directory，Name，Top-Level Entity 对话框

图 3.9　Add Files 对话框　　　　　　图 3.10　选择目标器件对话框

④选择综合器和仿真器：单击图 3.10 中的 Next 按钮，则弹出选择仿真器和综合器的 EDA Tool Settings 对话框，如图 3.11 所示。在 Design Entry/Synthesis 一行，如果选择默认的 None，则表示选择 Quartus Prime 自带的综合器进行综合（也可选 Synplify Pro 等进行综合，但必须已安装好）；在 Simulation 一行，选择 ModelSim-Altera，表示选择该仿真器进行仿真，Format 一栏选择 VHDL。

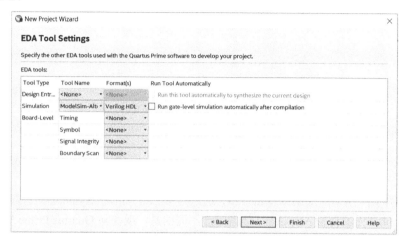

图 3.11　EDA Tool Settings 对话框

⑤ 结束设置：单击 Next 按钮，出现工程设置信息汇总（Summary）对话框，如图 3.12 所示，对前面所做的设置情况进行汇总。单击图中的 Finish 按钮，完成当前工程的创建。在工程管理对话框中，出现当前工程的层次结构显示。

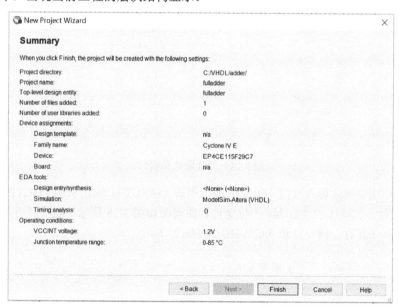

图 3.12　工程信息汇总对话框

3.1.2　1 位全加器设计输入

1．将半加器创建成一个元件符号

选择菜单 File→Create/Update→Create Symbol Files for Current File，弹出如图 3.13 所示的 Create Symbol File 对话框，单击 Save 按钮，将前面的半加器生成为一个器件符号（以文件 h_adder.bsf 存在当前目录下），以供调用。

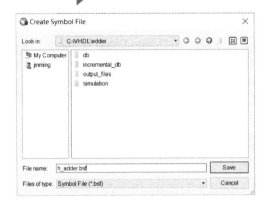

图 3.13　Create Symbol File 对话框

2. 全加器原理图输入

① 创建一个新的原理图文件。选择菜单 File→New，在弹出的 New 对话框中选择 Block Diagram/Schematic File 类型，打开一个新的原理图编辑窗口，如图 3.14 所示。

② 在如图 3.14 所示原理图编辑窗口中，选择菜单 Edit→Insert Symbol（或者双击图中空白处），出现 Symbol 元器件输入对话框，与图 3.5 不同的是，现在除 Quartus Prime 软件自带的元器件外，设计者自己生成的元件也同样出现在库列表中，如图 3.14 所示，上步中生成的 h_adder 半加器出现在可调用库元件列表中，将其调入原理图。

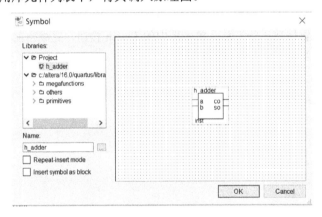

图 3.14　原理图编辑窗口

③ 在原理图中继续调入或门（OR2），输入引脚（INPUT）、输出引脚（OUTPUT）等元件，将这些元件连线，构成 1 位全加器。1 位全加器原理图如图 3.15 所示。将设计好的 1 位全加器以名字 fulladder.bdf 存于同一目录（C:\VHDL\adder）下。

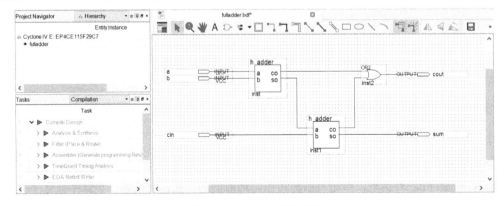

图 3.15　1 位全加器原理图

3.1.3　1 位全加器的编译

完成了工程文件的创建和源文件的输入，即可对设计进行编译。在编译前，必须进行必要的设置。

1. 编译模式的设置

可以设置编译模式。选择菜单 Assignments→Settings，在如图 3.16 所示的 Settings 窗口中，单击左边的 Compilation Process Settings 项，在右边出现的 Compilation Process Settings 窗口中，选择使能 Use Smart compilation 和 Preserve fewer node names to save disk space 等选项（如图 3.16 所示），这样可使得每次的重复编译运行得更快。

2. 编译

选择菜单 Project→Set as Top-Level Entity，将全加器 fulladder.bdf 设为顶层实体，对其进行编译。

Quartus Prime 编译器是由几个处理模块构成的，分别对设计文件进行分析检错、综合、适配等，并产生多种输出文件，如定时分析文件、器件编程文件、各种报告文件等。

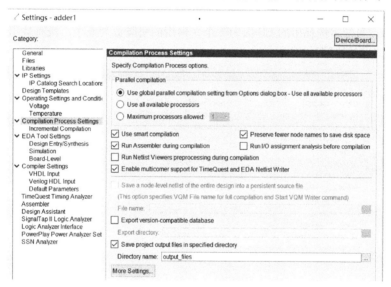

图 3.16　设置编译模式

选择菜单 Processing→Start Compilation，或者单击按钮 ▶，即启动了完全编译，这里的完全编译包括如下 5 个过程（见图 3.17）：

- 分析与综合（Analysis & Synthesis）；
- 适配（Fitter）；
- 装配（Assembler）；
- 定时分析（TimeQuest Timing Analysis）；
- 网表文件提取（EDA Netlist Writer）。

也可以只启动某几项编译，比如选择菜单 Processing→Start→Start Analysis & Synthesis，则只启动分析与综合处理；选择菜单 Processing→Start→Start Fitter，则只启动前 2 项处理。编译处理的进度在任务（Tasks）和状态（Status）窗口中实时显示，如图 3.17 所示。

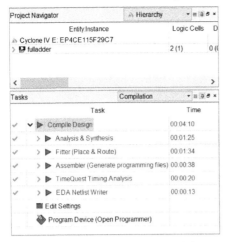

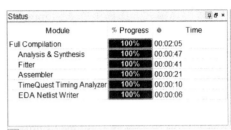

图 3.17　编译任务（Tasks）和状态（Status）窗口

3．查看编译结果

编译完成后，会将有关的编译信息汇总（Flow Summary）显示，本例的编译汇总信息如图 3.18 所示，可知本例耗用的 LE 数为 2 个，占用的引脚数为 5 个，没有耗用其他资源（如存储器、嵌入式乘法器等）。

Flow Summary	
🔍 <<Filter>>	
Flow Status	Successful - Wed Oct 11 12:06:00 2017
Quartus Prime Version	17.0.0 Build 595 04/25/2017 SJ Standard Edition
Revision Name	fulladder
Top-level Entity Name	fulladder
Family	Cyclone IV E
Device	EP4CE115F29C7
Timing Models	Final
Total logic elements	2 / 114,480 (< 1 %)
Total registers	0
Total pins	5 / 529 (< 1 %)
Total virtual pins	0
Total memory bits	0 / 3,981,312 (0 %)
Embedded Multiplier 9-bit elements	0 / 532 (0 %)
Total PLLs	0 / 4 (0 %)

图 3.18　编译信息汇总

3.1.4　1 位全加器的仿真

从 Quartus II 10.0 版本开始，Quartus II 软件中取消了自带的波形仿真工具（Waveform Editor），采用第三方仿真软件 ModelSim 进行仿真，所以在 Quartus Prime 中，只能调用 ModelSim 进行仿真。在安装 Quartus Prime 16.0 时，配套的是 ModelSim-Altera 10.4d 版本仿真器。下面以 1 位全加器的仿真为例，介绍在 Quartus Prime 中调用 ModelSim-Altera 10.4d 进行仿真的过程，使用 ModelSim SE 进行仿真的过程与此有所不同，可参考本书第 11 章的相关内容。

1．建立 Quartus Prime 和 Modelsim 的链接

如果是第一次使用 ModelSim-Altera，需建立 Quartus Prime 和 Modelsim 的链接，如图 3.19 所示。

在 Quartus Prime 主界面执行 Tools→Options…命令，弹出 Options 对话框，在 Options 页面的 Category 栏中选中 EDA Tool Options，在右边的 ModelSim-Altera 栏中指定 ModelSim-Altera 10.4d 的安装路径，本例中为 C:\intelFPGA\17.0\modelsim_ase\win32aloem。

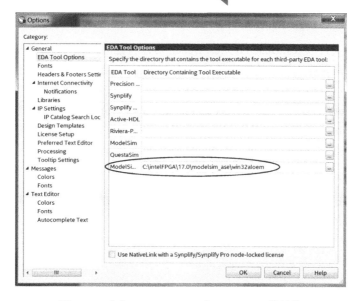

图 3.19　建立 Quartus Prime 和 Modelsim 的链接

2. 设置仿真文件的格式和目录

ModelSim-Altera 的时序仿真中需要用到 VHDL 或 Verilog HDL 输出网表文件（.vho 或.vo），传输延迟文件（.sdo）等。.vho（或.vo）和.sdo 文件在 Quartus Prime 编译时自动生成，ModelSim-Altera 会自动调用上述文件，将延时和时序信息通过波形图展示出来，实现时序仿真。

上述文件的格式和目录需要在 Quartus Prime 软件中进行设置。在 Quartus Prime 主界面中选择菜单 Assignments→Settings，弹出 Settings 对话框，选中 EDA Tool Settings 项，单击 Simulation 按钮，出现如图 3.20 所示的 Simulation 界面，对其进行设置，其中，在 Tool name 中选择 ModelSim-Altera；在 Format for output netlist 中选择 VHDL；在 Output directory 处指定网表文件的输出路径，即.vho 文件存放的路径为目录 C:\VHDL\adder\simulation\modelsim。

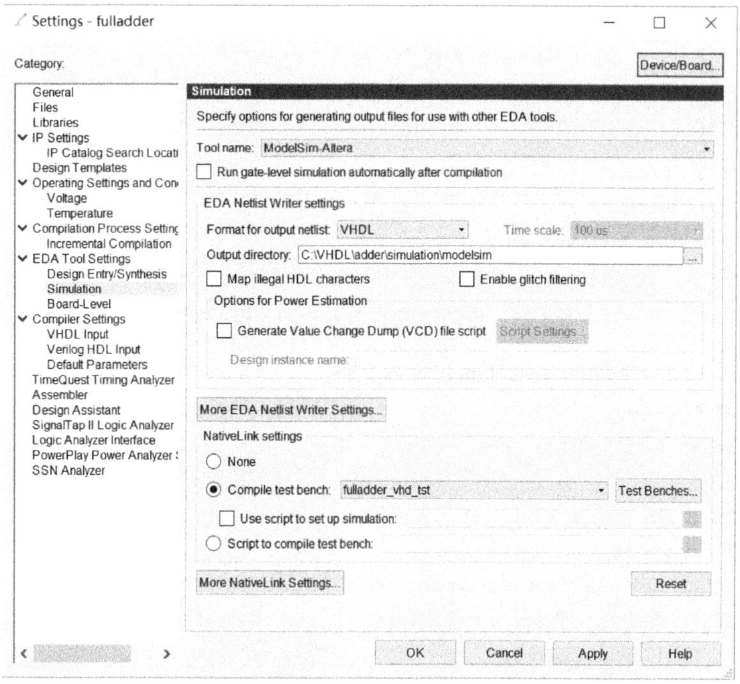

图 3.20　设置仿真文件的格式和目录

3．建立测试脚本（Test Bench）

建立测试脚本文件（Test Bench），Test Bench 可以自己写，也可以由 Quartus Prime 自动生成，不过生成的只是模板，核心功能语句还需自己添加。Test Bench 脚本的编写可参考本书第 10 章相关的内容。

在 Quartus Prime 主界面中选择菜单 Processing→Start→Start Test Bench Template Writer，会自动生成 Test Bench 模板文件，如图 3.21 所示为自动生成的 Test Bench 模板文件的内容，该文件后缀为.vht，在当前工程所在的 c:\VHDL\adder\simulation\modelsim 目录下可找到。

4．为 Test Bench 文件添加核心功能语句

打开自动生成的 Test Bench 模板文件，在其中添加测试的核心功能语句，存盘退出。
修改后的完整的 Test Bench 脚本文件如例 3.1 所示。

```
28   LIBRARY ieee;
29   USE ieee.std_logic_1164.all;
30
31   ENTITY fulladder_vhd_tst IS
32   END fulladder_vhd_tst;
33   ARCHITECTURE fulladder_arch OF fulladder_vhd_tst IS
34   -- constants
35   -- signals
36   SIGNAL a : STD_LOGIC;
37   SIGNAL b : STD_LOGIC;
38   SIGNAL cin : STD_LOGIC;
39   SIGNAL cout : STD_LOGIC;
40   SIGNAL sum : STD_LOGIC;
41   COMPONENT fulladder
42       PORT (
43       a : IN STD_LOGIC;
44       b : IN STD_LOGIC;
45       cin : IN STD_LOGIC;
46       cout : OUT STD_LOGIC;
47       sum : OUT STD_LOGIC
48       );
49   END COMPONENT;
50   BEGIN
51       i1 : fulladder
52       PORT MAP (
53   -- list connections between master ports and signals
54       a => a,
55       b => b,
56       cin => cin,
57       cout => cout,
58       sum => sum
59       );
60   init : PROCESS
61   -- variable declarations
62   BEGIN
63           -- code that executes only once
64   WAIT;
65   END PROCESS init;
66   always : PROCESS
67   -- optional sensitivity list
68   -- (        )
69   -- variable declarations
70   BEGIN
71           -- code executes for every event on sensitivity list
72   WAIT;
73   END PROCESS always;
74   END fulladder_arch;
```

图 3.21　自动生成的 Test Bench 模板文件

【例 3.1】　1 位全加器的 Test Bench 脚本文件。

```
LIBRARY ieee;
USE ieee.std_logic_1164.all;


ENTITY fulladder_vhd_tst IS
END fulladder_vhd_tst;
ARCHITECTURE fulladder_arch OF fulladder_vhd_tst IS
CONSTANT dely : TIME := 80 ns;      -- constants
SIGNAL a : STD_LOGIC;
SIGNAL b : STD_LOGIC;
SIGNAL cin : STD_LOGIC;
```

```
SIGNAL cout : STD_LOGIC;
SIGNAL sum : STD_LOGIC;
COMPONENT fulladder
PORT (
a : IN STD_LOGIC;
b : IN STD_LOGIC;
cin : IN STD_LOGIC;
cout : OUT STD_LOGIC;
sum : OUT STD_LOGIC
);
END COMPONENT;
BEGIN
i1 : fulladder
PORT MAP (
a => a,
b => b,
cin => cin,
cout => cout,
sum => sum
);
init : PROCESS
BEGIN
a<='0'; b<='0'; cin<='0';
WAIT FOR dely; cin<='1';
WAIT FOR dely; b<='1';
WAIT FOR dely; a<='1';
WAIT FOR dely; b<='0';
WAIT FOR dely; cin<='0';
WAIT FOR dely; b<='1';
WAIT FOR dely; a<='0';
WAIT;
END PROCESS init;
END fulladder_arch;
```

5. Test Bench 进一步设置

还需对 Test Bench 做进一步的设置，在 Quartus Prime 中选择菜单 Assignments→Settings，弹出 Settings 对话框，选中 EDA Tool Settings 下的 Simulation 项，对其进行设置，单击 Compile test bench 栏右边的 Test Benches 按钮，出现 Test Benches 对话框，单击其中的 New 按钮，出现 New Test Bench Settings 对话框，在其中填写 Test bench name 为 fulladder_vlg_tst，同时，Top level module in test bench 也填写为 fulladder_vlg_tst；使能 Use test bench to perform VHDL timing simulation，在 Design instance name in test bench 栏中填写 i1，End simulation at 选择 600ns；Test bench and simulation files 选择 C:\VHDL\adder\simulation\modelsim\fulladder.vht，并将其加载（Add）。

上述设置过程如图 3.22 所示。

6. 启动仿真，观察仿真结果

选择菜单 Tools→Run EDA Simulation Tool→Gate Level Simulation…，启动对 1 位全加器的门级仿真。命令执行后，系统会自动打开 ModelSim-Altera 主界面和相应的窗口，如结构（Structure）、命令（Transcript）、目标（Objects）、波形（Wave）、进程（Processes）等窗口。1 位全加器的门级仿真输出波形图如图 3.23 所示。

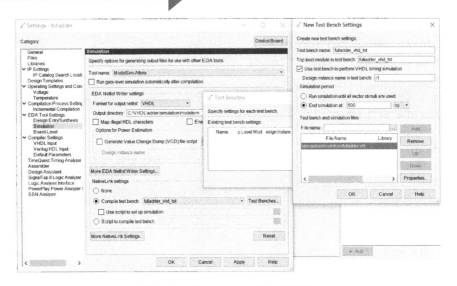

图 3.22　对 Test Bench 进一步设置

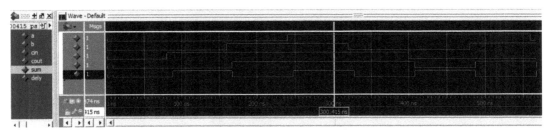

图 3.23　1 位全加器的门级仿真输出波形图

从仿真波形可以检验所设计电路的功能是否正确，如不正确，可修改设计，重新执行以上的过程，直到完全满足自己的设计要求为止。

注： Quartus Prime 采用第三方工具 ModelSim 进行仿真，支持两种仿真：RTL 仿真（RTL Simulation）和门级仿真（Gate Level Simulation），原理图设计（.bdf 文件）只能进行门级仿真；上面的 1 位全加器如果要进行 RTL 仿真，可采用如下方法：

选择菜单 File→Create/Update→Create HDL Design File from Current File，分别将半加器原理图文件 h_adder.bdf 和全加器原理图文件 fulladder.bdf 转化为.vhd 文件；将 fulladder.vhd 设置为顶层实体文件，重新编译（编译前，应选择菜单 Assignments→Settings，在 Files 页面中将 h_adder.bdf 和 fulladder.bdf 从当前工程中移除，只保留 h_adder.vhd 和 fulladder.vhd）。这样就把原理图设计文件转化为 VHDL 文本设计文件，后面的仿真过程与前面的介绍相同，但既可以对设计进行门级仿真（Gate Level Simulation），也可以进行 RTL 仿真（RTL Simulation）。

3.1.5　1 位全加器的下载

1. 器件和引脚的锁定

前面建立工程时已经选定了目标器件，此时，针对下载的实验板如果要更换 FPGA 目标器件，可选择菜单 Assignments→Device，在弹出的 Device 对话框中，重新设置目标器件。

本例针对的下载板为 AIGO_C4_MB，故目标器件应为 EP4CE6F17C8。在 C4_MB 开发板的外部设备（如 LED 灯、数码管等）与目标芯片的连接是固定的，所以还必须将设计项目中的 I/O 引脚进行锁定，使之与板上外设连接。

选择菜单 Assignments→Pin Planner，在弹出的如图 3.24 所示 Pin Planner 对话框中，进行引脚的锁定。本例中 5 个引脚的锁定如下：

```
A          →PIN_E15        KEY1（按键）
B          →PIN_E16        KEY2（按键）
CIN        →PIN_M16        KEY3（按键）
SUM        →PIN_G15        LED0（LED 灯）
COUT       →PIN_F16        LED1（LED 灯）
```

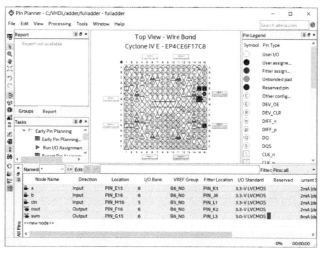

图 3.24　锁定引脚

2. 复用引脚的设置

有的引脚是可复用引脚（Dual-Purpose Pins），在编程期间作为配置引脚。编程结束后，有的引脚可继续作为普通 I/O 引脚使用，有的则不可以，这与所选择的配置方式（AS 方式、PS 方式等）有关。

本例中的 F16 引脚（nCEO 引脚）是复用引脚，既可以作为编程引脚，也可以当做普通 I/O 引脚使用，将其做普通 I/O 脚使用时需作必要的设置，否则可能在编译时出错。

选择菜单 Assignments→Device，单击 Device and Pin Options 按钮，弹出如图 3.25 所示的对话框，单击 Dual-Purpose Pins，找到 nCEO 引脚，在下拉菜单中选择 Use as regular I/O 选项，单击 OK 按钮。

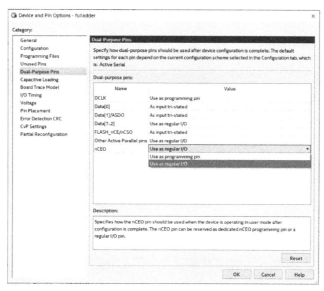

图 3.25　复用引脚设置

3. 未用引脚状态的设置

为了将实验板上未用的设备（如数码管、LED 灯等）屏蔽，便于观察实验效果，可对 FPGA 的未用引脚进行设置。选择菜单 Assignments→Device，在出现的如图 3.26 所示 Device 对话框中，单击 Device and Pin Options 按钮，在弹出的 Device and Pin Options 窗口中，选中左侧的 Category 栏中的 Unused Pins，在右侧出现的 Unused Pins 对话框中选择 Reserve all unused pins 的处理方式为 As input tri-stated，即作为输入三态，此项设置对于很多实验项目都是必要的。

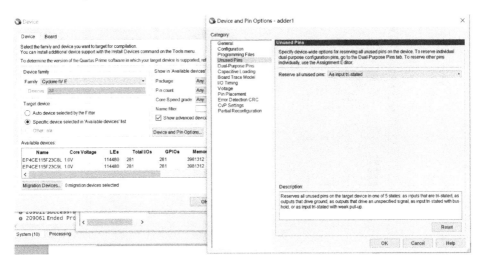

图 3.26　未用引脚状态设置

4. 选择配置方式和配置器件

编译产生的默认的配置文件格式是.sof，适用于 JTAG 等配置模式；如果要生成.pof 格式的可固化的配置文件，则需做一些设置。

在图 3.26 所示的 Device and Pin Options 对话框中，选中 Category 栏中的 Configuration，出现如图 3.27 所示的 Configuration 页面，设置 Configuration scheme 为 Active Serial（主动串行方式），即由 EPCS 配置器件来对目标器件进行配置；Configuration mode 为 Standard；使能 Use configuration device，并选择 EPCS16 作为配置器件（根据目标板选择相应的配置器件），这样，编译后即可产生适用于 EPCS16 的.pof 格式的配置文件。

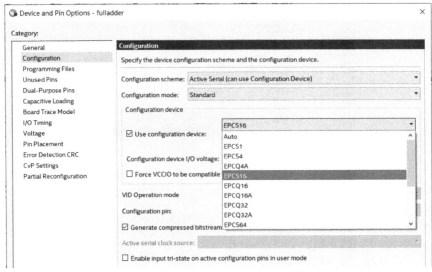

图 3.27　选择配置方式和配置器件

5．更多编程文件格式的生成

除了.sof 和.pof 配置文件，假如还要产生更多其他格式的编程配置文件，则需做一些必要的设置。

在图 3.27 所示的 Device and Pin Options 窗口中，选中 Category 栏中的 Programming Files，出现如图 3.28 所示的 Programming Files 窗口，可看到能用于器件配置编程的其他文件格式有 *.ttf、*.rbf、*.jam、*.jbc、*.svf 和*.hexout 等，选中其中的一种或几种文件格式，这样编译器会自动编译生成该格式的配置文件供用户使用。

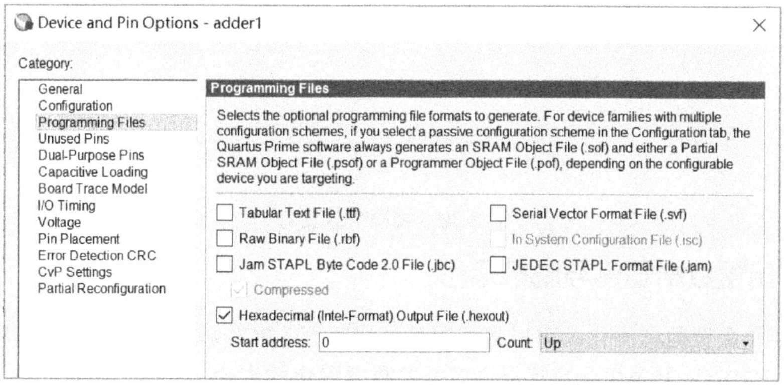

图 3.28 选择编程文件格式

6．重新编译

完成上述设置后，为了将这些设置信息融入设计文件，需要重新对设计工程进行编译。

选择菜单 Processing→Start Compilation（或者单击▶按钮），启动重新编译。重新编译后的 1 位全加器原理图如图 3.29 所示，可发现锁定的引脚信息已在图上显示。

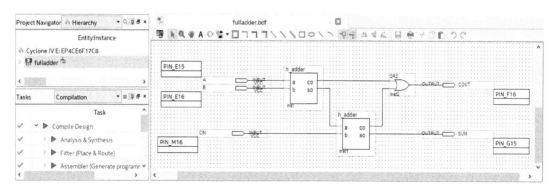

图 3.29 重新编译后的 1 位全加器原理图

7．编程下载

重新编译后，可启动下载流程。

选择菜单 Tools→Programmer，或者单击 按钮，出现编程下载窗口，如图 3.30 所示，设定编程接口为 USB-Blaster[USB-0]方式（单击 Hardware Setup 按钮进行设置），编程模式 Mode 选择 JTAG 方式，单击 Add File 按钮，找到 C:\VHDL\adder\output_files\fulladder.sof 文件，加载，单击 Start 按钮，将 fulladder.sof 文件下载至目标板的目标器件中。

8．观察下载效果

至此，已完成 1 位全加器的整个设计流程。在 C4_MB 开发板上按动 KEY1～KEY3 按键，组成加数 A、B 和进位 CIN 的不同组合，在绿色发光二极管 LED1 和 LED0 上观察和数 SUM、进位 COUT 的结果，验证 1 位全加器的功能。

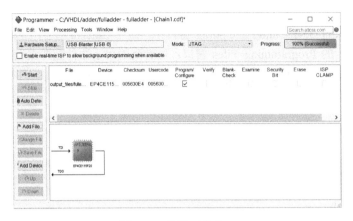

图 3.30　编程下载窗口

3.1.6　配置数据固化与脱机运行

如果需要将配置数据固化，可以将配置数据烧写至 EPCS 芯片中，可达到脱机独立运行的目的，仍以 AIGO_C4 开发板为目标板说明配置数据固化的步骤。

1. 将.sof 在线配置文件转换为烧写配置芯片的.jic 编程文件

可使用 Quartus Prime 自带的 Convert Programming File 工具将.sof 在线配置文件转换为烧写配置芯片的.jic 编程文件。

① 在 Quartus Prime 主界面下，选择菜单 File→Convert Programming File，出现如图 3.31 所示的页面，在此页面中选择 Programming file type 为.jic，Configuration device 选择 EPCS16，Mode 为 Active Serial（主动串行）。

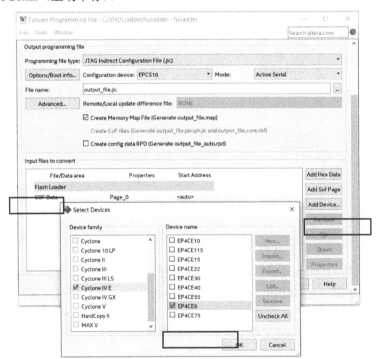

图 3.31　Convert Programming File 页面

② 在图 3.31 的下方的 Input files to convert（输入文件）区域，左键单击选定 Flash Loader 后，单击右侧 Add Device 按钮，在弹出的对话框中选择 FPGA 型号 EP4CE6（根据目标板选择 FPGA 器件）。

③ 同样在 Input files to convert（输入文件）区域，左键单击选定 SOF Data 后，单击右侧 Add File 按钮，选择前面已生成的 fulladder.sof 文件（如图 3.32 所示），然后单击下方的 Generate 按钮生成 jic 文件。

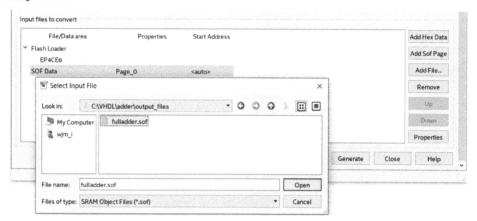

图 3.32　选定欲转换的.sof 文件

2. 烧写.jic 文件

① 打开编程工具 Programmer，自动检测并选定器件，如加载有.sof 下载文件，可将其删除。单击 Auto Detect 按钮，在弹出的对话框中选择器件 EP4CE6，如图 3.33 所示。

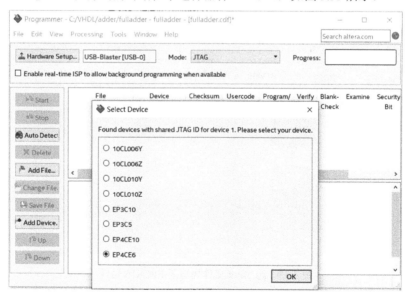

图 3.33　自动检测并选定器件

② 单击 Add File 按钮，选择上一步所生成的固化烧写文件*.jic，此时可能会出现 3 个 Device，如图 3.34 所示，右键选中 Usercode 为 none 的 EP4CE6 器件，单击 Delete 按钮将其删除。

③ 如图 3.35 所示，左键单击选中.jic 文件，然后将 Program/Configure 选项方框勾选，最后单击 Start 按钮进行烧写，烧写时间约几十秒。

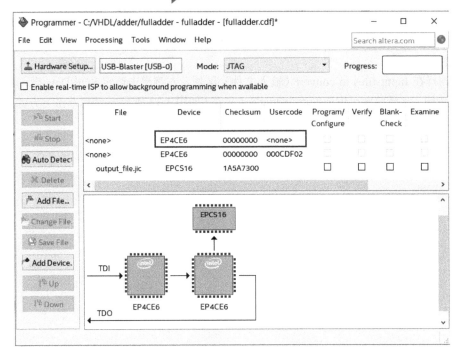

图 3.34　将 Usercode 为 none 的 EP4CE6 器件删除

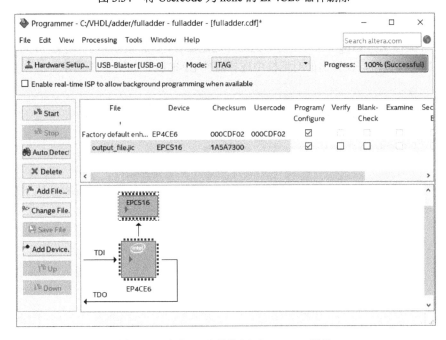

图 3.35　选中 .jic 文件烧写至 EPCS16 器件

④断电重启，验证固化程序是否烧写成功。至此，已完成 1 位全加器的整个设计任务。

3.2　基于 IP 核的设计 ●●●

Quartus Prime 软件为设计者提供了丰富的 IP 核，包括参数化宏功能模块（Library Parameterized Megafunction，LPM）、MegaCore 等，这些 IP 核均针对 Altera 的 FPGA 器件做了优化，基于 IP 核完成设计可极大提高电路设计的效率与可靠性。

选择菜单 Tools→IP Catalog，在 Quartus Prime 界面中会出现 IP 核目录（IP Catalog）窗口，自动将目标器件支持的 IP 核列出来。如图 3.36 所示是 Cyclone IV E 器件支持的 IP 核目录，包括基本功能类（Basic Functions）、数字信号处理类（DSP）、接口协议类（Interface Protocols）等，每一类又包括若干子类。

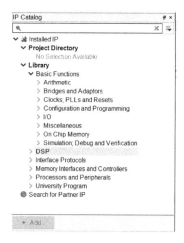

图 3.36　Cyclone IV E 器件支持的 IP 核目录（IP Catalog）

在 Quartus Prime 软件中，用 IP 目录（IP Catalog）和参数编辑器（Parameter Editor）代替 Quartus II 中的 the MegaWizard Plug-In Manager，用 Parameter Editor 可定制 IP 核的端口（Ports）和参数（Parameters）；Qsys 则用于系统级的 IP 集成，连接 IP 核和各子系统，提高 FPGA 设计的效率。

3.2.1　用 LPM_COUNTER 设计模 24 方向可控计数器

本节以参数化计数器（LPM_COUNTER）为例来说明 Quartus Prime 软件中 IP 核的用法。LPM_COUNTER 在 IP Catalog 中属于基本功能类（Basic Functions）中的算术运算模块子类（Arithmetic），其输入/输出端口和基本参数在表 3.1 中给出，本节利用该模块设计一个模 24 方向可控计数器。

表 3.1　LPM_COUNTER 端口及参数

	端 口 名 称	功 能 描 述
输入端口	data[ ]	并行输入预置数（在使用 aload 或 sload 的情况下）
	clock	输入时钟
	clk_en	时钟使能输入
	cnt_en	计数使能输入
	updown	控制计数的方向
输入端口	cin	进位输入
	aclr	异步清零，将输出全部清零，优先级高于 aset
	aset	异步置数，将输出全部置"1"，或置为 LPM_AVALUE
	aload	异步预置
	sclr	同步清零，将输出全部清零，优先级高于 sset
	sset	同步置数，将输出全部置"1"，或置为 LPM_AVALUE
	sload	同步预置
输出端口	q[ ]	计数输出
	cout	进位输出

续表

	端 口 名 称	功 能 描 述
参数设置	LPM_WIDTH	计数器位宽
	LPM_DIRECTION	计数方向
	LPM_MODULUS	模
	LPM_AVALUE	异步预置数
	LPM_SVALUE	同步预置数

1. 创建工程，定制 LPM_COUNTER 模块

参照上节的内容，利用 New Project Wizard 建立工程，本例中设立的工程名为 count24。

在 Quartus Prime 主界面的 IP Catalog 栏中，在 Basic Functions 的 Arithmetic 目录下找到 LPM_COUNTER 模块，双击该模块，出现 Save IP Variation 对话框，如图 3.37 所示，在其中输入 LPM_COUNTER 模块的名字，比如 counter24，同时，选择其语言类型为 VHDL。

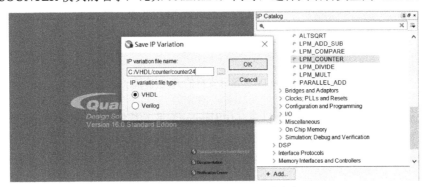

图 3.37　LPM_COUNTER 模块命名

单击 OK 按钮，会启动 MegaWizard Plug-In Manager，对 LPM_COUNTER 模块进行参数设置。首先对输出数据总线宽度和计数的方向进行设置，如图 3.38 所示。计数器可以设为加法或者减法计数，还可以通过增加一个 updown 信号来控制计数的方向，为 1 时加法计数，为 0 时减法计数，此处选择 updown 方式，输出数据总线 q 的宽度设置为 8 bits。

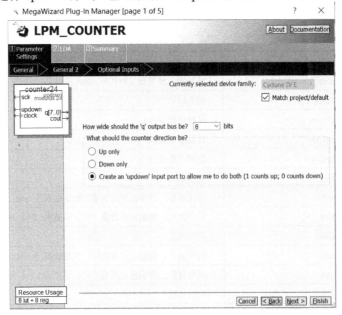

图 3.38　计数器输出端口宽度和计数方向设置

单击 Next 按钮，进入如图 3.39 所示的页面，在这里设置计数器的模，还可根据需要增加控制端口，包括时钟使能 Clock Enable、计数使能 Count Enable、进位输入 Carry-in 和进位输出 Carry-out 端口。在本例中设置计数器模为 24，并带有一个进位输出端口 Carry-out。

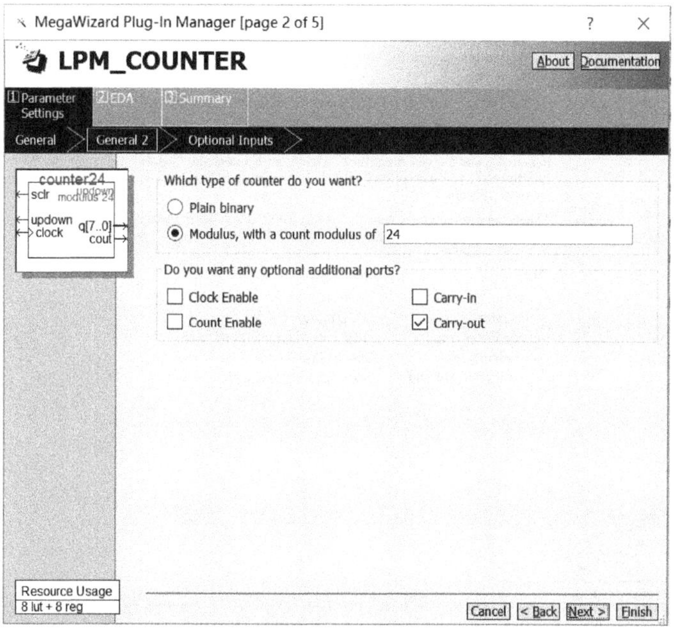

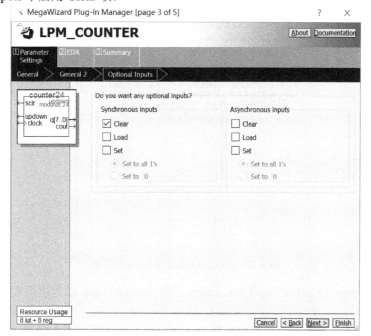

图 3.39　计数器模和控制端口设置

单击 Next 按钮，进入如图 3.40 所示的页面，进行更多控制端口设置，可在该页面中可增加同步清零、同步预置、异步清零、异步预置等控制端口。在本例中增加同步清零，即在 Synchronous inputs 中启用 Clear 项。

图 3.40　更多控制端口设置

继续单击 Next 按钮，出现如图 3.41 所示的页面，在该页面中选择需要生成的文件。其中：counter24.vhd 文件是设计源文件，系统默认选中；counter24_inst.vhd 文件展示如何在文本顶层设计中例化 counter24 模块，如果顶层调用采用文本方式，建议选中；counter24.bsf 文件是模块符号文件（Block Symbol File），如果顶层调用采用原理图方式，建议选中。

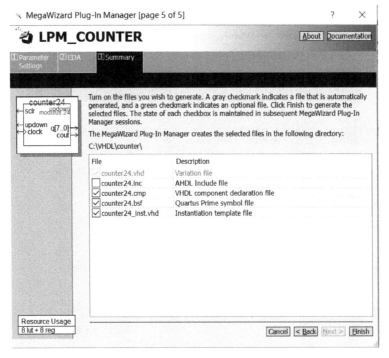

图 3.41　选择需要生成的文件

单击 Finish 按钮，结束参数设置的过程，现在已完成 counter24 模块的定制。

2. 编译

单击 Finish 按钮完成 counter24 模块的设置后会自动出现 Quartus Prime IP Files 对话框，如图 3.42 所示，单击 Yes 按钮选择将生成的 counter24.qip 文件加入到当前工程中。

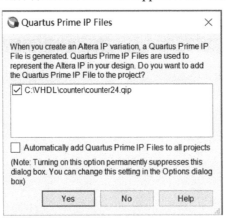

图 3.42　Quartus Prime IP Files 对话框

选择菜单 Project→Set as Top-Level Entity，将 counter24.qip 设为顶层实体（或者将前面生成的 counter24.vhd 设置为顶层实体亦可），选择菜单 Processing→Start Compilation，或者单击 ▶ 按钮，对工程进行编译。编译完成后的 Flow Summary 页面如图 3.43 所示。

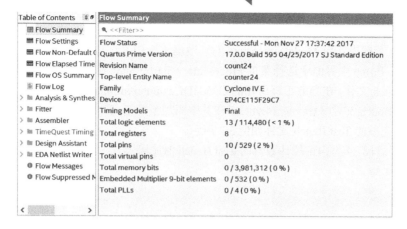

图 3.43　Flow Summary 页面

如果要对定制好的 counter24 模块参数进行更改，可选择如下 3 种方式。

①选择菜单 File→Open，选择生成的模块源文件（本例中生成的为 counter24.vhd 文件），可启动 MegaWizard Plug-In Manager，对 counter24 模块重新进行参数设置。

②选择菜单 View→Utility Windows→Project Navigator，弹出如图 3.44 所示界面，在图中选择 IP Components，然后双击 counter24 实体，也可启动 MegaWizard Plug-In Manager，对 LPM_COUNTER 模块重新进行参数设置。

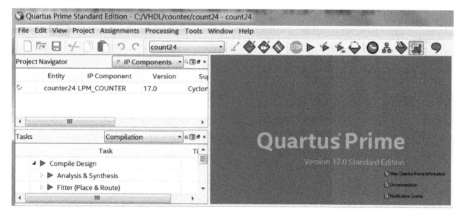

图 3.44　设置 LPM_COUNTER 模块参数

③ 选择菜单 Project→Upgrade IP Components，出现如图 3.45 所示的 Upgrade IP Components 对话框，选中 counter24 实体，单击 Upgrade in Editor 按钮，可启动 MegaWizard Plug-In Manager，对 counter24 模块重新进行参数设置。

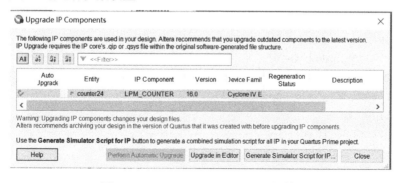

图 3.45　Upgrade IP Components 对话框

3．仿真

参照 3.1.4 节的内容用 ModelSim-Altera 对计数器进行仿真，过程不再重复。

在 Quartus Prime 主界面中选择菜单 Processing→Start→Start Test Bench Template Writer，自动生成 Test Bench 文件，在当前工程所在的 C:\VHDL\counter\simulation\modelsim 目录下打开自动生成的 Test Bench 文件（counter24.vht），在其中添加激励语句。

修改后的完整的 Test Bench 文件如例 3.2 所示。

【例 3.2】　模 24 方向可控计数器的 Test Bench 激励脚本。

```
LIBRARY ieee;
USE ieee.std_logic_1164.all;

ENTITY counter24_vhd_tst IS
END counter24_vhd_tst;
ARCHITECTURE counter24_arch OF counter24_vhd_tst IS
CONSTANT dely: TIME := 40 ns;     -- constants
SIGNAL clock : STD_LOGIC;
SIGNAL cout : STD_LOGIC;
SIGNAL q : STD_LOGIC_VECTOR(7 DOWNTO 0);
SIGNAL sclr : STD_LOGIC;
SIGNAL updown : STD_LOGIC;
COMPONENT counter24
PORT (
clock : IN STD_LOGIC;
cout : BUFFER STD_LOGIC;
q : BUFFER STD_LOGIC_VECTOR(7 DOWNTO 0);
sclr : IN STD_LOGIC;
updown : IN STD_LOGIC);
END COMPONENT;
BEGIN
i1 : counter24
PORT MAP (
clock => clock,
cout => cout,
q => q,
sclr => sclr,
updown => updown);
init : PROCESS
BEGIN
sclr<='1';updown<='0';
WAIT FOR dely*2;  sclr<='0';
WAIT FOR dely*30;  updown<='1';
WAIT;
END PROCESS init;
always : PROCESS
BEGIN
clock <='1';  WAIT FOR dely/2;
clock <='0';  WAIT FOR dely/2;
```

```
    END PROCESS always;
    END counter24_arch;
```

　　还需对 Test Bench 做进一步的设置，选择菜单 Assignments→Settings，弹出 Settings 对话框，选中 EDA Tool Settings 下的 Simulation 项，单击 Compile test bench 栏右边的 Test Benches 按钮，出现 Test Benches 对话框，单击其中的 New 按钮，出现 New Test Bench Settings 对话框，在其中填写 Test bench name 为 counter24_vhd_tst，同时，Top level module in test bench 也填写为 counter24_vhd_tst；使能 Use test bench to perform VHDL timing simulation，在 Design instance name in test bench 栏中填写 i1，在 End simulation at 中选择 3us；在 Test bench and simulation files 中选择 simulation/modelsim/counter24.vht，并将其加载。

　　上述的设置过程如图 3.46 所示。

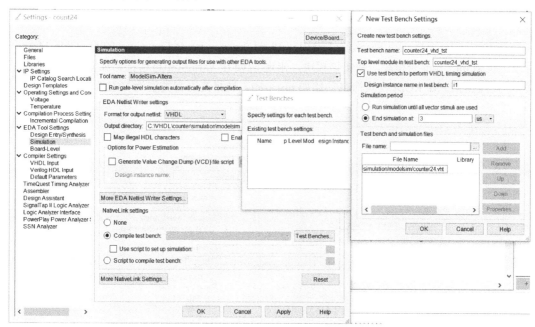

图 3.46　对 Test Bench 进一步设置

　　选择菜单 Tools→Run EDA Simulation Tool→RTL Simulation，启动对模 24 计数器的 RTL 级仿真。命令执行后，系统会自动打开 ModelSim-Altera 主界面和相应的窗口，其仿真波形如图 3.47 所示。也可以选择菜单 Tools→Run EDA Simulation Tool→Gate Level Simulation，启动对模 24 计数器的门级仿真并查看时序波形。

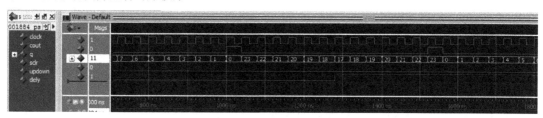

图 3.47　模 24 方向可控计数器 RTL 级仿真波形图

3.2.2　用 LPM_ROM 模块实现 4×4 无符号数乘法器

　　本节基于 Quartus Prime，用 LPM_ROM 模块采用查表方式实现 4×4 无符号数乘法器。LPM_ROM 宏模块的端口及参数见表 3.2。

表 3.2　LPM_ROM 宏模块的端口及参数

	端 口 名 称	功 能 描 述
输入端口	address[ ]	地址
	inclock	输入数据时钟
	outclock	输出数据时钟
	memenab	输出数据使能
输出端口	q[ ]	数据输出
参数设置	LPM_WIDTH	存储器数据线宽度
	LPM_WIDTHAD	存储器地址线宽度
	LPM_FILE	.*mif 或*.hex 文件，包含 ROM 的初始化数据

1. 定制 LPM_ROM 模块

在 IP Catalog→Device Family→Installed IP→Library→Basic Functions 的 On Chip Memory 目录下找到 lpm_rom 宏模块，双击该模块，出现 Save IP Variation 对话框，如图 3.48 所示，在其中为自己的 LPM_ROM 模块命名，比如 my_rom，选择其语言类型为 VHDL。

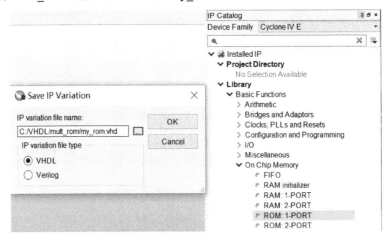

图 3.48　Save IP Variation 对话框

单击 OK 按钮，启动 MegaWizard Plug-In Manager，对 lpm_rom 模块进行参数设置。首先在如图 3.49 所示的界面中设置芯片的系列、数据线和存储单元数目（地址线宽度），本例中数据线宽度设为 8 bits，存储单元的数目为 256。在 What should the memory block type be?栏中选择以何种方式实现存储器，由于芯片的不同，选择也会不同，一般按照默认选择 Auto 即可。在最下面的 What clocking method would you like to use?栏中选择时钟方式，可以使用一个时钟，也可为输入和输出分别使用各自的时钟。在大多数情况下，使用一个时钟就足够了。

单击 Next 按钮，在如图 3.50 所示的界面中可以增加时钟使能信号和异步清零信号，它们只对寄存器方式的端口（registered port）有效，在 Which ports should be registered?栏中选中输出端口'q'output port，将其设为寄存器型。

单击 Next 按钮，进入如图 3.51 所示的界面，在这里将 ROM 的初始化文件（.mif）加入到 lpm_rom 中，在 Do you want to specify the initial content of the memory?栏中选中 Yes,use…，然后单击 Browse…按钮，将已编辑好的*.mif 文件（本例中为 mult_rom.mif）添加进来（如何生成*.mif 文件下面说明）。

继续单击 Next 按钮，出现如图 3.52 所示的页面，在该页面中选择需要生成的一些文件。其中：my_rom.vhd 文件是设计源文件，系统默认选中；再选中 my_rom.bsf 文件和 my_rom_inst.vhd 文件。

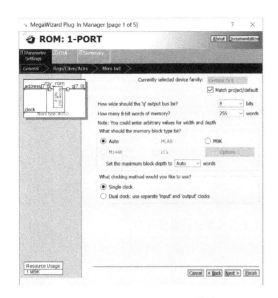

图 3.49 定制 LPM_ROM 模块 1

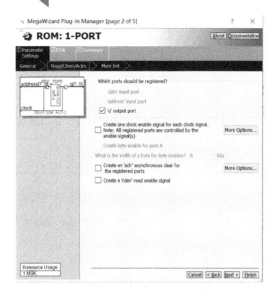

图 3.50 定制 LPM_ROM 模块 1

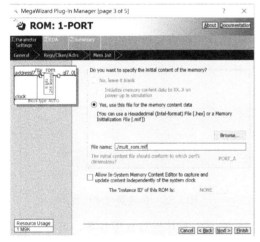

图 3.51 定制 LPM_ROM 模块 3

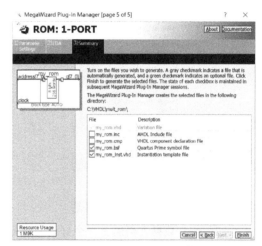

图 3.52 定制 LPM_ROM 模块 4

单击图 3.52 中的 Finish 按钮，结束设置参数的过程，完成 LPM_ROM 模块的定制。

2．原理图输入

选择菜单 File → New，在弹出的 New 对话框中，选择源文件的类型为 Block Diagram/Schematic File，新建一个原理图文件。

在原理图中调入刚定制好的 my_rom 模块，再调入 input、output 等元件，连线（注意总线型连线的网表命名方法），完成原理图设计，如图 3.53 所示是基于 LPM_ROM 实现的 4×4 无符号数乘法器原理图，将该原理图存盘（本例为 C:\VHDL\mult_rom\mult_ip.bdf）。

3．mif 文件的生成

ROM 存储器的内容存储在*.mif 文件中，生成*.mif 文件的步骤如下：在 Quartus Prime 软件中，选择菜单 File→New，在 New 对话框中选择 Memory Files 下的 Memory Initialization File（参见图 3.54），单击 OK 按钮，出现如图 3.55 所示的对话框，在对话框中填写 ROM 的大小为 256，数据位宽取 8，单击 OK 按钮，将出现空的 mif 数据表格，如图 3.56 所示，可直接将乘法结果填写到表中，填好后保存文件，取名为 mult_rom.mif。

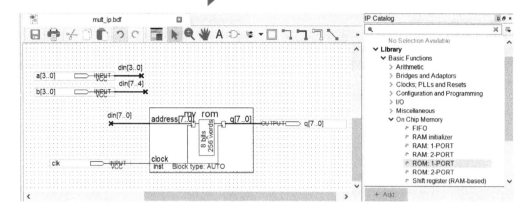

图 3.53　基于 lpm_rom 实现的 4×4 无符号数乘法器原理图

图 3.54　新建 mif 文件

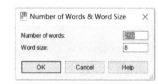

图 3.55　存储器尺寸设置

　　填写 mif 数据表格的另一个好的方法是编写 MATLAB 程序完成此项任务，可用如下的 MATLAB 程序生成本例的 mult_rom.mif 文件。

Add	+0	+1	+2	+3	+4	+5	+6	+7
0	0	0	0	0	0	0	0	0
8	0	0	0	0	0	0	0	0
16	0	1	2	3	4	5	6	7
24	8	9	10	0	0	0	0	0
32	0	0	0	0	0	0	0	0
40	0	0	0	0	0	0	0	0

图 3.56　空 mif 数据表格

【例 3.3】　生成 mult_rom.mif 文件的 MATLAB 程序。

```
fid=fopen('D:\mult_rom.mif','w');
fprintf(fid,'WIDTH=8;\n');
fprintf(fid,'DEPTH=256;\n\n');
fprintf(fid,'ADDRESS_RADIX=UNS;\n');
fprintf(fid,'DATA_RADIX=UNS;\n\n');
fprintf(fid,'CONTENT BEGIN\n');
for i=0:15  for j=0:15
fprintf(fid,'%d : %d;\n',i*16+j,i*j);
end
```

```
        end
    fprintf(fid,'END;\n');
    fclose(fid);
```

在 MATLAB 环境下运行上面的程序，即在 D 盘根目录下生成 mult_rom.mif 文件。

用纯文本编辑软件（如 Notepad++）打开生成的 mult_rom.mif 文件，可看到该文件的内容如下。

```
WIDTH=8;
DEPTH=256;
ADDRESS_RADIX=UNS;
DATA_RADIX=UNS;
CONTENT BEGIN
[0..16]: 0; 17 : 1; 18 : 2; 19 : 3; 20 : 4;21 : 5; 22 : 6; 23 : 7;
24 : 8;25 : 9;26 : 10;27 : 11;28 : 12;29 : 13;30 : 14;31 : 15;32 : 0;
33 : 2;34 : 4;35 : 6;36 : 8;37 : 10;38 : 12;39 : 14;40 : 16;41 : 18;
42 : 20;43 : 22;44 : 24;45 : 26;46 : 28;47 : 30;48 : 0;49 : 3;50 : 6;
51 : 9;52 : 12;53 : 15;54 : 18;55 : 21;56 : 24;57 : 27;58 : 30;59 : 33;
60 : 36;61 : 39;62 : 42;63 : 45;64 : 0;65 : 4;66 : 8;67 : 12;68 : 16;
69 : 20;70 : 24;71 : 28;72 : 32;73 : 36;74 : 40;75 : 44;76 : 48;77 : 52;
78 : 56;79 : 60;80 : 0;81 : 5;82 : 10;83 : 15;84 : 20;85 : 25;86 : 30;
87 : 35;88 : 40;89 : 45;90 : 50;91 : 55;92 : 60;93 : 65;94 : 70;95 : 75;
96 : 0;97 : 6;98 : 12;99 : 18;100 : 24;101 : 30;102 : 36;103 : 42;
104 : 48;105 : 54;106 : 60;107 : 66;108 : 72;109 : 78;110 : 84;111 : 90;
112 : 0;113 : 7;114 : 14;115 : 21;116 : 28;117 : 35;118 : 42;119 : 49;
120 : 56;121 : 63;122 : 70;123 : 77;124 : 84;125 : 91;126 : 98;127 : 105;
128 : 0;129 : 8;130 : 16;131 : 24;132 : 32;133 : 40;134 : 48;135 : 56;
136 : 64;137 : 72;138 : 80;139 : 88;140 : 96;141 : 104;142 : 112;
143 : 120;144 : 0;145 : 9;146 : 18;147 : 27;148 : 36;149 : 45;150 : 54;
151 : 63;152 : 72;153 : 81;154 : 90;155 : 99;156 : 108;157 : 117;
158 : 126;159 : 135;160 : 0;161 : 10;162 : 20;163 : 30;164 : 40;165 : 50;
166 : 60;167 : 70;168 : 80;169 : 90;170 : 100;171 : 110;172 : 120;
173 : 130;174 : 140;175 : 150;176 : 0;177 : 11;178 : 22;179 : 33;
180 : 44;181 : 55;182 : 66;183 : 77;184 : 88;185 : 99;186 : 110;187 : 121;
188 : 132;189 : 143;190 : 154;191 : 165;192 : 0;193 : 12;194 : 24;
195 : 36;196 : 48;197 : 60;198 : 72;199 : 84;200 : 96;201 : 108;
202 : 120;203 : 132;204 : 144;205 : 156;206 : 168;207 : 180;208 : 0;
209 : 13;210 : 26;211 : 39;212 : 52;213 : 65;214 : 78;215 : 91;216 : 104;
217 : 117;218 : 130;219 : 143;220 : 156;221 : 169;222 : 182;223 : 195;
224 : 0;225 : 14;226 : 28;227 : 42;228 : 56;229 : 70;230 : 84;231 : 98;
232 : 112;233 : 126;234 : 140;235 : 154;236 : 168;237 : 182;238 : 196;
239 : 210;240 : 0;241 : 15;242 : 30;243 : 45;244 : 60;245 : 75;246 : 90;
247 : 105;248 : 120;249 : 135;250 : 150;251 : 165;252 : 180;
253 : 195;  254 : 210;  255 : 225;
END;
```

注：上面数据的书写格式应一个数据一行，此处为节省篇幅，做了改动。

4．编译

至此已完成源文件输入，参照前面的例子，利用 New Project Wizard 建立工程，本例中设立的工程名为 design，选择菜单 Project→Set as Top-Level Entity，将 mult_ip.bdf 设为顶层实体，选择菜单 Processing→Start Compilation（或者单击 ▶ 按钮），对设计进行编译。编译完成后的 Flow Summary 页面如图 3.57 所示，可以发现，本例只使用了 2056（8×256）bits 的存储器构成，没有用到 LE 单元。

Flow Summary	
Flow Status	Successful - Thu Sep 21 15:28:18 2017
Quartus Prime Version	16.0.1 Build 218 06/01/2016 SJ Standard Edition
Revision Name	mult_rom
Top-level Entity Name	mult_ip
Family	Cyclone IV E
Device	EP4CE115F29C7
Timing Models	Final
Total logic elements	0 / 114,480 (0 %)
Total combinational functions	0 / 114,480 (0 %)
Dedicated logic registers	0 / 114,480 (0 %)
Total registers	0
Total pins	17 / 529 (3 %)
Total virtual pins	0
Total memory bits	2,048 / 3,981,312 (< 1 %)
Embedded Multiplier 9-bit elements	0 / 532 (0 %)
Total PLLs	0 / 4 (0 %)

图 3.57　4×4 无符号数乘法器的 Flow Summary 页面

5．仿真

本例的 Test Bench 激励文件如例 3.4 所示。

【**例 3.4**】　4×4 无符号数乘法器的 Test Bench 文件。

```
LIBRARY ieee;
USE ieee.std_logic_1164.all;
ENTITY mult_ip_vhd_tst IS
END mult_ip_vhd_tst;
ARCHITECTURE mult_ip_arch OF mult_ip_vhd_tst IS
CONSTANT dely: TIME := 40 ns;
SIGNAL a : STD_LOGIC_VECTOR(3 DOWNTO 0);
SIGNAL b : STD_LOGIC_VECTOR(3 DOWNTO 0);
SIGNAL clk : STD_LOGIC;
SIGNAL q : STD_LOGIC_VECTOR(7 DOWNTO 0);
COMPONENT mult_ip
PORT (
a : IN STD_LOGIC_VECTOR(3 DOWNTO 0);
b : IN STD_LOGIC_VECTOR(3 DOWNTO 0);
clk : IN STD_LOGIC;
q : OUT STD_LOGIC_VECTOR(7 DOWNTO 0)
);
END COMPONENT;
BEGIN
i1 : mult_ip
PORT MAP (
a => a,
b => b,
clk => clk,
q => q
);
init : PROCESS
BEGIN
a<=x"6";b<=x"8";
WAIT FOR dely*2;  b<=x"9";
WAIT FOR dely*2;  b<=x"a";
WAIT FOR dely*2;  a<=x"7";
WAIT FOR dely*2;  a<=x"8";
WAIT FOR dely*2;  a<=x"9";
WAIT;
```

```
END PROCESS init;
always : PROCESS
BEGIN
clk <='1'; WAIT FOR dely/2;
clk <='0'; WAIT FOR dely/2;
END PROCESS always;
END mult_ip_arch;
```

还需对 Test Bench 做进一步的设置，选择菜单 Assignments→Settings，弹出 Settings 对话框，选中 EDA Tool Settings 下的 Simulation 项，单击 Compile test bench 栏右边的 Test Benches 按钮，出现 Test Benches 对话框，单击其中的 New 按钮，出现 New Test Bench Settings 对话框，在其中填写 Test bench name 为 mult_ip_vhd_tst，同时，Top level module in test bench 也填写为 mult_ip_vhd_tst；使能 Use test bench to perform VHDL timing simulation，在 Design instance name in test bench 栏中填写 i1，End simulation at 选择 800ns；Test bench and simulation files 选择 C:\VHDL\mult_rom\simulation\modelsim\mult_ip.vht，并将其加载。上述设置过程如图 3.58 所示。

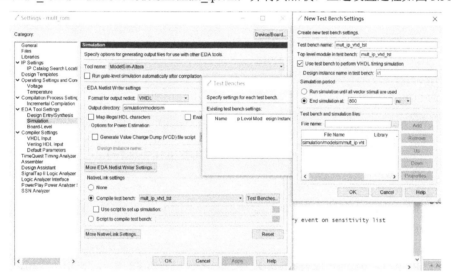

图 3.58 对 Test Bench 进一步设置

本例的门级仿真结果如图 3.59 所示，可以看出，在 CLK 时钟的上升沿到来时，ROM 模块将相应地址存储的数据输出。

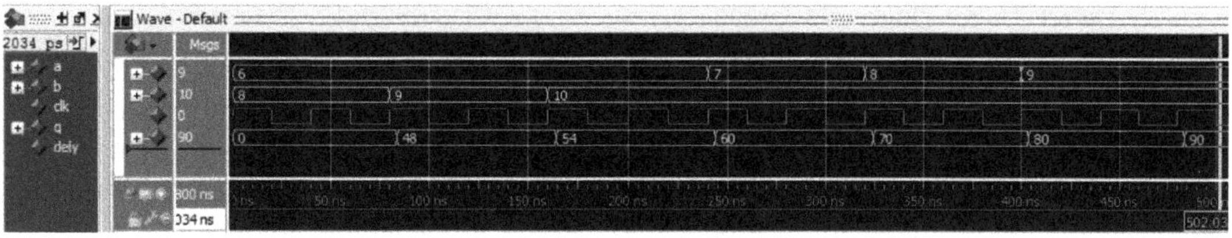

图 3.59 门级仿真结果

在本例中，LPM_ROM 输入地址的高 4 位作为被乘数，输入地址的低 4 位作为乘数，计算结果存储在该地址所对应的存储单元中，这样就把乘法运算转换为查表操作。

采用与本例类似的方法，用 ROM 查表方式可以完成多种数值运算，也可以用于实现波形信号发生器的设计，这也是 FPGA 设计中一种常用的方法。目前，多数 FPGA 器件内都有片内存储器，这些片内存储器速度快，读操作的时间一般为 3～4 ns，写操作的时间大约为 5 ns 或更短，用这些片内存储器可实现 RAM、ROM 或 FIFO 等功能，非常灵活，为实现数字信号处理（DSP）、数据加密或数据压缩等复杂数字逻辑的设计提供了便利。

3.3　SignalTap II 的使用方法 ●●●

Quartus Prime 的嵌入式逻辑分析仪 SignalTap II 为设计者提供了一种方便高效的硬件测试手段，它可以随设计文件一起下载到目标芯片中，捕捉目标芯片内信号节点或总线上的数据，将这些数据暂存于目标芯片的嵌入式 RAM 中，然后通过器件的 JTAG 端口将采到的信息和数据送到计算机进行显示，供用户分析。

本节以正弦波信号产生器为例，介绍嵌入式逻辑分析仪 SignalTap II 的使用方法。正弦信号产生器的源程序如例 3.5 所示。

【例 3.5】　正弦波信号产生器。

```
ENTITY sinout IS
  PORT(clk,clr : IN BIT;
       dout : OUT INTEGER RANGE 0 TO 255);
END sinout;


ARCHITECTURE one OF sinout IS
SIGNAL cnt : INTEGER RANGE 0 TO 127;
BEGIN
PROCESS(clk,clr)
  BEGIN
    IF clr='0'  THEN cnt<=0;
    ELSIF clk'EVENT AND clk='1'  THEN cnt<=cnt+1;
 END IF;
END PROCESS;
PROCESS(clk)
  BEGIN
    CASE cnt IS                     --用 CASE 语句描述
WHEN 0 => dout<=127;WHEN 1 => dout<=134;WHEN 2 => dout<=140;
WHEN 3 => dout<=146;WHEN 4 => dout<=152;WHEN 5 => dout<=159;
WHEN 6 => dout<=165;WHEN 7 => dout<=171;WHEN 8 => dout<=176;
WHEN 9 => dout<=182;WHEN 10 => dout<=188;WHEN 11 => dout<=193;
WHEN 12 => dout<=199;WHEN 13 => dout<=204;WHEN 14 => dout<=209;
WHEN 15 => dout<=213;WHEN 16 => dout<=218;WHEN 17 => dout<=222;
WHEN 18 => dout<=226;WHEN 19 => dout<=230;WHEN 20 => dout<=234;
WHEN 21 => dout<=237;WHEN 22 => dout<=240;WHEN 23 => dout<=243;
WHEN 24 => dout<=246;WHEN 25 => dout<=248;WHEN 26 => dout<=250;
WHEN 27 => dout<=252;WHEN 28 => dout<=253;WHEN 29 => dout<=254;
WHEN 30 => dout<=255;WHEN 31 => dout<=255;WHEN 32 => dout<=255;
WHEN 33 => dout<=255;WHEN 34 => dout<=255;WHEN 35 => dout<=254;
WHEN 36 => dout<=253;WHEN 37 => dout<=252;WHEN 38 => dout<=250;
WHEN 39 => dout<=248;WHEN 40 => dout<=246;WHEN 41 => dout<=243;
WHEN 42 => dout<=240;WHEN 43 => dout<=237;WHEN 44 => dout<=234;
WHEN 45 => dout<=230;WHEN 46 => dout<=226;WHEN 47 => dout<=222;
WHEN 48 => dout<=218;WHEN 49 => dout<=213;WHEN 50 => dout<=209;
WHEN 51 => dout<=204;WHEN 52 => dout<=199;WHEN 53 => dout<=193;
WHEN 54 => dout<=188;WHEN 55 => dout<=182;WHEN 56 => dout<=176;
WHEN 57 => dout<=171;WHEN 58 => dout<=165;WHEN 59 => dout<=159;
```

```
WHEN 60 => dout<=152;WHEN 61 => dout<=146;WHEN 62 => dout<=140;
WHEN 63 => dout<=134;WHEN 64 => dout<=128;WHEN 65 => dout<=121;
WHEN 66 => dout<=115;WHEN 67 => dout<=109;WHEN 68 => dout<=103;
WHEN 69 => dout<=96;WHEN 70 => dout<=90;WHEN 71 => dout<=84;
WHEN 72 => dout<=79;WHEN 73 => dout<=73;WHEN 74 => dout<=67;
WHEN 75 => dout<=62;WHEN 76 => dout<=56;WHEN 77 => dout<=51;
WHEN 78 => dout<=46;WHEN 79 => dout<=42;WHEN 80 => dout<=37;
WHEN 81 => dout<=33;WHEN 82 => dout<=29;WHEN 83 => dout<=25;
WHEN 84 => dout<=21;WHEN 85 => dout<=18;WHEN 86 => dout<=15;
WHEN 87 => dout<=12;WHEN 88 => dout<=9;WHEN 89 => dout<=7;
WHEN 90 => dout<=5;WHEN 91 => dout<=3;WHEN 92 => dout<=2;
WHEN 93 => dout<=1;WHEN 94 => dout<=0;WHEN 95 => dout<=0;
WHEN 96 => dout<=0;WHEN 97 => dout<=0;WHEN 98 => dout<=0;
WHEN 99 => dout<=1;WHEN 100 => dout<=2;WHEN 101 => dout<=3;
WHEN 102 => dout<=5;WHEN 103 => dout<=7;WHEN 104 => dout<=9;
WHEN 105 => dout<=12;WHEN 106 => dout<=15;WHEN 107 => dout<=18;
WHEN 108 => dout<=21;WHEN 109 => dout<=25;WHEN 110 => dout<=29;
WHEN 111 => dout<=33;WHEN 112 => dout<=37;WHEN 113 => dout<=42;
WHEN 114 => dout<=46;WHEN 115 => dout<=51;WHEN 116 => dout<=56;
WHEN 117 => dout<=62;WHEN 118 => dout<=67;WHEN 119 => dout<=73;
WHEN 120 => dout<=79;WHEN 121 => dout<=84;WHEN 122 => dout<=90;
WHEN 123 => dout<=96;WHEN 124 => dout<=103;WHEN 125 => dout<=109;
WHEN 126 => dout<=115;WHEN 127 => dout<=121;
END CASE;
END PROCESS;
END one;
```

保存源文件（比如存为 C:\VHDL\sin\sinout.vhd），建立工程（本例的工程名为 sinout）进行编译。

在使用逻辑分析仪之前，需要锁定芯片和一些关键的引脚，本例中，需要锁定外部时钟输入（clk）、复位（clr）两个引脚，为逻辑分析仪提供时钟源，否则将得不到逻辑分析的结果。本例的引脚锁定基于 DE2-115（也可改为其他目标板，如 C4_MB），先指定芯片为 EP4CE115F29C7，再将 clk 引脚锁定为 PIN_Y2（50 MHz 时钟频率输入），将 clr 引脚锁定为 PIN_AB28（SW0）。

完成引脚锁定并通过编译后，就进入嵌入式逻辑分析仪 SignalTap II 的使用阶段，分为新建 SignalTap II 文件、调入节点信号、SignalTap II 参数设置、文件存盘编译、下载和运行分析等步骤。

1. 新建 SignalTap II 文件

执行菜单 File→New 命令，在弹出的如图 3.60 所示的 New 对话框中，选择 SignalTap II Logic Analyzer File，弹出 SignalTap II 编辑窗口，如图 3.61 所示。

2. 调入待测信号

SignalTap II 编辑窗口如图 3.61 所示，包含 Instance、Data 标签页、Setup 标签页等。

图 3.60　新建 SignalTap II 文件页面

首先单击 Instance 栏内的 auto_signaltap_0，更名为 stp1。

双击信号观察窗口，弹出 Node Finder 对话框（见图 3.61），在对话框的 Filter 栏目中选择 Pins:all 项后，单击 List 按钮，在 Matching Nodes 栏目内列出了当前工程全部引脚，选中需要观察的引脚 clr 和 dout（clk 引脚由于要作为 SignalTap II 的工作时钟信号，故不列入观察信号引脚），将其移至右边的 Nodes Found 栏，单击 Insert 按钮，选中的节点就会出现在信号观察窗口中。

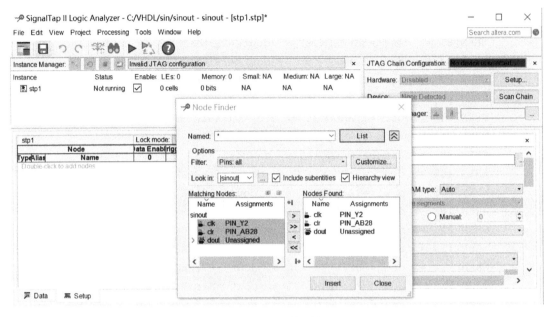

图 3.61　调入待测信号

3. SignalTap II 参数设置

单击图 3.61 左下角的 Setup 标签页，出现图 3.62 所示的参数设置窗口。连接好 DE2-115 实验板及 USB-Blaster 调试线，加电后进行如下参数设置。

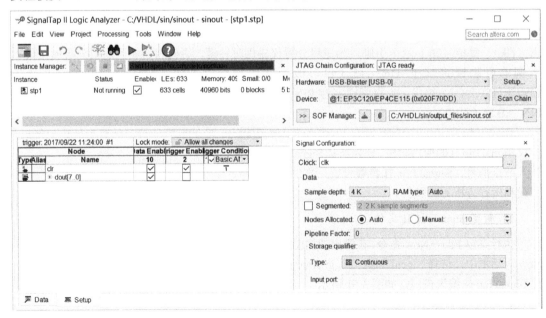

图 3.62　SignalTap II 参数设置窗口

①首先设置 SignalTap II 的工作时钟信号，在图 3.62 右边的 Signal Configuration 栏中，单击时钟 Clock 栏右边的查阅按钮，弹出 Node Finder 对话框，在对话框中将工程文件的时钟信号选中（clk 引脚）。

②在 Data 框的 Sample Depth 栏选择样本深度为 4K 位，样本深度的选择应根据实际需要和器件的片内存储器的大小来确定。

③在图 3.62 左边的 trigger 栏中，选择 clr 引脚为触发信号，并在 Trigger Conditions 的下拉菜单中选择 T（高电平）作为触发方式。

④在图 3.62 右侧的 Hardware 栏中，单击右边的 Setup 按钮，在弹出的硬件设置对话框中选中 USB-Blaster 下载线。

⑤单击 Scan Chain 按钮，系统自动搜索所连接的开发板，如果在栏中出现板上的 FPGA 芯片的型号，表示 JTAG 连接正常。

⑥单击 Sof Manager 右边的查阅按钮，弹出选择编程文件对话框。在对话框中选择下载文件为 C:\VHDL\sin\output_files\sinout.sof。

4．文件存盘、编译与下载

选择菜单 File→Save As，将 SignalTap II 文件存盘，默认的存盘文件名是 stp1.stp，单击保存按钮后，会出现一个提示对话框，Do you want to enable SignalTap II…如图 3.63 所示，应单击 Yes 按钮，表示同意将 SignalTap II 文件与当前工程一起编译，一同下载至芯片中实现实时探测。也可以这样设置：在 Quartus Prime 主界面中选择菜单 Assignments→Settings，弹出 Settings 对话框，在 Category 选中 SignalTap II Logic Analyzer，在如图 3.64 所示的页面中，使能 Enable SignalTap II Logic Analyzer 复选框，并找到已存盘的 SignalTap II 文件 stp1.stp，单击 OK 按钮。

当利用 SignalTap II 将芯片中的信号全部测试结束后，需将 SignalTap II 从设计中移除，重新下载，以免浪费资源。

选择菜单 Processing→Start Compilation，或者单击 ▶ 按钮，启动全程编译。

编译完成后单击 Sof Manager 栏中的下载按钮，将 sinout.sof 下载至目标芯片中。

图 3.63   提示对话框

图 3.64   使能或删除 SignalTap II 加入编译

5．运行分析

单击数据按钮，展开信号观察窗口。用鼠标右击被观察的信号名 dout[7..0]，弹出选择信号显示模式的快捷菜单，在快捷菜单中选择 Bus Display Format（总线显示方式）中的 Unsigned Line Chart，将输出 dout[7..0]设置为无符号线图显示模式。

单击运行分析（Run Analysis）按钮或自动运行分析（Autorun Analysis）按钮，在信号观察窗口上可以见到 SignalTap II 数据窗口显示的实时采样的正弦信号发生器的输出波形（此时 DE2-115 实验板的 SW0 开关应拨到 1 的位置，使 clr 信号为 1），如图 3.65 所示，由于本例的样本深度为 4K，因此一个样本深度可以采样到 4 个周期的波形数据，对实时采样的信号波形 dout[7..0]展开，如图 3.66 所示。

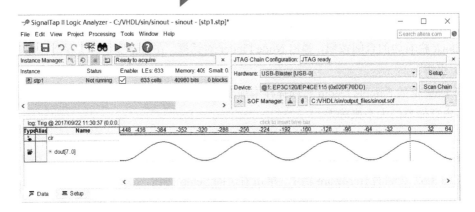

图 3.65　SignalTap II 数据窗口显示的实时采样的输出波形

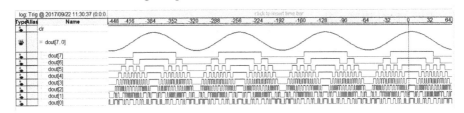

图 3.66　对实时采样的信号波形展开

3.4　Quartus Prime 的优化设置与时序分析 ●●●

本节介绍 Quartus Prime 的优化设置与时序分析。

1. 编译设置

选择菜单 Assignments→Settings，在 Settings 对话框中，选择 Compiler Settings，出现如图 3.67 所示的页面，在此页面中，可以指定编译器高层优化的策略（Specify high-level optimization settings for the Compiler），有如下几种选择。

Balanced：平衡模式，兼顾性能、面积和功率等指标。

Performance（High effort）：性能优先，高成本模式，会增加编译时间。

Performance（Aggressive）：性能优先，激进模式，会增加耗用面积和编译时间。

Power（High effort）：功率优先，高成本模式，着重降低功耗，会增加编译时间。

Power（Aggressive）：功率优先，激进模式，着重降低功耗，会降低性能。

Area（Aggressive）：面积优先，激进模式，着重减少耗用的面积，会降低性能。

一般的设计选择 Balanced 模式即可。

图 3.67　编译器设置

图 3.67 中还有几个关于寄存器优化的选项。

● Prevent register merging：禁止进行寄存器合并。

● Prevent register duplication：禁止进行寄存器复制。禁止 Quartus Prime 软件在布局布线期间使用寄存器复制对寄存器进行物理综合优化。

● Prevent register retiming：禁止进行寄存器重新定时。禁止 Quartus Prime 软件在布局布线期间使用寄存器重新定时对寄存器进行物理综合优化。

2．网表查看器（Netlist Viewer）

工程编译后，可以使用网表查看器（Netlist Viewer）查看综合后的网表结构，分析综合结果是否与设想的一致。Netlist Viewer 分为 RTL Viewer（RTL 视图）和 Technology Map Viewer（门级视图）。RTL 视图与器件无关，而门级视图则与锁定的器件相关。Technology Map Viewer 又分为 Post-Mapping（映射后视图）和 Post-Fitting（适配后视图）两种。

选择菜单 Tools→Netlist Viewers→RTL Viewer，即可观察当前设计的 RTL 级电路图，比如图 3.68 所示是一个 4 位计数器的 RTL 视图，可看出该设计由 1 个加法器、1 个 4 位寄存器和 1 个 2 选 1 数据选择器 3 个模块实现。

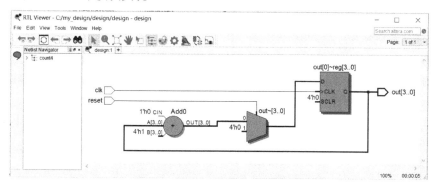

图 3.68　4 位计数器的 RTL 级电路图

选择菜单 Tools→Netlist Viewers→Technology Map Viewer，可观察当前设计的门级电路网表，比如图 3.69 所示是 4 位计数器的门级综合视图，该视图与锁定的 FPGA 芯片有关。

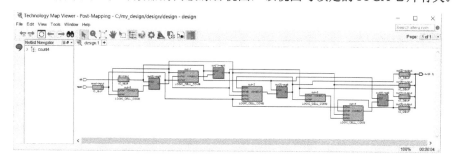

图 3.69　4 位计数器的门级综合视图

3．Chip Planner（器件规划图）

工程编译后，还可以使用 Chip Planner 工具查看布局布线的详细信息，显示各个功能模块间的布线资源，查看各个 LUT 的 Fan-In、Fan-Out，布局连线的疏密程度，各模块的位置，路径延时，等等。

选择菜单 Tools→Chip Planner，可观察当前设计的 Chip Planner 视图，通过该视图可直观观察布局布线信息、节点信号间连接（Connections Between Nodes）以及扇出连接（Fan-Out Connections）等。

4．器件资源利用报告

编译后，还可以查看器件资源利用信息，这些信息对分析设计中的布局布线问题有时非常必要。

要确定资源使用情况，可查看 Compilation Report 中的 Flow Summary，得到逻辑资源利用百分比，用了多少 LE 单元、引脚、存储器、乘法器、锁相环等。

可查看 Compilation Report 的 Fitter 部分中的 Resource Section 下面的报告，了解详细的资源信息。Fitter Resource Usage Summary 报告将逻辑使用信息分成几部分，并表明逻辑单元的使用情况和提供包括每一类存储器模块中比特数在内的其他资源信息。

还有一些报告描述编译期间执行的一些优化。例如，如果使用 Quartus Prime 集成综合，那么 Analysis & Synthesis 部分中 Optimization Results 文件夹下面的报告会显示包括综合期间移除的寄存器的信息。使用此报告对某部分设计的器件资源利用情况进行评估，以确保寄存器不会因为丢失致使与其他部分的连接被移除。

编译流程的每个阶段都会产生信息，包括信息提示、警告和严重警告，在 Quartus Prime 的 Message 栏可查看到这些信息，通过查看这些信息可以查出所有的设计问题。一定要理解所有警告信息的重要性，并按要求修改设计或设置。

5．设计可靠性检查

选择菜单 Assignments→Settings，在 Settings 对话框的 Category 中选中 Design Assistant，然后在右边的对话框中使能 Run Design Assistant during compilation 选项，对工程编译后，可在 Compilation Report 中查看 Design Assistant 报告，如图 3.70 所示。

在图 3.70 的 Compilation Report 中，Dessign Assistant 将违反规则的情况分为以下 4 个等级。

① Critial Violations：非常严重地违反规则，影响到设计的可靠性。

② High Violations：严重地违反规则，影响到设计的可靠性。

③ Medium Violations：中等程度地违规。

④ Information only Violations：一般程度地违规。

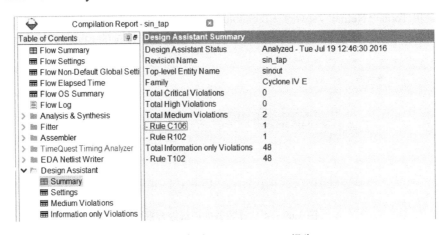

图 3.70　查看 Design Assistant 报告

6．时序约束与分析

在 FPGA 设计流程中，精确的时序约束使时序驱动综合软件和布局布线软件能够获得最佳结果。时序约束对保证设计满足时序要求至关重要，代表了器件正常运行必须满足的一些实际设计要求。Quartus Prime 软件对每种器件速度级别使用不同的时序模型，来对设计进行优化和分析。

Quartus Prime 软件包括 TimeQuest Timing Analyzer 时序分析工具，对设计的时序性能进行验证，此工具支持行业标准 Synopsys Design Constraints（SDC）格式时序约束，并具有基于时序报告的简单易用的图形用户界面。TimeQuest Timing Analyzer 通过使用数据要求时间、数据到达时间和时钟到达时间来执行整个系统的静态时序分析，从而验证电路性能并检测可能的时序违规。它确定了设计正常运行必须满足的时序关系。使用 report datasheet 命令来生成一个概括整个设计的 I/O 时序特征的数据表报告。

7．利用 Optimization Advisors（优化指导）对设计进行优化

可利用 Optimization Advisors（优化指导）对设计进行优化。选择菜单 Tools→Advisors→Resource Optimization Advisor，软件会对资源的优化利用提出建议，如图 3.71 所示是某设计的资源优化建议，可看到分 LE 单元、存储器、DSP 模块等，分别提出了各种片内资源的优化利用的建议设计者可评估这些建议，按照提示进行设置，重新编译后，与之前的资源耗用进行对比，查看优化的效果。

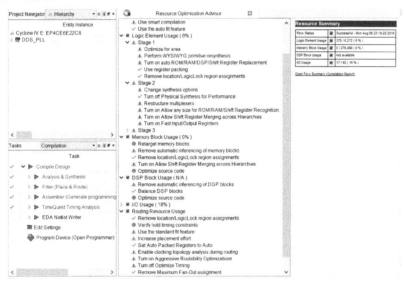

图 3.71　资源优化建议

选择菜单 Tools→Advisors→Timing Optimization Advisor，会出现如图 3.72 所示的时序优化建议，可以看到，在最高运行频率、I/O 时序、建立时间和最小延时等方面都提出了时序优化设置的建议。同样可以按照这些建议进行设置，重新编译。

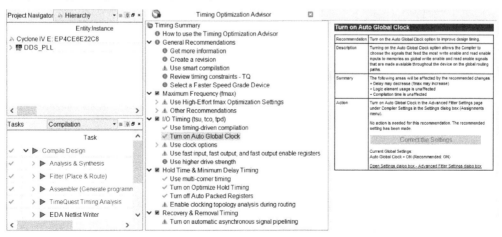

图 3.72　时序优化建议

Quartus Prime 软件的 Advisors 还包括 Power Optimization Advisor，根据当前设计工程的设置和约束提供具体的功耗优化意见和建议，选择菜单 Tools→Advisors→Power Optimization Advisor，可查看功耗优化意见和建议，根据这些建议修改设计并重新编译，然后运行 Power Play Power Analyzer 可检查功耗结果的变化情况。

习　题　3

3.1　基于 Quartus Prime 软件，用 D 触发器设计一个 2 分频电路，并做波形仿真；在此基础上，设计一个 4 分频和 8 分频电路，做波形仿真。

3.2　基于 Quartus Prime 软件，用 74161 设计一个模 10 计数器，并进行编译和仿真。

参考设计如图 3.73 所示。

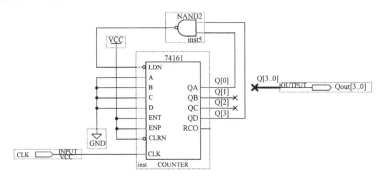

图 3.73　利用 74161 实现的模 10 计数器电路

3.3　基于 Quartus Prime 软件，用 74161 设计一个模 99 计数器，个位和十位都采用 8421BCD 码的编码方式设计，分别用置 0 和置 1 两种方法实现，完成原理图设计输入、编译、仿真和下载整个过程。

参考设计如图 3.74 所示。

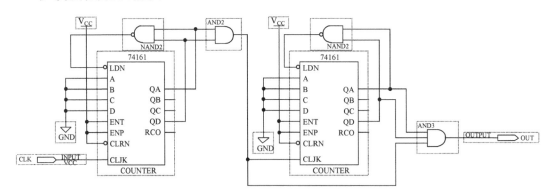

图 3.74　模 99 计数器原理图（采用 8421BCD 码）

3.4　基于 Quartus Prime 软件，用 7490 设计一个模 71 计数器，个位和十位都采用 8421BCD 码的编码方式设计，完成原理图设计输入、编译、仿真和下载的整个过程。

参考设计如图 3.75 所示。

3.5　基于 Quartus Prime 软件，用 74283（4 位二进制全加器）设计实现一个 8 位全加器，并进行综合和仿真，查看综合结果和仿真结果。

参考设计如下，图 3.76 所示为 8 位全加器原理图。

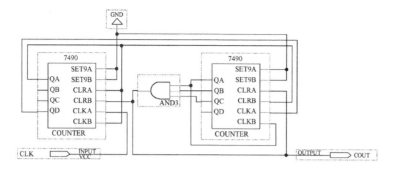

图 3.75　7490 模 71 计数器原理图（采用 8421BCD 码）

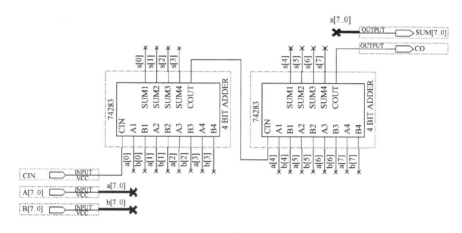

图 3.76　8 位全加器原理图

3.6　基于 Quartus Prime，用 74194（4 位双向移位寄存器）设计一个 00011101 序列产生器电路，进行编译和仿真，查看仿真结果。

参考设计如下，图 3.77 是序列产生器原理图。序列产生器采用 74194 和 74153（双 4 选 1 数据选择器）来构成。

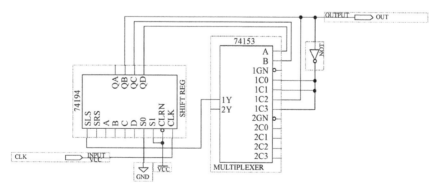

图 3.77　00011101 序列产生器原理图

3.7　用 D 触发器构成按循环码（000→001→011→111→101→100→000）规律工作的六进制同步计数器。

3.8　采用 Quartus Prime 软件的宏功能模块 lpm_counter 设计一个模为 60 的加法计数器，进行编译和仿真，查看仿真结果。

3.9　采用 Quartus Prime 软件的宏功能模块 lpm_rom，用查表的方式设计一个实现两个 8 位无符号数加法的电路，并进行编译和仿真。

3.10 用数字锁相环实现分频，假定输入时钟频率为 10 MHz，想要得到 6 MHz 的时钟信号，试用 altpll 宏功能模块实现该电路。

3.11 设计消抖动电路，并对其功能进行仿真。

参考设计：由 4 个触发器和一个 4 输入与门构成的消抖动电路如图 3.78 所示。消抖动电路实质上就是一个信号过滤器，能够将信号中的毛刺、抖动等都滤除掉，图 3.79 是其时序仿真波形，从波形图可看出，输出信号实现了消抖动，同时可以发现如下特点：

① 输出脉宽变小了，它只等于 CLK 的一个周期的宽度。

② CLK 的频率不能太低，应至少有 4 个上升沿包含在正常信号脉冲中；CLK 的频率也不能太高，其周期不能太多地小于干扰或者抖动信号的脉宽。

③ 增加 D 触发器的数量，可以改善消抖动效果。

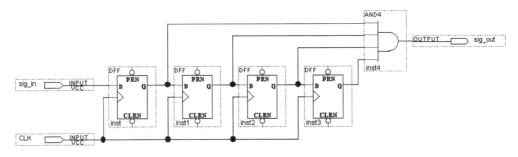

图 3.78 消抖动电路

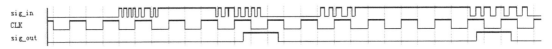

图 3.79 消抖动电路时序仿真波形

第 |4| 章

VHDL 设计初步

本章通过 VHDL 程序实例，使读者对用 VHDL 语言进行数字电路设计有初步和完整的认识，并对模块结构以及基本的语法现象有初步的了解，力图使读者能迅速从总体上把握 VHDL 程序的基本结构和特点，达到快速入门的目的。

4.1 VHDL 简介 ●●●

VHDL 是一种标准化程度较高的硬件描述语言，它源于美国国防部（DOD）提出的超高速集成电路计划，其目的是为了在各个承担国防部订货的集成电路厂商间建立一个统一的设计数据和文档交换格式，其名字的全称是超高速集成电路硬件描述语言（Very High Speed Integration Circuit HDL，VHDL），VHDL 语言的发展经历了下面几个重要节点。

- 1983 年 VHDL 语言正式提出。
- 1987 年 IEEE 将 VHDL 采纳为标准，即"IEEE Std 1076—1987"，从而使 VHDL 成为硬件描述语言的业界标准之一，各 EDA 公司相继推出自己的 VHDL 设计环境，或宣布自己的设计工具支持 VHDL。
- 1993 年，IEEE 对 VHDL 做了修订，从更高的抽象层次和系统描述能力上扩展了 VHDL 的功能，公布了新版本的 VHDL 标准，即"IEEE Std 1076—1993"版本。
- 1997 年，VHDL 综合程序包"IEEE Std 1076.3—1997"发布。
- 2002 年 IEEE 公布了更新的 VHDL 标准版本，即"IEEE Std 1076—2002"。

VHDL 的出现是为了适应数字系统设计日益复杂的需求，以及设计者在设计可重用、可移植性方面提出的更高的要求，目前 VHDL 已被广泛用于电路与系统设计、数字逻辑综合、电路仿真等领域，可胜任数字系统的结构、行为、功能描述。同时，随着技术和工艺的进步，VHDL 语言也不断更新，以跟上时代的发展和进步。

概括地说，VHDL 语言具有以下特点。

- 语法严谨，结构规范，移植性强。VHDL 语言是一种被 IEEE 标准化的硬件描述语言，几乎被所有的 EDA 工具所支持，可移植性强，便于多人合作进行大规模复杂电路的设计；VHDL 语言语法严谨、规范，具备强大的电路行为描述能力，尤其擅长于复杂的多层次结构的数字系统设计。
- 数据类型丰富：VHDL 有整型、布尔型、字符型、位型（Bit）、位矢量型（Bit_Vector）、时间型（Time）等数据类型，这些数据类型具有鲜明的物理意义，VHDL 也允许设计者自己定义数据类型，自己定义的数据类型可以是标准数据类型复合而成的枚举、数组或记录（Record）等类型。

● 支持层次结构设计：VHDL 适于采用 Top-down 的设计方法，对系统进行分模块、分层次描述，同样也适于 Bottom-up 的设计思路；在对数字系统建模时支持结构描述、数据流描述和行为描述，可以像软件程序那样描述模块的行为特征，这时设计者注意力可以集中在模块的功能上，而不是具体实现结构上。设计人员可根据需要灵活地运用不同的设计风格。

● 独立于器件和设计平台：VHDL 具有很好的适应性，其设计独立于器件和平台，可迅速移植到其他平台或其他器件，用户在设计时对器件结构与细节可不用考虑。

● 便于设计复用：VHDL 提供了丰富的库、程序包，便于设计复用，还提供了配置、子程序、函数、过程等结构便于设计者构建自己的设计库。

4.2　VHDL 组合电路设计 ●●●

本节对 VHDL 程序的基本结构和基本语法进行介绍。下面通过一个具体的实例来认识 VHDL 程序的基本结构。

1. 用 VHDL 设计三人表决电路

如图 4.1 所示是一个三人表决电路。

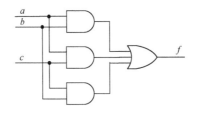

图 4.1　三人表决电路

该电路表示的逻辑函数可表示为：$f = ab + bc + ac$，用 VHDL 对该电路描述如下。

【例 4.1】　三人表决电路的 VHDL 描述。

```
ENTITY vote IS                          --实体部分
    PORT(a,b,c: IN BIT;
            f: OUT BIT);
END ENTITY vote;


ARCHITECTURE one OF vote IS             --结构体部分
BEGIN
f<=(a AND b) OR (a AND c) OR (b AND c);   -- f = ab+bc+ac

END ARCHITECTURE one;
```

通过上面的例子可发现，从书写形式看 VHDL 程序具有以下特点。

① VHDL 每个语句的最后一般用分号（;）结束。

② VHDL 程序书写格式自由，可通过增加空格、转行等提高程序的可读性。

③ 以"--"开始的语句为注释语句，用来增强程序的可读性和可维护性，注释语句不参与编译。

④ VHDL 关键字（或称为保留字）对大小写不敏感（大写、小写均可），在本书中一律用

大写表示。

上面是我们的直观认识，如果将例 4.1 与图 4.1 所示的原理图进行对照，可对 VHDL 程序有更为具体的认识。一个基本的 VHDL 程序至少应包括如下两个部分。

- 实体（ENTITY）部分：实体描述设计模块的外部信息（外观），包括模块的端口和参数定义。
- 结构体（ARCHITECTURE）部分：结构体描述模块的逻辑功能或内部构造，一个实体可以有多个结构体，在结构体中可对模块做行为描述、数据流描述或结构描述。

实体和结构体是每个 VHDL 程序必备的。有的 VHDL 程序还包括第三部分，即库（LIBRARY）和包（PACKAGE），比如下面的例子。

【例 4.2】　三人表决电路的另一种描述形式。

```
LIBRARY IEEE;                    --打开 IEEE 库
USE IEEE.STD_LOGIC_1164.ALL;    --允许使用 STD_LOGIC_1164 程序包中的所有内容

ENTITY vote_1 IS
    PORT(a,b,c: IN STD_LOGIC;
              f: OUT STD_LOGIC);
END ENTITY vote_1;
ARCHITECTURE one OF vote_1 IS
BEGIN
    f<=(a AND b) OR (a AND c) OR (b AND c);
END ARCHITECTURE one;
```

例 4.2 与例 4.1 功能完全相同，但在结构上增加了一个部分，即库（LIBRARY）和包（PACKAGE）。之所以增加库和包，是因为在例 4.2 中将输入变量 a、b、c 和输出变量 f 的数据类型定义为 STD_LOGIC 型，而 STD_LOGIC 型数据是在 IEEE 库的 STD_LOGIC_1164 程序包中定义的。因此，在例 4.2 中增加了两条语句，分别打开 IEEE 库，并允许使用 IEEE 库中的 STD_LOGIC_1164 程序包。

如果我们对例 4.1 和例 4.2 做进一步分析，可以了解更多的 VHDL 语法。

- 端口定义：以 PORT( )语句定义模块端口及端口数据类型。
- 端口模式（或端口的方向）：用 IN、OUT、INOUT、BUFFER 描述端口上数据的流动方向。
- 数据类型：端口、信号、变量等数据对象都要指定数据类型，常见的数据类型包括 INTEGER、BOOLEAN、BIT、STD_LOGIC、STD_LOGIC_VECTOR 等。VHDL 是一种强类型语言，不同类型的数据不能相互传递数值，即使数据类型相同，如果位宽不同，也不能相互传递。
- 信号赋值：用符号 "<=" 对信号进行赋值。
- 逻辑操作符：包括 AND、OR、NOT、NAND、XOR、XNOR 等。
- 文件取名：建议文件名与 VHDL 程序实体名一致，文件名后缀是.vhd，比如例 4.1 应存盘为 vote.vhd。
- 工作目录：VHDL 设计文件应存于当前设计工程所在的目录中，此目录将被设定为 WORK 库，WORK 库的路径即为此目录的路径。

综上所述，VHDL 程序的基本结构如图 4.2 所示。一个 VHDL 模块一般由如下三个部分构成，也称为 VHDL 程序的三大元素：库（LIBRARY）和程序包（PACKAGE）、实体（ENTITY）、结构体（ARCHITECTURE）。

图 4.2　VHDL 模块的基本结构

除了库和程序包、实体、结构体，VHDL 程序还可以包括配置部分，在后面的章节将详细介绍这些结构与元素。

2．用 VHDL 设计二进制加法器

加法器也是常用的组合逻辑电路，例 4.3 是用 VHDL 描述的 4 位二进制加法器。

【例 4.3】　4 位二进制加法器的 VHDL 描述。

```
ENTITY add4 IS
    PORT(a,b : IN INTEGER RANGE 0 TO 16;
        sum : OUT INTEGER RANGE 0 TO 32);
END add4;
ARCHITECTURE one OF add4 IS
BEGIN
  sum<=a+b;                      --用算术运算符进行设计
END one;
```

与上例有关的 VHDL 语法如下。

① INTEGER 数据类型。在上例中，将输入数据 a、b，输出数据 sum 定义为 INTEGER（整数）数据类型，INTEGER 型数据是 VHDL 的 10 种标准数据类型之一，不须做任何声明即可使用。INTEGER 型的数可包括正整数、负整数和零。在可综合的设计中，要求用 RANGE 语句限定其取值范围，这样综合器会根据所限定的范围来决定表示此信号或变量的二进制位数。比如在上面的例子中，a、b（RANGE 0 TO 16）会用 4 位二进制数表示，sum（RANGE 0 TO 32）会用 5 位二进制数表示。

算术操作符。上例中使用了算术操作符"+"来完成加法运算，常用的能够被综合器支持的算术运算包括+（加）、−（减）、*（乘）等。算术操作符能够直接应用于 INTEGER 型数据而无须做任何声明。

将例 4.3 的源代码进行综合，综合器选择 Quartus Prime。图 4.3 所示是 4 位二进制全加器的 RTL 级综合结果，通过综合器，能够将文本描述转化为电路网表结构，并以原理图的形式呈现出来，非常便于语言的学习。

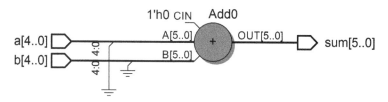

图 4.3　4 位二进制全加器的 RTL 级综合结果

3．用 VHDL 设计 BCD 码加法器

例 4.4 描述的是 BCD 码加法器，采用的是逢十进一的规则。

【例 4.4】　BCD 码加法器。

```
LIBRARY IEEE;
USE IEEE.STD_LOGIC_1164.ALL;
USE IEEE.STD_LOGIC_UNSIGNED.ALL;      --运算符重载
ENTITY add4_bcd IS
    PORT(a,b: IN STD_LOGIC_VECTOR(3 DOWNTO 0);
         sum: OUT STD_LOGIC_VECTOR(4 DOWNTO 0));
END add4_bcd;
ARCHITECTURE one OF add4_bcd IS
SIGNAL temp: STD_LOGIC_VECTOR(4 DOWNTO 0);
BEGIN
  temp <=('0'& a)+b;               --用并置操作符扩展a的位宽
  PROCESS(temp)                    --进程语句
   BEGIN
    IF temp>9 THEN sum<=temp+6;    --两重选择的 IF 语句
       ELSE sum<=temp;
    END IF;
  END PROCESS;
END one;
```

与上例有关的 VHDL 语法如下。

① IF 语句：本例中使用了两重选择的 IF 语句，如果 IF 后面的条件成立，程序执行 THEN 后面的顺序语句；否则执行 ELSE 后面的顺序语句。

② PROCESS 进程语句：IF 语句是顺序语句，只能在进程（PROCESS）中使用，对于进程来说，它只有两种状态：等待状态和执行状态。其状态取决于敏感信号，当敏感信号中的任何一个信号发生变化，并满足条件时，进程就会启动进入工作状态，否则进程处于等待或者挂起状态。

③ 运算符重载：算术操作符+（加）、−（减）、*（乘）等能够直接应用于 INTEGER 型数据而无须做任何声明，如将其用于 STD_LOGIC 或 STD_LOGIC_VECTOR 型数据则牵涉到运算符重载，必须调用 IEEE 库中的 STD_LOGIC_UNSIGNED 程序包（将算术操作符"+"的功能扩展到 STD_LOGIC 或 STD_LOGIC_VECTOR 型数据的函数是在该程序包中定义的），因此在上例中 USE IEEE.STD_LOGIC_UNSIGNED.ALL;语句是不能没有的。

④ 并置操作符&：上例中使用了并置操作符"&"来完成位的扩展和拼接。VHDL 是一种强类型语言，不同类型之间的数据不能相互传递，即使数据类型相同，如果位宽不同，相互间也不能赋值。在上面的例子中，a 和 b 是 4 位宽度的 STD_LOGIC_VECTOR 型数据，而 sum 的宽度是 5 位，因此，如果直接写 temp<=a+b;在综合时会报错，因为赋值符号"<="两侧的数据

宽度不同。因此，本例中首先将 a 的数据宽度用并置操作符"&"扩展了 1 位（在最高位补 0）。

如图 4.4 所示是 BCD 码加法器 RTL 综合视图，对比图 4.3，可发现其构成中多了比较器、数据选择器等部件。

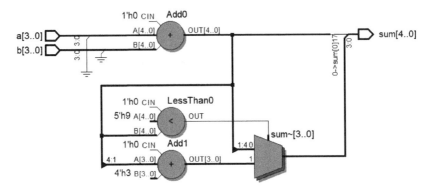

图 4.4　BCD 码加法器 RTL 综合视图

4.3　VHDL 时序电路设计 ●●●

1. 用 VHDL 设计 D 触发器

时序电路最基本的器件是触发器，如例 4.5 所示是基本 D 触发器的 VHDL 描述。

【例 4.5】　基本 D 触发器的 VHDL 描述。

```
LIBRARY IEEE;
USE IEEE.STD_LOGIC_1164.ALL;
ENTITY dff_a IS
  PORT(d,clk: IN STD_LOGIC;
          q: OUT STD_LOGIC);
END dff_a;
ARCHITECTURE one OF dff_a IS
BEGIN
  PROCESS(clk)
  BEGIN
    IF clk'EVENT AND clk='1' THEN        --时钟上升沿触发
      q<=d;
    END IF;
  END PROCESS;
END one;
```

在上例中需要引起注意的 VHDL 语法如下。

时钟边沿的表示：时序电路一个很重要的特点是经常需要用到时钟边沿的概念。在上面的例子中，用语句 clk'EVENT AND clk='1'来表示上升沿。它表示 clk 信号的值发生了变化，并且经过一个相对短的时间检测到其值变为 1，由此可判断，clk 信号上有上升沿产生，此句也可以表示为 clk='1' AND clk'EVENT，综合器在综合时均会将其翻译为上升沿电路结构。在仿真时，如果要更严格地表示时钟的上升沿（即从 0 到 1 的变化），而排除 X→1 等状态变化，可采用下面的语句来表示：

```
IF(clk'EVENT) AND (clk='1') AND (clk'LAST_VALUE='0') THEN…
```

上面的语句表示 clk 信号发生了变化，且变化前的值为 0，而变化后的值为 1，因此是从 0

到 1 的上升沿。上升沿也可用另外的方法表示，比如在例 4.6 中，调用 RISING_EDGE 函数来实现。

【例 4.6】 基本 D 触发器的另一种 VHDL 描述。

```
LIBRARY IEEE;
USE IEEE.STD_LOGIC_1164.ALL;
ENTITY dff_b IS
  PORT(d,clk: IN STD_LOGIC;
            q: OUT STD_LOGIC);
END dff_b;
ARCHITECTURE one OF dff_b IS
BEGIN
  PROCESS(clk)
  BEGIN
  IF RISING_EDGE(clk) THEN          --调用 RISING_EDGE 函数表示上升沿
      q<=d;
    END IF;
  END PROCESS;
END one;
```

RISING_EDGE 是 STD_LOGIC_1164 程序包中定义的一个函数，表示上升沿，不过可能会出现有的综合器不支持此函数的情况。还可以采用其他语句用其他方式来定义 D 触发器，比如采用 WAIT UNTIL 语句，这里不再举例。

如果要在基本 D 触发器的基础上增加更多的端口和功能，应该怎样设计呢？比如，要描述一个带同步复位端的 D 触发器。

【例 4.7】 带同步复位端做 D 触发器。

```
LIBRARY IEEE;
USE IEEE.STD_LOGIC_1164.ALL;
ENTITY dff_c IS
  PORT(clk,d,clr: IN STD_LOGIC;     --clr 是同步复位端
      q: OUT STD_LOGIC);
END dff_c;
ARCHITECTURE one OF dff_c IS
BEGIN
PROCESS(clk)                        --敏感信号列表只有 clk 信号
BEGIN
  IF clk'EVENT AND clk='1' THEN
  IF clr='0' THEN  q<='0';          --clr 为低电平时, 输出清零
    ELSE  q<=d;
  END IF;   END IF;
END PROCESS;
END one;
```

在例 4.7 的进程敏感信号列表中只有 clk 信号，每次复位必须等时钟信号上升沿到来时才能完成，因此是同步复位。如果要改为异步复位，则只需稍加改动。

【例 4.8】 带异步复位端的 D 触发器。

```
LIBRARY IEEE;
USE IEEE.STD_LOGIC_1164.ALL;
ENTITY dff_d IS
```

```
    PORT(clk,d,clr: IN STD_LOGIC;          --clr 是异步复位端
        q: OUT STD_LOGIC);
END dff_d;
ARCHITECTURE one OF dff_d IS
BEGIN
PROCESS(clk,clr)                           --在敏感信号列表中应加入 clr 信号
BEGIN
  IF clr='0' THEN q<='0';                  --clr 为低电平时，输出清零
    ELSIF clk'EVENT AND clk='1' THEN q<=d;
  END IF;
END PROCESS;
END one;
```

例 4.8 在进程敏感信号列表中加入 clr 信号，因此 clr 的值的变化会激发进程进入到执行状态，只要 clr 为低即完成复位操作，因此是异步复位。

例 4.7 和例 4.8 的 RTL 综合结果分别如图 4.5 和图 4.6 所示，可见同步复位端 D 触发器采用了在数据端加一个与门实现，而异步复位端的 D 触发器直接使用了 D 触发器的异步置零端，FPGA/CPLD 中的触发器都是带有异步复位端和异步置位端的。

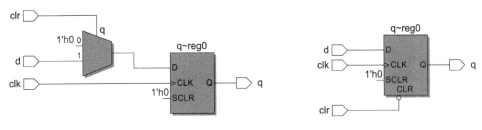

图 4.5　带同步复位端的 D 触发器　　　　　图 4.6　带异步复位端的 D 触发器

在实际中还可能需要用到同时带有异步置 1 和异步复位端的 D 触发器，对于这样的 D 触发器，可采用如下的描述方式。

【例 4.9】　带异步置 1/异步复位端的 D 触发器。

```
LIBRARY IEEE;
USE IEEE.STD_LOGIC_1164.ALL;
ENTITY dff_e IS
PORT(clk,d,set,clr: IN STD_LOGIC;   --set,clr 分别是异步置 1 和异步复位端
        q: OUT STD_LOGIC);
END dff_e;
ARCHITECTURE behav OF dff_e IS
BEGIN
PROCESS(clk,set,clr)                       --在敏感信号列表中应加入 set,clr 信号
BEGIN
  IF set='0' THEN q<='1';                  --set 为低电平时，输出置 1
  ELSIF clr='0' THEN q<='0';               --clr 为低电平时，输出清零
    ELSIF clk='1' AND clk'EVENT THEN q<=d;
  END IF;
END PROCESS;
END behav;
```

在上面的设计中，显然异步置 1 的优先级高于异步复位，在仿真中一般不允许同时出现异步置 1 端和异步复位端同时为 0 的情况发生。

2. 用 VHDL 设计计数器

计数器是另一种典型的时序逻辑电路，用 VHDL 能够非常方便地描述各种功能的计数器电路，比如在例 4.10 中设计了一个基本的 4 位二进制加法计数器。

【例 4.10】　4 位二进制加法计数器。

```
ENTITY cnt4 IS
PORT(clk: IN BIT;
        q: BUFFER INTEGER RANGE 15 DOWNTO 0);   --q定义为BUFFER模式
END cnt4;
ARCHITECTURE behav OF cnt4 IS
BEGIN   PROCESS(clk)
  BEGIN
  IF clk'EVENT AND clk ='1'
      THEN q<=q+1;            --q允许反馈，即可以出现在赋值符号<=右侧
  END IF;
  END PROCESS;
END behav;
```

例 4.11 是 4 位二进制加法计数器的另一种更一般的表达方式。

【例 4.11】　4 位二进制加法计数器更一般的表达方式。

```
LIBRARY IEEE;
USE IEEE.STD_LOGIC_1164.ALL;
USE IEEE.STD_LOGIC_UNSIGNED.ALL;
ENTITY count4 IS
  PORT(clk: IN STD_LOGIC;
        q: OUT STD_LOGIC_VECTOR(3 DOWNTO 0));      --q定义为OUT模式
END count4;
ARCHITECTURE behav OF count4 IS
SIGNAL q1: STD_LOGIC_VECTOR(3 DOWNTO 0);           --定义信号
BEGIN
  PROCESS(clk)
  BEGIN
    IF clk'EVENT AND clk='1'  THEN q1<=q1+1;  END IF;
  q<=q1;
  END PROCESS;
END behav;
```

例 4.10 和例 4.11 的主要区别在于：

① 输出端的端口模式定义不同。例 4.10 中输出端 q 定义为 BUFFER。BUFFER 是缓冲模式，允许反馈，因此在后面写 q<=q+1;这样的语句是可以的。例 4.11 中输出端 q 定义为 OUT 模式，这样如果出现 q<=q+1;这样的语句则是不允许的，所以才定义了 q1 这样一个信号，最终又将 q1 的值传递给 q。

② 信号 SIGNAL。信号用来表示节点，可以理解为电路内部的连接线，它跟端口（PORT）的区别是它不需要说明数据的传输方向，信号在结构体、程序包和实体中定义。

例 4.10 和例 4.11 虽然在描述上有区别，但这两个程序如果用综合器综合，得出的物理电路是完全相同的，图 4.7 是例 4.10 和例 4.11 的 RTL 级综合原理图，可以看出，虽然描述不同，但

综合得到的物理电路却可能是完全相同的。

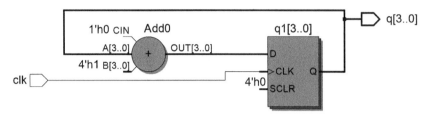

图 4.7　4 位计数器 RTL 级综合原理图

例 4.12 中设计了一个带同步复位的 4 位模 10 BCD 码计数器。

【**例 4.12**】　带同步复位的 4 位模 10 BCD 码计数器。

```
LIBRARY IEEE;
USE IEEE.STD_LOGIC_1164.ALL;
USE IEEE.STD_LOGIC_UNSIGNED.ALL;
ENTITY count10 IS
  PORT(clk,reset: IN STD_LOGIC;
            cq : OUT STD_LOGIC_VECTOR(3 DOWNTO 0);
            cout : OUT STD_LOGIC);
END count10;
ARCHITECTURE behav OF count10 IS
BEGIN
PROCESS(clk,reset)
VARIABLE temp: STD_LOGIC_VECTOR(3 DOWNTO 0);
 BEGIN
  IF clk'EVENT AND clk='1' THEN          --检测时钟上升沿
  IF reset='1' THEN temp:=(OTHERS=>'0');   --同步复位
    ELSIF temp<9 THEN  temp:=temp+1;
    ELSE  temp:=(OTHERS=>'0');            --大于 9, 计数值清零
  END IF;
  END IF;
  IF temp=9 THEN cout<='1';              --计数大于 9, 输出进位信号
    ELSE  cout<='0';
  END IF;
  cq<=temp;                             --将计数值向端口输出
END PROCESS;
END behav;
```

在上例中需要引起注意的 VHDL 语法如下。

① 变量 VARIABLE：变量只能在进程、子程序（函数和过程）中使用，它是一个局部量，其作用范围仅限于定义了变量的进程或子程序结构中。

② IF 语句的嵌套：在描述计数器的同步复位时，采用了 IF 语句的嵌套，进行了多重判断。在使用多个 IF 语句的嵌套时，应特别注意条件判断的次序是否符合逻辑关系。

③ 省略赋值语句：上例中的语句 temp:=(OTHERS=>'0')是一种省略赋值语句，它等效于：temp:= "0000"。

采用省略赋值操作符的优点是不用关心被赋值矢量的宽度，尤其在给很宽的矢量进行赋值时可简化书写。比如：

```
SIGNAL temp1: STD_LOGIC_VECTOR(15 DOWNTO 0);
VARIABLE temp2: STD_LOGIC_VECTOR(17 DOWNTO 0);
…
temp1<=(OTHERS=>'0');        --等同于 temp1<="0000000000000000";
temp2:=(OTHERS=>'1');        --等同于 temp2:="111111111111111111";
```
采用省略赋值操作符还可以给矢量的某几位赋值后再用 OTHERS 给剩余的位赋值。比如：
```
SIGNAL temp1,temp2: STD_LOGIC_VECTOR(11 DOWNTO 0);
temp1<=(0=>'1',3=>'1',OTHERS=>'0');
        --temp1 第 0、3 位为 1，其他为 0，等同于 temp1<="000000001001";
temp2<=(1=>'0',3=>'0',OTHERS=>'1');
        --temp2 第 1、3 位为 0，其他为 1，等同于 temp2<="111111110101";
```
【例 4.13】 含异步复位/同步置数的模 10 加法计数器。
```
LIBRARY IEEE;
USE IEEE.STD_LOGIC_1164.ALL;
USE IEEE.STD_LOGIC_UNSIGNED.ALL;
ENTITY cnt10 IS
PORT(clk,clr,load : IN STD_LOGIC;
            data : IN STD_LOGIC_VECTOR(3 DOWNTO 0);
            qout : OUT STD_LOGIC_VECTOR(3 DOWNTO 0);
            cout : OUT STD_LOGIC  );
END cnt10;
ARCHITECTURE behav OF cnt10 IS
BEGIN
  PROCESS(clk,clr)
    VARIABLE temp: STD_LOGIC_VECTOR(3 DOWNTO 0);
  BEGIN
    IF clr='1' THEN   temp:=(OTHERS=>'0');        --异步复位
     ELSIF clk'EVENT AND clk='1' THEN             --检测时钟上升沿
      IF load='1' THEN   temp:=data;              --同步置数
        ELSIF temp<9 THEN   temp:=temp+1;         --是否小于 9
          ELSE  temp:=(OTHERS =>'0');             --大于 9，清零
        END IF;
      END IF;
    IF temp=9 THEN cout<='1';                     --计到 9，输出进位信号
      ELSE    cout<='0';
    END IF;
      qout<=temp;                                 --将计数值向端口输出
  END PROCESS;
END behav;
```
例 4.13 综合后的 RTL 级原理图如图 4.8 所示。

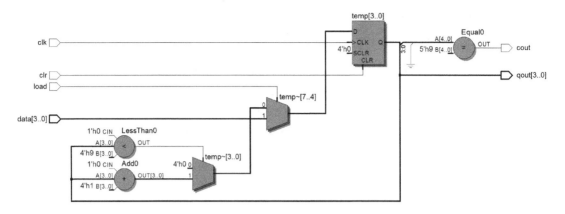

图 4.8　综合后的 RTL 级原理图

习 题 4

4.1　用 VHDL 设计一个 8 位加法器，进行综合和仿真，查看综合和仿真结果。

4.2　用 VHDL 设计一个 8 位二进制加法计数器，带异步复位端口，进行综合和仿真，查看综合和仿真结果。

4.3　用 VHDL 设计一个模 60 的 BCD 码计数器，进行综合和仿真，查看综合和仿真的结果。

第 |5| 章

VHDL 结构与要素

第 4 章中我们对 VHDL 程序有了初步的认识，本章将进一步介绍 VHDL 程序的结构及语法规则等要素。

5.1 实　体 ●●●

VHDL 程序通常包含实体（ENTITY）、结构体（ARCHITECTURE）、配置（CONFIGURATION）、程序包（PACKAGE）和库（LIBRARY）五个部分。其中，实体和结构体是每个程序必备的，是最基本的 VHDL 程序组成部分。

实体主要用于描述模块的输入/输出端口，其定义格式如下：

```
ENTITY 实体名 IS
    [GENERIC(参数名：数据类型);]    --[ ]表示可选项
    [PORT(端口表);]
END ENTITY 实体名;
```

实体均以"ENTITY 实体名 IS"开始，以"END ENTITY 实体名;"结束。

注：以"END ENTITY 实体名;"结束是 VHDL'93 标准中要求的，在 VHDL'87 标准中，结尾语句只需写成"END;"或者"END 实体名;"即可。目前，绝大多数的 EDA 工具都兼容这两个标准，因此无须特别注意两者间的区别，根据自己的习惯书写即可。

实体名可自己命名，一般根据模块的功能或特点取名；GENERIC 类属说明语句用于定义类属参数；PORT 语句用于定义模块端口信息；方括号内的语句可选，只在需要时加上。

下面是一个两输入与非门的描述，其中前面 4 行语句是实体说明部分。

【例 5.1】　两输入与非门。

```
ENTITY nand2v IS                      --实体说明
PORT(a,b: IN BIT;                     --输入端口
      y : OUT BIT);                   --输出端口
END ENTITY nand2v;


ARCHITECTURE one OF nand2v IS         --结构体定义
BEGIN
    y<=a NAND b;                      --功能定义
```

```
END one;
```

5.1.1 类属参数说明

类属说明语句用于定义参数，其格式如下：

```
GENERIC ([常数名：数据类型[：设定值]
        {；常数名：数据类型[：设定值]}]);
```

用类属说明语句可指定参数，如总线宽度等，它以关键词 GENERIC 引导一个类属参量表，在表中提供时间参数或总线宽度等信息，通过参数传递，很容易改变一个设计实体内部电路规模。比如，下面是一个译码器电路的设计实体定义：

```
ENTITY  decoder  IS
    GENERIC(n: INTEGER: = 3);
     PORT(data: IN BIT_VECTOR(1 to n);
          dout:  OUT BIT_VECTOR(1 to 2**n));
END ENTITY decoder;
```

上例中，用 GENERIC 语句定义了一个类属参量 n，并定义其数据类型为 INTEGER 整型，赋初值 3；在后面定义了译码器输入端口 data 的宽度为 n，输出端口 dout 的宽度是 2^n，显然这里设计的是 3—8 译码器（或 3 线—8 线译码器），如果将 n 赋值 2，则表示 2—4 译码器（或 2 线—4 线译码器），n 赋值 4 则表示 4—16 译码器（或 4 线—16 线译码器）。可见，通过参数传递，很容易修改电路的线宽和规模。

在下面的实体定义中，如要改变设计的尺寸，只需改变类属参量 size 的赋值即可。

```
ENTITY cntr IS
GENERIC(size :POSITIVE :=16);                --size 定义为正整数，赋初值 16
    PORT(clk,clear : IN STD_LOGIC;
        q : BUFFER STD_LOGIC_VECTOR((size-1) DOWNTO 0));
END cntr;
```

在例 5.2 中，采用类属说明语句定义了加法器操作数的数据宽度，如果要改变加法器的规模，比如改为 8 位、32 位的加法器，只需改变类属参量 width 的赋值即可。

【例 5.2】 用类属说明语句设计加法器。

```
LIBRARY IEEE;
USE IEEE.STD_LOGIC_1164.ALL;                --调用库和包
USE IEEE.STD_LOGIC_UNSIGNED.ALL;
ENTITY adder IS
 GENERIC(width: INTEGER :=15);              --定义类属参量 width
 PORT(a,b: IN STD_LOGIC_VECTOR(width DOWNTO 0);
     sum: OUT STD_LOGIC_VECTOR((width+1) DOWNTO 0));
END ENTITY adder;
ARCHITECTURE behav OF adder IS
BEGIN
    sum<=('0'&a)+b;
END behav;
```

类属说明语句也经常用来定义仿真时的延时参数等信息，比如下例中用类属说明语句定义了门电路输出与输入间存在的延迟。

【例 5.3】 用类属说明语句定义门电路延时。

```
ENTITY and_gate IS
GENERIC(delay: TIME := 5ns)                --定义类属参量 delay，数据类型为 TIME
```

```
            PORT(a,b : IN BIT; c : OUT BIT);
END ENTITY and_gate;
ARCHITECTURE behav OF and_gate IS
   BEGIN
   PROCESS(a,b)
   BEGIN
   c <= a AND b AFTER delay;          --定义延迟时间
END PROCESS;
END behav;
```

5.1.2　端口说明

端口是实体与外部进行通信的接口，类似于电路图符号的引脚。

端口说明语句定义格式如下：

```
PORT(端口名：端口模式 数据类型；
    {端口名：端口模式 数据类型});
```

端口说明语句由 PORT 引导，包括端口名、端口模式、数据类型等。

端口名是赋予每个实体外部引脚的名称，通常用英文字母，或者英文字母加数字命名，如 d0、sel、q0 等。端口名字的定义有一些惯例，如 clk 表示时钟，d 开头的端口名表示数据，a 开头的端口名表示地址等。

端口模式是指该端口的数据传输方向，有 4 种模式：

● IN——输入模式，传输方向是从外部进入实体。

● OUT——输出模式，传输方向是离开实体到实体外部。

● BUFFER——缓冲模式，缓冲模式允许信号输出到实体外部，同时也可在实体内部引用该端口的信号。缓冲模式端口常用于计数器的设计。

● INOUT——双向模式，此模式允许信号双向传输（既可以进入实体，也可以离开实体）。

图 5.1 是上述 4 种端口模式的示意图。

数据类型指的是端口信号的取值类型，VHDL 是一种强数据类型的语言，它要求只有相同数据类型的端口信号才能相互

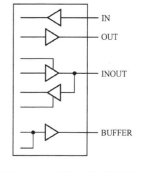

图 5.1　4 种端口模式示意图

作用，VHDL 提供了丰富的数据类型，有关数据类型的内容将在 5.8 节详细介绍。

5.2　结　构　体 ●◦◦

结构体（ARCHITECTURE）也称为构造体，结构体是对实体功能的具体描述。它可以描述实体的逻辑行为、功能，也可以描述实体的内部构造、所用元件及内部连接关系。

结构体的定义格式如下：

```
ARCHITECTURE 结构体名 OF 实体名 IS
   [说明语句]
BEGIN
 [功能描述语句]
END ARCHITECTURE 结构体名;
```

结构体的组成如图 5.2 所示，主要包括结构体名，说明语句，功能描述语句等。

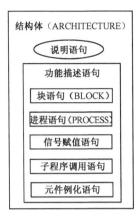

图 5.2　结构体的组成

1. 结构体名

结构体名可自行定义，"OF"后面的实体名指明了该结构体对应的实体。一个实体可以有多个结构体，但这些结构体不能同名。

2. 结构体说明语句

结构体说明语句用于对结构体内部将要使用的信号、常数、数据类型、元件、函数和过程等加以说明，结构体说明语句必须放在关键词 ARCHITECTURE 和 BEGIN 之间。

在一个结构体中定义的信号、常数、数据类型、元件、函数和过程只能作用于该结构体中。结构体中的信号定义和端口说明一样，应有信号名称和数据类型定义，因为它是内部连接用的信号，因此不需要说明传输方向。

3. 结构体功能描述语句

结构体功能描述语句位于 BEGIN 和 END 之间，具体描述结构体的行为、功能或者连接关系。图 5.2 中列出了 5 种功能描述语句。

① 块语句：块语句是由一系列并行语句构成的组合体，其功能是将结构体中的并行语句组成一个或多个子模块。

② 进程语句：进程由顺序语句组成，用以将从外部获得的信号值或内部运算数据赋值给其他的信号。

③ 信号赋值语句：将设计实体内的处理结果赋值给定义的信号或界面端口。

④ 子程序调用语句：可以调用进程或参数，并将获得的结果赋值给信号。

⑤ 元件例化语句：将其他的设计实体打包成元件，调用元件并将元件的端口与其他元件、信号或高层实体的界面端口进行连接。

上述语句将在第 6 章做详细介绍。

4. 结构体描述方式

结构体主要有 3 种描述方式，即行为描述、数据流描述和结构描述。我们给结构体命名时通常用不同的名字来区分这 3 种描述方式，比如用 behavior、dataflow 和 structural 分别表示行为、数据流和结构描述，这样可使我们在阅读 VHDL 程序时，能更清楚地了解设计者采用的描述方式。关于这 3 种描述方式将在第 7 章做进一步介绍。

5.3　VHDL 库和程序包 ●●●

一个实体中定义的数据类型、子程序和元件只能用于该实体本身，为了使这些信息能被不同的实体共享，VHDL 提供了库和程序包结构。

5.3.1　库

库（LIBRARY）是已编译数据的集合，存放程序包定义、实体定义、结构体定义和配置定义，库以 VHDL 源文件的形式存在，在综合时综合器可随时读入使用，便于设计者共享已编译过的设计结果。

常用的 VHDL 库有：STD 库、WORK 库、IEEE 库、ASIC 库和用户自定义库等。

1. STD 库

STD 库是 VHDL 的标准库，在库中存放 STANDARD 和 TEXTIO 两个程序包，在使用

STANDARD 程序包中的内容时不需要声明，但在使用 TEXTIO 程序包中的内容时需要用 USE 语句显式地声明。

2．WORK 库

WORK 是现行工作库，用户设计和定义的一些电路单元和元件都存放在 WORK 库中。WORK 库自动满足 VHDL 语言标准，使用该库时无须进行任何说明。在计算机上用 VHDL 做设计时，不允许在根目录下进行，而必须为项目设定一个文件夹，用于保存该项目所有的文件，VHDL 综合器将此文件夹默认为 WORK 库。

3．IEEE 库

IEEE 库是 VHDL 设计中最为常用的库，它包含 IEEE 标准的程序包和其他一些支持工业标准的程序包。IEEE 库中的程序包主要包括 STD_LOGIC_1164、NUMERIC_BIT 和 NUMERIC_STD 等。其中的 STD_LOGIC_1164 是最为常用的程序包。

一些 EDA 公司提供的程序包，虽非 IEEE 标准，但由于已成为事实上的工业标准，也都并入了 IEEE 库，如 SYNOPSYS 公司的 STD_LOGIC_ARITH、STD_LOGIC_SIGNED 和 STD_LOGIC_UNSIGNED 程序包。又如 VITAL 库中的 VITAL_timing 和 VITAL_primitives，这两个程序包主要用于仿真，可提高门级时序仿真的精度，现在的 EDA 开发工具都已将这两个程序包并到 IEEE 库了。

4．ASIC 厂商库

ASIC 厂商库是由 EDA 工具商提供的库，比如 Intel FPGA 公司的软件 Quartus Ⅱ提供了 maxplus2、megacore、lpm 等程序包，可通过软件安装目录的\quartus\libraries\vhdl 查看。

5．用户自定义库

用户自己设计开发的程序包、设计实体等，也可汇集在一起定义为一个库。在使用时需要说明，比如在 Quartus Prime 软件中可做如下的设置，选择菜单 Tools→Options，在弹出的对话框（参见图 5.3）左边栏中选择 Libraries，在右边的 Global User Libraries（all projects）项中将用户自己的库文件目录添加进来，比如图 5.3 中添加的库目录为 C:\vhdl\mylab，此处添加的库是面向所有设计项目的；在下面的 Project Libraries 项中添加的库文件，则只面向当前设计项目。

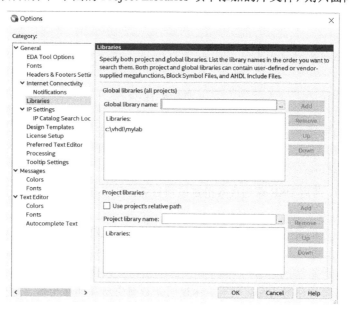

图 5.3 用户自定义库的设置（Quartus Prime）

综上，我们把常用的 VHDL 库及其程序包汇总在表 5.1 中。

表 5.1　常用的 VHDL 库及其程序包

VHDL 库	所包含的程序包	说　　明
STD 库	STANDARD 程序包	VHDL 标准库，调用 STD 库以及 STD 库中的 STANDARD 程序包无须声明，使用 TEXTIO 程序包须声明
	TEXTIO 程序包	
WORK 库		现行作业库，使用该库也无须声明
IEEE 库	STD_LOGIC_1164 程序包	常用的程序包
	STD_LOGIC_ARITH 程序包	
	STD_LOGIC_UNSIGNED 程序包	
	STD_LOGIC_SIGNED 程序包	
	NUMERIC_STD 程序包	
	NUMERIC_BIT 程序包	
	VITAL_TIMING 程序包	原属于 VITAL 库，目前已并入 IEEE 库，主要用于仿真
	VITAL_PRIMITIVE 程序包	
ASIC 厂商库	maxplus2、megacore、lpm 等	由工具商提供的库
用户自定义库		用户自己的库

一般在基于 FPGA/CPLD 的开发中，打开 IEEE 库中的 STD_LOGIC_1164、STD_LOGIC_ARITH、STD_LOGIC_SIGNED 和 STD_LOGIC_UNSIGNED 这 4 个程序包基本够用，需注意的是在使用前，必须书写声明语句。

在表 5.1 列举的库中，除 STD 库和 WORK 库外，其他库在使用前都必须显式地声明，另外，还需使用 USE 语句指明库中的程序包。一旦说明了库和程序包，整个设计实体都可以进入访问或调用，但其作用范围仅限于所声明的设计实体。

声明使用库和程序包的语句格式如下：

```
LIBRARY 库名;
USE 库名.程序包名.ALL;
```

上面的声明语句表示指定库中的特定程序包中的所有内容向本设计实体开放。

如果只使用指定库中的特定程序包可采用如下的声明语句：

```
LIBRARY 库名;
USE 库名.程序包名.项目名;
```

比如：

```
LIBRARY IEEE;                    --声明打开 IEEE 库
USE IEEE.STD_LOGIC_1164.ALL;
--打开 IEEE 库中的 STD_LOGIC_1164 程序包中的所有资源
USE IEEE.STD_LOGIC_1164.STD_ULOGIC;
--只开放程序包 STD_LOGIC_1164 中的 STD_ULOGIC 项目
```

在实际设计中，若用 USE 语句直接指定该项目名，可节省综合器综合时从程序包中查找相关项目与元件的时间。

在 VHDL 中，库的说明语句总是放在实体单元前面。这样，在实体中就可以任意使用库中的数据和文件。由此可见，库的用处在于使设计者共享已经完成的设计成果。VHDL 允许在同一个实体中同时打开多个不同的库，但库之间必须是相互独立的。

注：库说明语句的作用范围从一个实体说明开始到它所属的结构体、配置为止，当在一个源程序中出现两个以上实体时，库的声明语句应在每个设计实体说明语句前重复书写。

在进行电路设计时，较好的库设置方法是：自定义一个资源库，把过去的设计资料分类装入自建资源库备用。WORK 库作为当前的设计库，每次设计前可以把找到的与本设计有关的资料装入 WORK 库，包括标准库的有用资料。因 WORK 库是预定义标准库，无须用库语句声明，在设计时可节省输入时间。另外清理 WORK 库中与本次设计无关的资料，可节省查找文件的时间。

把其他资料装入 WORK 库的方法是：把资料的源程序复制存入 WORK 库，经过编译便可使用。例如，把 IEEE 库 STD_LOGIC_1164 程序包的源程序复制存入 WORK 库，经过编译便可使用，方法如下：

```
USE WORK.STD_LOGIC_1164.ALL;
```

含义是用 USE 语句打开 WORK 库中的 STD_LOGIC_1164 程序包的所有资源。

5.3.2 程序包

程序包（PACKAGE）主要用来存放各个设计能够共享的信号说明、常量定义、数据类型、子程序说明、属性说明和元件说明等部分。如果要使用程序包中的某些说明和定义，设计者只要用 USE 语句声明一下即可。

程序包由两个部分组成的：程序包首和程序包体。其定义格式为：

```
PACKAGE 程序包名 IS              --程序包首
  程序包首说明部分
END 程序包名;


PACKAGE BODY 程序包名 IS         --程序包体
程序包体说明部分
包体内容
END 程序包名;
```

程序包首部分主要对数据类型、子程序、常量、信号、元件、属性和属性指定等进行说明，所有说明语句是对外可见的，这一点与实体说明部分相似。

程序包体部分由程序包说明部分指定的函数和过程的程序体组成，即用来规定程序包的实际功能，包体部分的描述方法与结构体的描述方式相同。

程序包说明部分是主设计单元，可以独立进行编译并插入到库中。程序包包体部分是次级设计单元，同样也可以在其对应的主设计单元编译并插入到库中之后，独立进行编译，并放到设计库中。在实际应用时，程序包中的程序包包体部分是一个可选项，当程序包说明不含有子程序说明部分时，则程序包包体部分是不需要的。当程序包说明部分含有子程序说明时，则必须有相应的程序包包体部分对其子程序的程序体进行描述。

程序包这种结构的好处是，当功能需要进行某些调整或数据赋值需要变化时，只改变程序包体的相关语句就可以了，而无须改变程序包首的说明，这样就节省了重新编译的时间。

在 VHDL 的库中预定义一些标准程序包，下面对最常用的这几个程序包进一步说明如下。

（1）STD_LOGIC_1164 程序包

这是 IEEE 库中最常用的程序包，是 IEEE 的标准程序包，其中包含了一些数据类型、子类型和函数定义。这些定义将 VHDL 扩展为一个能描述多值逻辑的硬件描述语言，很好地满足了实际数字系统的设计需求。STD_LOGIC_1164 程序包中用的最多和最广的是两个满足工业标准的数据类型 STD_LOGIC 和 STD_LOGIC_VECTOR。

（2）STD_LOGIC_ARITH 程序包

它预先编译在 IEEE 库中，是在 STD_LOGIC_1164 程序包的基础上扩展了 3 个数据类型 UNSIGNED、SIGNED 和 SMALL_INT，并为其定义了相关的算术运算符和数据类型转换函数。

（3）STD_LOGIC_UNSIGNED 和 STD_LOGIC_SIGNED 程序包

这两个程序包都是 SYNOPSYS 公司的程序包，均预先编译在 IEEE 库中。这些程序包重载了可用于 INTEGER 类型及 STD_LOGIC 和 STD_LOGIC_VECTOR 类型混合运算的运算符，并定义了一个由 STD_LOGIC_VECTOR 型到 INTEGER 型的转换函数。这两个程序包的区别是后者定义的运算符考虑到了符号，是有符号数的运算。

（4）STANDARD 和 TEXTIO 程序包

这是 STD 库中预先编译好的程序包。STANDARD 程序包中定义了许多基本的数据类型、子类型和函数，它是 VHDL 的标准程序包，使用时无须用 USE 语句声明。

TEXTIO 程序包定义了支持文本和文件操作的许多类型和子程序，主要供仿真器使用，可用文本编辑器建立一个数据文件，文件中包括仿真时需要的数据，然后在仿真时用 TEXTIO 程序包中的子程序存取这些数据。使用 TEXTIO 程序包前，应显式地声明，比如：

```
USE STD.TEXTIO.ALL;
```

5.4　配　置 ●●●

配置主要用于指定实体和结构体之间的对应关系。一个实体可以有多个结构体，每个结构体对应着实体的一种实现方案，但在每次综合时，综合器只能接受一个结构体，通过配置语句可以为实体指定或配置一个结构体；仿真时，可通过配置使仿真器为同一实体配置不同的结构体，从而使设计者比较不同结构体的仿真差别。

配置也可以用于指定元件和设计实体之间的对应关系，或者为例化的各元件实体指定结构体，从而形成一个所希望的例化元件层次构成的设计。

对应于不同的使用情况，配置说明有多种形式。默认配置是最简单的配置方式，其书写格式为：

```
CONFIGURATION 配置名 OF 实体名 IS
  FOR 选配结构体名
  END FOR;
END 配置名;
```

利用上面的配置语句，可以为一个实体选择或指定不同的结构体。

例 5.4 中用 3 种方法实现了 4 选 1 数据选择器，每种实现方案用一个结构体来描述，最后采用配置从中选择一个实现方案。

【例 5.4】　4 选 1 数据选择器。

```
LIBRARY IEEE;
USE IEEE.STD_LOGIC_1164.ALL;
ENTITY mux41_cfg IS
   PORT (a,b,c,d: IN STD_LOGIC;
        sel : IN STD_LOGIC_VECTOR(1 DOWNTO 0);
        y : OUT STD_LOGIC);
END ENTITY mux41_cfg;

ARCHITECTURE one OF mux41_cfg IS
BEGIN
   y <=  (a AND NOT(sel(1)) AND NOT(sel(0))) OR
     (b AND NOT(sel(1)) AND sel(0)) OR
     (c AND sel(1) AND NOT(sel(0))) OR
```

```
            (d AND sel(1) AND sel(0));
END one;


ARCHITECTURE two OF mux41_cfg IS
BEGIN
WITH sel SELECT
    y <= a WHEN "00",
         b WHEN "01",
         c WHEN "10",
         d WHEN OTHERS;
END two;


ARCHITECTURE three OF mux41_cfg IS
BEGIN
mux4_1: PROCESS (a,b,c,d,sel)
    BEGIN
        CASE sel IS
            WHEN "00"  =>  y <= a;
            WHEN "01"  =>  y <= b;
            WHEN "10"  =>  y <= c;
            WHEN OTHERS =>  y <= d;
        END CASE;
    END PROCESS mux4_1;
END three;

CONFIGURATION cfg1 OF mux41_cfg IS      --配置
    FOR one                             --选择第一个结构体
    END FOR;
END cfg1;
```

在上例中，有 3 个不同的结构体，都可以实现 4 选 1 数据选择器，可通过配置语句，分别选择这 3 个结构体，选择不同的实现方案。选择不同的结构体综合后生成的网表是不同的，图 5.4 是选择结构体 one 综合生成的门级结构视图；图 5.5 是选择结构体 two 和 three 综合生成的门级结构视图。这两种实现方案有所区别。

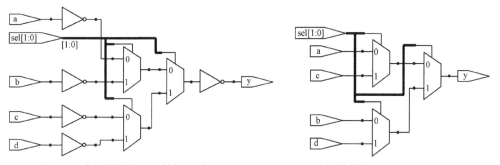

图 5.4　选择结构体 one 的门级综合视图　　图 5.5　选择结构体 two 和 three 的门级综合视图

在下面的例子中用两种方法实现了模 10 分频器，分别用两个结构体（ARCHITECTURE a 和 ARCHITECTURE b）描述，最后用配置从中选择一种实现方案。

【例 5.5】　模 10 分频器。

```vhdl
LIBRARY IEEE;
USE IEEE.STD_LOGIC_1164.ALL;
USE IEEE.STD_LOGIC_UNSIGNED.ALL;

ENTITY count10_cfg IS
    PORT(clk,reset: IN STD_LOGIC;
             cout: BUFFER STD_LOGIC);
END count10_cfg;

ARCHITECTURE a OF count10_cfg IS
BEGIN
   PROCESS(clk)
   VARIABLE temp : STD_LOGIC_VECTOR(2 DOWNTO 0);
   BEGIN
    IF clk'EVENT AND clk='1' THEN            --上升沿
       IF reset ='1' THEN temp:=(OTHERS =>'0');   --同步复位
            ELSIF temp=4 THEN
            cout<=not cout; temp:=(OTHERS=>'0');
        ELSE temp:=temp+1;
    END IF;  END IF;
   END PROCESS;
END a;
ARCHITECTURE b OF count10_cfg IS
SIGNAL  temp : STD_LOGIC_VECTOR(3 DOWNTO 0);
BEGIN
PROCESS(clk)
    BEGIN
    IF clk'EVENT AND clk='1' THEN
    IF reset ='1' THEN temp<=(OTHERS=>'0');    --同步复位
       ELSIF temp < 9 THEN temp<=temp+1;
       ELSE temp<=(OTHERS=>'0');
    END IF;  END IF;
END PROCESS;
PROCESS(temp)                                --双进程
    BEGIN
        IF (temp<2) THEN cout<='1';
        Else cout<='0';
    END IF;
   END PROCESS;
END b;

 CONFIGURATION cfg1 OF count10_cfg IS        --配置
   FOR a                                     --选择结构体 a
   END FOR;
END cfg1;
```

上例中两个结构体都实现了模 10 分频，但采用的方案不同。结构体 a 采用了单进程的描述方式，并当计数到 4 时，输出信号翻转，这样得到了占空比为 50%的输出波形；结构体 b 采用了双进程的描述方式，在进程 1 中进行模 10 计数，在进程 2 中进行输出信号的赋值（计数值小于 2 时，输出信号为 1，其他时，输出信号为 0），这样可非常方便地改变输出信号的占空比。通过配置可从上述两种方案中，每次选择一种进行综合和仿真，图 5.6 和图 5.7 分别是选择结构体 a 和 b 时的 RTL 级综合视图，可以看出，选择结构体 a 实现时，所采用的模块有加法器、数据选择器、寄存器和逻辑门，而选择结构体 b 实现时，采用的模块除加法器、数据选择器、寄存器和逻辑门外，还增加了比较器模块，可见这两种实现方案是不同的。图 5.8 和图 5.9 分别是选择结构体 a 和 b 的功能仿真波形图，从仿真波形也可以看出两种实现方案的不同。

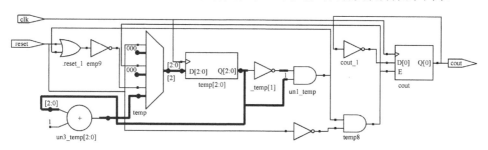

图 5.6　选择结构体 a 时的 RTL 级综合视图

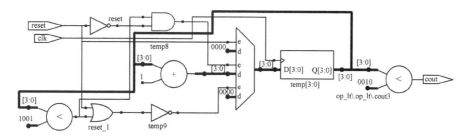

图 5.7　选择结构体 b 时的 RTL 级综合视图

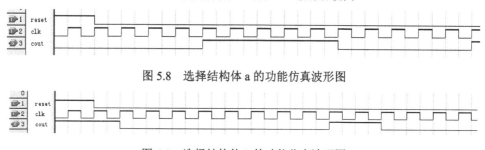

图 5.8　选择结构体 a 的功能仿真波形图

图 5.9　选择结构体 b 的功能仿真波形图

5.5　子　程　序 ●●●

子程序（SUBPROGRAM）是可供主程序调用并将结果返回给主程序的程序模块，从这个角度来看，VHDL 程序的子程序与其他高级语言（如 C 语言）的子程序的概念类似。

子程序是 VHDL 的一个程序模块，综合后的子程序对应于一个电路模块，可以在 VHDL 程序的结构体或程序包的任何位置对子程序进行调用，每次调用子程序，都会产生同样的一个电路模块。

子程序有两种类型：过程（PROCEDURE）和函数（FUNCTION）。

5.5.1　过程（PROCEDURE）

过程语句的格式为：

PROCEDURE 过程名 (参数表)　　　　　　--过程首

```
PROCEDURE 过程名(参数表) IS              --过程体
    [说明部分]
BEGIN
    顺序语句;
END PROCEDURE 过程名;
```

过程由过程首和过程体构成,过程首不是必需的,如果仅仅在一个结构体中定义并调用过程,是不需要定义过程首的,只需要定义过程体;只有当想要将所定义的过程打包成程序包入库时,才需要定义过程首,这样,这个过程就可以在任何设计中被调用。

过程首由过程名和参数表组成,比如:

```
PROCEDURE pr1(CONSTANT a:IN INTEGER;
    SIGNAL b:IN STD_LOGIC;
SIGNAL f: OUT STD_LOGIC);
```

在上面的语句中,定义了一个名为 pr1 的过程首,其中有 3 个参量,参量 a 是常数,数据类型为 INTEGER,信号模式是 IN;参量 b 定义为信号,类型为 STD_LOGIC,也是输入信号;参量 f 是输出信号,属于信号,类型为 STD_LOGIC。定义为 IN 的参量,如果没有定义数据对象,则默认为常量;定义为 OUT 和 INOUT 的参量,如果没有定义数据对象,则默认为信号。

过程体由顺序语句组成,调用过程即启动了过程体顺序语句的执行。过程体中的说明语句是局部的,其有效范围只限于该过程体内部。

下例是一个定义和使用过程的完整例子,首先定义了一个名为 my_pag 的程序包,在程序包中构造了从两个输入数据中选择最大值的名为 max 的过程,然后在后面的设计实体 proc_ex1 中调用了 max 过程,从输入数据 d1、d2 和 d3 中选择最大值输出。

【例 5.6】 选择最大值的过程举例。

```
LIBRARY  IEEE;
USE IEEE.STD_LOGIC_1164.ALL;
PACKAGE my_pag IS                            --定义程序包
    PROCEDURE max(SIGNAL a,b: IN STD_LOGIC_VECTOR;   --定义过程首
    SIGNAL f: OUT STD_LOGIC_VECTOR);
    END PACKAGE my_pag;

PACKAGE BODY my_pag IS                       --程序包体
    PROCEDURE max(SIGNAL a,b: STD_LOGIC_VECTOR;      --定义过程体
        SIGNAL f: STD_LOGIC_VECTOR) IS
    BEGIN
        IF (a>b) THEN  f<=a;
        ELSE f<= b;
        END IF;
    END PROCEDURE max;
END my_pag;

LIBRARY  IEEE;
USE IEEE.STD_LOGIC_1164.ALL;
USE WORK.my_pag.ALL;                         --声明使用 my_pag 程序包
ENTITY proc_ex1 IS                           --过程应用实例
    PORT(d1,d2,d3: IN STD_LOGIC_VECTOR(7 DOWNTO 0);
        max_out: OUT STD_LOGIC_VECTOR(7 DOWNTO 0));
```

```
END proc_ex1;
ARCHITECTURE one OF proc_ex1 IS
SIGNAL tmp : STD_LOGIC_VECTOR(7 DOWNTO 0);
   BEGIN
   max(d1,d2,tmp);                      --并行调用 max 过程
   max(tmp,d3,max_out);                 --并行调用 max 过程
END one;
```

例 5.6 的 RTL 综合结果如图 5.10 所示，从图中可看出，调用了 max 过程块两次，生成了两个电路模块，即每调用一次过程，就相应地生成一个电路模块。

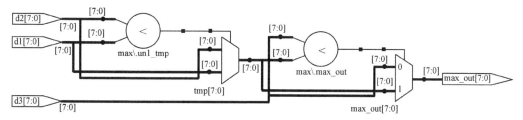

图 5.10 例 5.6 的 RTL 综合结果

在例 5.6 中，过程调用采用了位置关联的方法，此时参数的排列顺序应与过程定义时参数的排列顺序一致，也可以采用名字关联法来调用过程。

下面是另一个过程定义的例子，在该例中，没有用到过程首，也没有使用程序包，而是直接在结构体中定义了过程体，并直接在 PROCESS 进程中调用了过程，实现了普通的组合逻辑功能。

【例 5.7】 用过程实现组合逻辑举例。

```
LIBRARY IEEE;
USE IEEE.STD_LOGIC_1164.ALL;
ENTITY proc_ex2 IS
  PORT(d: IN STD_LOGIC_VECTOR(2 DOWNTO 0);
       f: OUT STD_LOGIC_VECTOR(2 DOWNTO 0));
END proc_ex2;
ARCHITECTURE one OF proc_ex2 IS
   PROCEDURE simp(SIGNAL a,b,c: STD_LOGIC;
       SIGNAL Z: OUT STD_LOGIC) IS
   BEGIN  z<=(a AND b) OR c;
   END PROCEDURE simp;
BEGIN
PROCESS(d)
BEGIN
simp(d(0),d(1),d(2),f(0));           --过程调用
simp(d(2),d(0),d(1),f(1));           --过程调用
simp(d(1),d(2),d(0),f(2));           --过程调用
END PROCESS;
END one;
```

5.5.2 函数（FUNCTION）

函数的书写格式为：

```
FUNCTION 函数名（参数表） RETURN 数据类型         --函数首
```

```
FUNCTION 函数名（参数表）RETURN 数据类型 IS      --函数体
    说明部分];
BEGIN
    顺序语句;
END FUNCTION 函数名;
```

函数与过程的定义有类似的地方，也有明显的区别。函数也由函数首和函数体构成，函数首不是必需的，可以只使用函数体，如果仅仅在一个结构体中定义并调用函数，则不需要定义函数首，只需要定义函数体即可。在将所定义的函数打包成程序包入库时，则需要定义函数首，这样，这个函数就可以在任意设计中被调用。函数首由函数名、参数表和返回值的数据类型组成，而函数的具体功能在函数体中定义。

下例是一个定义和使用函数的完整例子，包括了函数首、函数体的定义，也包括函数的调用，本例的功能与例 5.6 完全相同，仅仅是把用过程实现的功能换成用函数来实现。在本例中首先定义了一个名为 my_pag 的程序包，在程序包中构造了从两个输入数据中选择最大值的名为 max 的函数，然后在后面的设计实体 func_ex1 中，调用了 max 函数，从输入数据 d1、d2 和 d3 中选择最大值输出。

【例 5.8】 选择最大值的函数程序。

```
LIBRARY  IEEE;
USE IEEE.STD_LOGIC_1164.ALL;
PACKAGE my_pag IS                      --定义程序包
   FUNCTION max(a,b: STD_LOGIC_VECTOR)  --定义函数首
   RETURN STD_LOGIC_VECTOR;
   END PACKAGE my_pag;

PACKAGE BODY my_pag IS                 --程序包体
   FUNCTION max(a,b: STD_LOGIC_VECTOR)  --定义函数体
RETURN STD_LOGIC_VECTOR IS
    VARIABLE tmp: STD_LOGIC_VECTOR(a'RANGE);
    BEGIN
        IF(a>b) THEN  tmp:=a;
        ELSE tmp:=b;
        END IF;
        RETURN tmp;
    END;
END my_pag;

LIBRARY  IEEE;
USE IEEE.STD_LOGIC_1164.ALL;
USE WORK.my_pag.ALL;                   --声明使用my_pag程序包
ENTITY func_ex1 IS                     --函数应用实例
  PORT(d1,d2,d3: IN STD_LOGIC_VECTOR(7 DOWNTO 0);
      max_out: OUT STD_LOGIC_VECTOR(7 DOWNTO 0));
END func_ex1;
ARCHITECTURE one OF func_ex1 IS
SIGNAL tmp : STD_LOGIC_VECTOR(7 DOWNTO 0);
    BEGIN
```

```
tmp<=max(d1,d2);                          --调用 max 函数
max_out<=max(tmp,d3);
END one;
```

例 5.8 的 RTL 综合结果与图 5.10 完全相同，即例 5.6 和例 5.8 的功能是一样的，只是分别用过程和函数来实现同一功能，仔细比较例 5.6 和例 5.8 可非常清楚地看出过程和函数在定义、调用方面存在的相似之处，以及存在的明显区别。

例 5.7 的功能也可以采用函数来实现，如例 5.9 所示。在例 5.9 中，没有用到函数首，也没有用到程序包，而是直接在结构体中定义了函数体，并直接在 PROCESS 进程中调用了该函数。当然，由于没有将该函数打包进程序包，因此该函数只能在当前的结构体中使用，要在其他程序中调用该函数，必须重新定义。

例 5.7 和例 5.9 的 RTL 综合视图相同，均如图 5.11 所示。仔细比较例 5.7 和例 5.9，可进一步体会过程和函数的区别。

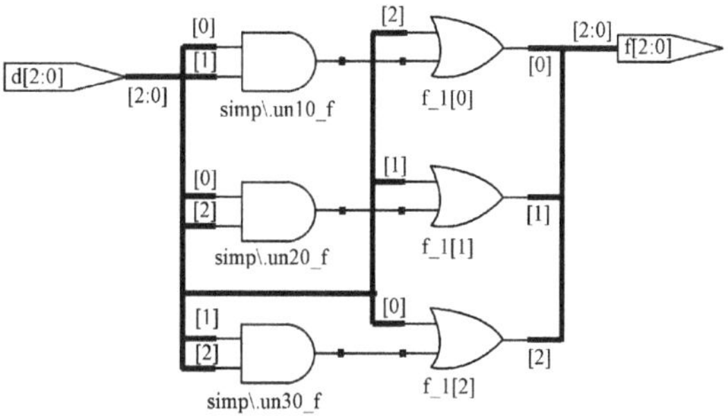

图 5.11　例 5.7 和例 5.9 综合视图

【例 5.9】　用函数实现组合逻辑举例。

```
LIBRARY  IEEE;
USE IEEE.STD_LOGIC_1164.ALL;
ENTITY func_ex2 IS
  PORT(d: IN STD_LOGIC_VECTOR(2 DOWNTO 0);
      f: OUT STD_LOGIC_VECTOR(2 DOWNTO 0));
END func_ex2;
ARCHITECTURE one OF func_ex2 IS
  FUNCTION simp(a,b,c: STD_LOGIC)
  RETURN STD_LOGIC IS
  BEGIN
  RETURN(a AND b) OR c;
  END FUNCTION simp;
BEGIN
PROCESS(d)
BEGIN
f(0)<=simp(d(0),d(1),d(2));
f(1)<=simp(d(2),d(0),d(1));
f(2)<=simp(d(1),d(2),d(0));
END PROCESS;
END one;
```

5.6　VHDL 文字规则

VHDL 的文字（Literal）主要包括标识符、数字、字符串等。

5.6.1　标识符

标识符用来命名和区分端口、信号、变量或参数等，它表现为用 26 个大写和小写的英文

字符、0～9（10 个数字）和下画线（"_"）组成的字符串。

标识符的书写有两个规范，VHDL'87 规范和 VHDL'93 规范。一般将 VHDL'87 标准中定义的标识符称为短标识符，将 VHDL'93 标准中定义的标识符称为扩展标识符。

VHDL'87 标准中，短标识符的命名必须遵循下述规则：

① 短标识符主要由英文字母、数字以及下画线组成。

② 必须以英文字母开头。

③ 不允许连续出现两个下画线。

④ 最后一个字符不能是下画线。

⑤ 短标识符中英文字母不区分大小写。

⑥ VHDL 中的保留字不能作为短标识符来使用。

比如，以下是合法的标识符：

```
counter, coder_1, data_bus, addr_bus, FIR, ram_address。
```

以下是非法的标识符：

```
_coder_1                  --起始为非英文字母
2fft                      --起始为数字
sin_#                     --符号"#"不能出现在标识符中
SELECT                    --保留字不能作为标识符
not-ack                   --符号"-"不能出现在标识符中
RST_                      --标识符的最后不能是下画线"_"
begin                     --保留字不能作为标识符
```

VHDL'93 标准中，扩展标识符的命名必须遵循下列规则：

① 扩展标识符用反斜杠来分隔，例如：\addr_bus\。

② 扩展标识符中允许包含图形符号和空格等，例如：\addr&_bus\，\addr bus\。

③ 扩展标识符的两个反斜杠之间可以用数字开头，例如：\16_addr_bus\。

④ 扩展标识符的两个反斜杠之间可以使用保留字，例如：\begin\。

⑤ 扩展标识符中允许多个下画线相连。

⑥ 同名的扩展标识符和短标识符不同，例如：\data\与 data 是不同的。

⑦ 扩展标识符区分大小写，例如：\data\与\DATA\是不同的标识符。

⑧ 若扩展标识符中含有一个反斜杠，则应该用两个相邻的反斜杠来代替。

5.6.2　数字

VHDL 中的数字主要表现为整数、实数和物理量文字三种形式。

1. 整数

没有标明进制的**整数**都认为是十进制数，数字间的下画线仅仅是为了提高文字的可读性，并不影响数值大小。例如，845_256 等于 845256，156E2 等于 15600。

用进制表示的整数则必须表示成"进制#数值#指数"的形式。#在其中起分隔作用，十进制用 10 表示，十六进制用 16 表示，八进制用 8 表示，二进制用 2 表示。数值与进制有关，指数部分用十进制表示，如果指数部分为 0，则可以省略不写。比如：

```
SIGNAL d1,d2,d3,d4 : INTEGER RANGE 0 TO 255;
d1 <=10#254#;              --十进制数 254
d2 <=16#FE#;              --十六进制数 FE，等于 254
d3 <=2#1111_1110#;        --二进制数，等于 254
d4 <=8#376#;             --八进制数，等于 254
```

2．实数

实数都是十进制的数，但必须带有小数点。例如，1.455，8.8E-2（=0.088），124_365.234_201，等等。

3．物理量文字

物理量文字如 60 s（60 秒），1 A（1 安培），100 m（100 米）等，物理量文字不能够被综合，只能用于仿真。

5.6.3　字符串

字符是用单引号括起的 ASCII 字符，可以是数值，也可以是符号或字母，例如：

```
'a','*','Z','U','0','1','-','L'
```

字符串是一维的字符数组，须放在双引号中。

字符串可分为两种，即文字字符串和数位字符串。

① 文字字符串是用双引号括起的一串文字，如：

```
"ERROR", "Both S and Q equal to 1","X","BB$CC"
```

② 数位字符串也称位串，代表一串 0、1，在表示上可用二进制、八进制或十六进制数的形式来表示，并采用不同的基数符号区分不同的进制，比如 B（二进制基数符号）、O（八进制基数符号）和 X（十六进制的基数符号）。例如：

```
d1<=B"1_1101_1011"          --二进制位串，长度为 9
d2<=O"15"                   --八进制数组，长度为 6
d3<=X"AD0"                  --十六进制数组，长度为 12
d4<=B"101_010_101"          --二进制数组，长度为 9
```

位串的长度为等值的二进制数的长度。下面是不合法的位串表示：

```
d5<="101_010_101_010"       --表达错误，缺 B 或 O、X
d6<="0AD0"                  --表达错误，缺 X
```

5.7　数 据 对 象 ●●●

VHDL 程序中凡是可以赋值的客体都称为数据对象（Data Object），VHDL 共有如下 4 种数据对象：

- 常量（CONSTANT）；
- 变量（VARIABLE）；
- 信号（SIGNAL）；
- 文件（FILES）。

其中，文件类型是 VHDL'93 标准新增加的，主要用于仿真，在需要传输大量数据时，比如输入测试激励数据和仿真输出时常用文件来实现。常数、信号和变量则是在可综合的电路设计中经常用到的。

5.7.1　常量

常量或称为常数，是定义后其值不再改变的数据对象，可在实体、结构体、程序包、子程序和进程中定义，具有全局性。

使用常量可提高程序的可读性和可维护性，可以使程序中全局参数的修改变得容易。例如，在编写 VHDL 程序时，往往会遇到程序中多处使用同一个数值的情况，此时为了方便，就可以用一个常量来代替这个特定的数值。这样做的好处是：如果需要改变数值，只需在常量定义处修改就可以了，而不需在程序中的多处进行修改。

常量在使用前必须进行说明，只有进行说明之后的常量才能在 VHDL 程序中使用。常量定义的语法结构为：

```
CONSTANT 常量名 ：数据类型 :=表达式；
```

例如：

```
CONSTANT bus_width : INTEGER:=8;
            --定义常量 bus_width，整型类型，数值为 8
CONSTANT rise_time : TIME :=10ns;
            --常量 rise_time，TIME 类型，赋初值为 10ns
CONSTANT a: BIT_VECTOR :="1010";
            --对象 a 被定义为常量，类型为位矢量 BIT_VECTOR
```

注意：常数所赋的值应和定义的数据类型一致。

下面的语句定义了一个常量 b，并为其赋初值 "0010"，这 4 条语句是等价的。

```
CONSTANT b : BIT_VECTOR(0 TO 3):="0010";
CONSTANT b : BIT_VECTOR(0 TO 3):=('0','0','1','0');
CONSTANT b : BIT_VECTOR(0 TO 3):=(0=>'0',1=>'0',2=>'1',3=>'0');
CONSTANT b : BIT_VECTOR(0 TO 3):=(2=>'1',OTHERS=>'0');
```

5.7.2　变量

变量只能在进程和子程序（函数和过程）中定义和使用，是一个局部量。在仿真过程中，它不像信号那样，到了规定的仿真时间才进行赋值，变量的赋值是立即生效的。变量的主要作用是在进程中作为临时性的数据存储单元。

变量定义的一般格式为：

```
VARIABALE  变量名：数据类型 [:= 初始值]；
```

例如：

```
VARIABLE data : BIT_VECTOR(7 DOWNTO 0);
            --变量 data 是 11 位宽的位矢量型
VARIABLE sum :INTEGER RANGE 0 TO 100: =10;
            --定义变量 sum 为整型，范围从 0 到 100，且赋初值 10
```

在变量定义语句中可以定义初始值，这是一个与变量具有相同数据类型的常数值，初始值的定义不是必需的，并且只在仿真中有效，在综合时，综合器并不支持初始值设置。

变量作为局部量，其有效范围仅限于定义了变量的进程或子程序中，另外，变量的值将随变量赋值语句先后顺序的改变而改变，因此，变量赋值语句与软件语言中的串行语句类似。

变量赋值的格式为：

```
目标变量名:= 表达式；
```

变量赋值符号是 ":="。变量数值的改变是通过变量赋值来实现的。赋值语句右方的表达式必须是一个与"目标变量名"具有相同数据类型的数值，它可以是一个运算表达式，也可以是一个数值。通过赋值操作，变量获得新的数值。例如：

```
data :="1000 1100";
sum := 21;
```

5.7.3　信号

信号常用来表示电路节点或内部连线。信号通常在结构体、程序包和实体中说明。

信号说明语句的一般格式为：

```
SIGNAL   信号名 ：数据类型 [:= 初始值]；
```

例如：

```
SIGNAL sys_busy : BIT :='1';
SIGNAL count : BIT_VECTOR(7 DOWNTO 0);
SIGNAL a: STD_LOGIC_VECTOR(7 DOWNTO 0);
SIGNAL b: STD_LOGIC_VECTOR(0 DOWNTO 7);
```

信号在说明语句中用符号 ":=" 赋初始值；在语句中用符号 "<=" 赋值，可以包含延时，比如：

```
t1<=t2 AFTER 10 ns;          --信号 t2 的值延时 10ns 之后赋给信号 t1
```

信号和变量在赋值符号、适用范围和行为特性等方面都是有明显区别的，在表 5.2 中将信号和变量做了比较。

表 5.2　信号和变量的比较

	信　号	变　量
赋值符号	<=	:=
适用范围	全局	进程或子程序内部
行为特性	在进程的最后才赋值	立即赋值
功能	节点和连线	进程中暂存数据

在进程中，信号在进程结束时赋值才起作用，而变量赋值是立即起作用的，比如：

```
p1: PROCESS(a,b,c)
BEGIN
d<= a;         --d 为信号
x<= b+d;
d<= c;
y<= b+d;
END PROCESS p1;
```

```
P2: PROCESS(a,b,c)
VARIABLE d: std_logic; --d 为变量
BEGIN  d:= a;
x<= b+d;
d:= c;
y<= b+d;
END PROCESS p2;
```

上述两个进程，如果进行仿真，会发现，进程 p1 的仿真结果为：x<=b+c, y<=b+c；而进程 p2 的仿真结果为：x<=b+a, y<=b+c。

5.7.4　文件

对文件进行说明的一般格式为：

```
FILE 文件变量: TEXT IS 方向"文件名";
```

其中的方向表示读或写，读为 "IN"，写为 "OUT"。"文件名" 所指的文件必须是 ASCII 码的文件。当读入时，此文件的扩展名必须为 ".in"，当读出时，文件的扩展名必须为 ".out"。

例：

```
FILE f:TXET IS IN "test.in";
        --f 被定义为文件，并指向文件名为 test.in 的文件
```

从文件中读出一行的格式是：

```
READLINE(文件变量,行变量);
```

例：

```
VARIABLE n : LINE;          --定义 n 为行变量（LINE）
READLINE(f,n);
    --从前面定义的文件变量 f 所指的文件（test.in）中读出一行数据，赋值给行变量 n
```

从文件中读出一行后，还可以依次读出一行中每个数据，放到指定的变量或信号中，其格式为：

```
READ(行变量,数据变量);
例:
READ(n,clk);
READ(n,dout);
```

5.8 VHDL 数据类型 ●●●

VHDL 中的信号、常量、常数等都要指定数据类型，VHDL 提供了多种标准的数据类型，为方便设计，还可以由用户自己定义数据类型。VHDL 是一种强类型语言，不同类型之间的数据不能相互传递。而且，数据类型相同，位长不同，也不能赋值。这样，VHDL 综合工具很容易找出设计中的各种错误。

VHDL 中的数据类型可以分为预定义数据类型和自定义数据类型两大类。每一大类又包括很多种数据类型，具体如下所示。

1. 预定义数据类型

(1) 标准预定义数据类型

在 STD 库 STANDARD 程序包中定义了如下 10 种数据类型，称为标准数据类型:

- 布尔数据类型（BOOLEAN）;
- 位（BIT）;
- 位矢量（BIT_VECTOR）;
- 整数（INTEGER）;
- 自然数（NATURAL），正整数（POSITIVE）;
- 实数（REAL）;
- 字符（CHARACTER）;
- 字符串（STRING）;
- 时间（TIME）;
- 错误等级（SEVERITY LEVEL）。

(2) IEEE 预定义数据类型

在 IEEE 库的 STD_LOGIC_1164 程序包中预定义了如下两种应用广泛的数据类型:

- STD_LOGIC: 标准逻辑型;
- STD_LOGIC_VECTOR: 标准逻辑矢量型。

(3) 其他预定义数据类型

在 IEEE 库的 STD_LOGIC_ARITH 程序包中扩展了如下三种数据类型，可用于数学运算:

- UNSIGNED: 无符号型;
- SIGNED: 有符号型;
- SMALL_INT: 小整型。

2. 用户自定义数据类型

- 枚举类型（ENUMERATION TYPE）;
- 数组（ARRAY TYPE）;
- 记录类型（RECODE TYPE）;
- 文件类型（FILES TYPE）。

预定义的 VHDL 数据类型是 VHDL 最常用、最基本的数据类型,这些数据类型都已在 VHDL 的标准程序包 STANDARD 和 IEEE 库的 STD_LOGIC_1164 等程序包中做了定义,可在设计中直接使用。

　　VHDL 综合器只支持部分可综合的预定义或用户自定义的数据类型，其他数据类型多数是用于系统仿真的，比如 TIME、FILE 等类型。

5.8.1　预定义数据类型

1. 标准数据类型

　　VHDL 的 STD 库中 STANDARD 程序包中定义了 10 种数据类型，称为标准数据类型，如表 5.3 所示，其中能够被综合器支持的数据类型在表中用符号"√"做了标注。这 10 种数据类型用户可以直接使用而无须事先声明。

表 5.3　VHDL 预定义数据类型

数据类型	说　　明	是否可综合
BOOLEAN	布尔类型，逻辑"真"或"假"	√
BIT	位，逻辑'0'或'1'	√
BIT_VECTOR	位矢量，多位'0'和'1'的组合	√
INTEGER	整数，32 位，–2147483647～2147483647	√
NATURAL， POSITIVE	自然数：≥0 的整数； 正整数：>0 的整数	√
REAL	实数，–1.0E+38～+1.0E+38	
CHARACTER	字符，ASCII 字符	√
STRING	字符串，ASCII 字符序列	
TIME	时间，单位为 fs，ps，ns，μs，ms，sec，min，hr	
SEVERITY LEVEL	错误等级，NOTE，WARNING，ERROR，FAILURE	

　　（1）布尔数据类型（BOOLEAN）

　　布尔类型的数据只能取逻辑"真"和"假"（TRUE 和 FALSE）。综合时，综合工具将 FALSE 译为 0，将 TRUE 译为 1。布尔量不属于数值，不能用于运算，它只能通过关系运算获得。在 STD 库的 STANDARD 程序包中是如下定义布尔数据类型的：

```
type BOOLEAN is(FALSE,TRUE);
```

　　（2）位（BIT）

　　位数据类型取值只能是"0"或者"1"。位与整数中的"0"和"1"不同，前者是逻辑值，后者是整数值。位数据类型可以用来描述数字系统中的总线的值，当然也可以用转换函数进行转换。在 STANDARD 程序包中是如下定义 BIT 数据类型的。

```
type BIT is('0','1');
```

　　（3）位矢量（BIT_VECTOR）

　　位矢量是用双引号括起来的一组位数据。例如："101100"，使用位矢量时必须注明位宽。

　　（4）整数（INTEGER）

　　INTEGER 类型的数代表正整数、负整数和零。在 VHDL 中，整数一般用 32 位有符号的二进制数表示（取值范围为–2147483647～+2147483647），实际应用中，VHDL 综合器一般将整数作为无符号数处理，并且要求用 RANGE 语句限定整数的取值范围，然后根据所限定的范围来决定表示此信号或变量的二进制位数，比如：

```
PORT(a: IN INTEGER RANGE 0 TO 9);        --综合后，a 用 4 位二进制数表示
     b : OUT INTEGER RANGE 31 DOWNTO 0   --综合后，b 用 5 位二进制数表示
```

　　也可以采用将整数定义为自定义类型，以限定其取值范围，比如：

```
TYPE digit IS INTEGER RANGE 0 TO 9;      --digit 为自定义整数型,
                                         --综合后用 4 位宽度的二进制码表示
```

VHDL 仿真器通常将 INTEGER 类型作为有符号数处理。

INTEGER 类型可以使用预定义的运算符,如加"+"、减"−"、乘"*"、除"/"等进行算术运算。

（5）自然数（NATURAL），正整数（POSITIVE）

这两类数据是整数的子类,自然数表示大于等于零的整数,类型只能取 0 及正整数。

（6）实数（REAL）

VHDL 的实数类型也类似于数学上的实数,或称浮点数。实数取值范围为−1.0E38～+1.0E38。通常情况下,实数类型仅能在 VHDL 仿真器中使用,VHDL 综合器不支持实数,因为直接的实数类型的表达和实现相当复杂,目前在电路规模上难以承受。

实数有正负数之分,书写时一定要带小数点。例如：−1.0、+2.5、−1.0E38。

（7）字符（CHARACTER）

字符是用单引号括起来的字母或符号,字符可以是 A～Z 中任一个字母,0～9 中的任一个数字以及空白符或者特殊字符,如\$、@、%等。

字符区分大小写,'A'、'a'、'B'、'b'都是不同的字符。程序包 STANDARD 中给出了预定义的 128 个 ASCII 字符类型,不能打印的用标识符给出。字符 '1' 与整数 1 和实数 1.0 都是不相同的。

（8）字符串（STRING）

字符串是由双引号括起来的一个字符序列。例如："COUNTER"、"8bit_bus"等。字符串常用于程序的提示和说明。

（9）时间（TIME）

TIME 型数据主要用于表示系统仿真时信号的延时。完整的时间数据应包含整数和单位两部分,而且整数和单位之间应至少留一个空格的位置。在 STD 库的 STANDARD 程序包中是如下定义 TIME 数据类型的。

```
TYPE time IS RANGE -2147483647 TO 2147483647
    UNITS
        fs;                     --飞秒, 最小时间单位
        ps =1000 fs;            --皮秒
        ns =1000 ps;            --纳秒
        us =1000 ns;            --微秒
        ms =1000 us;            --毫秒
        sec =1000 ms;           --秒
        min =60 sec;            --分
        hr =60 min;             --时
    END UNITS;
```

（10）错误等级（SEVERITY LEVEL）

错误等级类型数据用来表示仿真中出现的错误等级,分 4 级：NOTE（注意）、WARNING（警告）、ERROR（出错）、FAILURE（失败）,便于调试者了解系统仿真情况。在 STANDARD 程序包中是如下定义错误等级的：

```
type SEVERITY_LEVEL is(NOTE, WARNING, ERROR, FAILURE);
```

以上 10 种数据类型的定义可参见附录 B 有关 STD 库 STANDARD 程序包的具体内容。

2．IEEE 预定义数据类型

IEEE 库的 STD_LOGIC_1164 程序包中还定义了两种应用非常广泛的数据类型。

① STD_LOGIC：标准逻辑型。

② STD_LOGIC_VECTOR：标准逻辑矢量型，是多个 STD_LOGIC 型信号的组合。

STD_LOGIC 数据类型在 STD_LOGIC_1164 程序包中是如下定义的：

```
TYPE STD_LOGIC IS
            (   'U',             --Uninialized; 初始值
                'X',             --Forcing unknown; 不定态
                '0',             --Forcing 0; 逻辑 0
                '1',             --Forcing 1; 逻辑 1
                'Z',             --High Impedance; 高阻态
                'W',             --Weak Unknown; 弱信号不定
                'L',             --Weak 0; 弱信号 0
                'H',             --Weak 1; 弱信号 1
                '-',             --Don't care; 不可能情况);
```

所以，STD_LOGIC 是具有'U'、'X'、'0'、'1'、'Z'、'W'、'L'、'H'、'—'9 个数值状态的数据类型，比只能取值为 0 和 1 的 BIT 数据类型功能更强。但通常，只有'0'、'1'、'Z'和'—'4 种数值状态能够被 EDA 综合器支持，并生成相应的物理电路结构，'X'状态主要用于仿真。

注意：虽然 VHDL 语言不区分大小写，但在这里，'X'、'Z'等却不能写为小写'x'、'z'的形式，因为这里的九值逻辑系统是 STD_LOGIC_1164 程序包特殊定义的一种数据类型。

STD_LOGIC 和 STD_LOGIC_VECTOR 两种数据类型在使用时必须在程序开始处，用库和程序包声明语句加以说明。

3．其他预定义数据类型

在 IEEE 库的 STD_LOGIC_ARITH 程序包中扩展了 UNSIGNED（无符号型）、SIGNED（有符号型）和 SMALL_INT（小整型）三种数据类型，下面对 UNSIGNED 和 SIGNED 两种常用于可综合的数学运算程序的数据类型做介绍。

（1）UNSIGNED：无符号型

下面的语句将信号 a 和信号 b 定义为 UNSIGNED 类型。

```
SIGNAL a: UNSIGNED(0 TO 7);
SIGNAL b: UNSIGNED(1 TO 4);
```

在综合器综合时，信号 a，b 被编译为一个二进制数，并且最左边是其最高位，比如在上例中，a(0)是数据 a 的最高位；b(1)是数据 b 的最高位。

（2）SIGNED：有符号型

SIGNED 用来表示带符号位的数据，综合器综合时，SIGNED 型数据被解释为补码，其最高位是符号位。比如：SIGNED'("0101")表示+5；SIGNED'("1011")表示–5。

```
SIGNAL a: SIGNED(0 TO 7);          --a(0)是符号位
```

上面介绍了 VHDL 标准数据类型和 IEEE 预定义数据类型，用户在编程时可以直接引用 10 种标准数据类型，而无须做任何声明；如果需要使用 IEEE 预定义数据类型则应显式地声明调用其所在的库和程序包；如果要使用标准数据类型和预定义数据类型之外的其他数据类型，则必须进行自定义。

5.8.2　用户自定义数据类型

VHDL 允许用户自己定义新的数据类型，其定义格式为：

```
TYPE 数据类型名 IS 数据类型定义;
```

用户定义的数据类型有枚举型、整数型、实数型、数组型、存取型、文件型和记录型等，这些数据类型有些是 VHDL 标准数据类型和 IEEE 预定义数据类型中已有的，可以认为是这些数据类型加了一定约束范围的子类型（如用户自定义整数型、实数型）；有些数据类型则是全新的。

1. 枚举类型（ENUMERATION TYPE）

枚举类型数据的定义格式为：

```
TYPE 数据类型名 IS(元素,元素,…);
```

比如：

```
TYPE week IS(sum,mon,tue,wed,thu,fri,sat);
```

上面的语句定义了一个叫 week 的数据类型，包括 7 个元素。枚举类型经常用在状态机设计中，可将表示状态变量的数据类型定义为枚举类型，这样综合器在综合时，会自动为状态进行编码，多数综合工具都支持枚举类型。

枚举类型应用非常广泛，在程序包 STD_LOGIC 和 STD_LOGIC_1164 中也有此类数据的定义，比如 STD_LOGIC 数据类型在 STD_LOGIC_1164 程序包中的定义为：

```
TYPE STD_LOGIC IS('U','X','0','1','Z','W','L','H','-');
```

又如：

```
TYPE BIT IS('0','1');
TYPE BOOLEAN IS(FLASE,TRUE);
```

2. 数组（ARRAY TYPE）

数组类型属复合类型，是将一组具有相同数据类型的元素集合在一起，作为一个数据对象来处理的数据类型。数组可以是一维（每个元素只有一个下标）数组或多维数组（每个元素有多个下标）。VHDL 综合器只支持一维数组，仿真器可支持多维数组。

数组的元素可以是任何一种数据类型，用来定义数组元素的下标范围的子句决定了数组中元素的个数，以及元素的排序方向。即下标数是由低到高，还是由高到低的。如子句"0 TO 7"是由低到高排序的 8 个元素；"15 DOWNTO 0"是由高到低排序的 16 个元素。

数组定义的书写格式为：

```
TYPE  数据类型名 IS  ARRAY （范围） OF 数组元素类型;
```

比如：

```
TYPE word8 IS ARRAY(1 TO 8) OF BIT;
TYPE word8 IS ARRAY(INTEGER RANGE 1 TO 8) OF BIT;
TYPE word8 IS ARRAY(INTEGER RANGE < >) OF STD_LOGIC;     --无界数组
TYPE RAM IS ARRAY(1 TO 8,1 TO 10) OF BIT;                --二维数组
TYPE instruction IS(add,sub,inc,dec,srl,srf,mov,xfr);
TYPE insflag IS ARRAY(instruction add TO srf) OF STD_LOGIC;
```

STD_LOGIC_VECTOR 也属于数组类型，它在程序包 STD_LOGIC_1164 中定义如下：

```
TYPE  STD_LOGIC_VECTOR IS ARRAY(NATURAL RANGE < >) OF STD_LOGIC;
```

此处范围由"RANGE< >"给出，如果没有给出范围，则范围由信号说明语句等确定。

例如：

```
SIGNAL a: STD_LOGIC_VECTOR(3 DOWNTO 0);
```

数组在定义总线及 ROM，RAM 等模型中经常使用。在函数和过程语句中，若使用无限制范围的数组，其范围一般由调用者所传递的参数来确定。

多维数组需要用两个以上的范围来描述，多维数组仅用于仿真，而不能用于逻辑综合。

3. 记录类型（RECODE TYPE）

数组是同一类型数据集合起来形成的，而记录则是将不同类型的数据和数据名组织在一起形成的新客体。记录数据类型的定义格式为：

```
TYPE 数据类型名 IS RECORD
    元素名：数据类型名；
    元素名：数据类型名；
    …
END RECORD;
```

例：

```
TYPE bank IS RECORD
    addr0 : STD_LOGIC_VECTOR(7 DOWNTO 0);
    addr1 : STD_LOGIC_VECTOR(7 DOWNTO 0);
    data : INTEGER;
    inst : instruction;
END RECORD;
```

从记录中提取元素数据类型时应使用"."。

4. 文件类型（FILES TYPE）

文件类型是在系统环境中定义为代表文件的一类客体，其说明格式为：

```
TYPE 文件类型名 IS FILE 限制;
```

例如：

```
TYPE text IS FILE OF STRING;
```

在 TEXTIO 程序包中有两个预定义的标准文本文件：

```
FILE input: text OPEN read_mode IS "STD_INPUT";
FILE output: text OPEN write_mode IS "STD_OUTPUT";
```

5. 用户自定义的整数类型、实数类型

整数类型在 VHDL 标准数据类型中已存在，这里所说的是用户自定义的整数类型，可认为是整数的一个子类型，即加了一定约束范围的整数类型，其定义格式为：

```
TYPE 数据类型名 IS 数据类型定义 约束范围;
```

用户自定义整数类型，如果其约束范围是大于等于 0，则其综合后以相应宽度的二进制码表示；如果其约束范围有负数，则其综合后以相应宽度的二进制补码表示。比如：

```
TYPE digit1 IS INTEGER RANGE 0 TO 10;          --综合为 4 位宽度的二进制码
TYPE digit2 IS INTEGER RANGE 0 TO 100;         --综合为 7 位宽度的二进制码
TYPE digit3 IS INTEGER RANGE 100 DOWNTO 1;     --综合为 7 位宽度的二进制码
TYPE digit4 IS INTEGER RANGE —1 TO 100;        --综合为 8 位宽度的二进制补码
```

同样用户也可以自定义实数类型，例如：

```
TYPE re1 IS REAL RANGE -1E4 TO 1E4;
TYPE re2 REAL RANGE 2.0 TO 30.0                --实数取值范围 2.0～30.0
```

6. 用户自定义的子类型

用户定义的子类型是用户对已定义的数据类型做一些范围限制而形成的一种新的数据类型。子类型定义的一般格式为：

```
SUBTYPE 子类型名 IS 数据类型名 [范围];
```

例如，在"STD_LOGIC_VECTOR"基础上所形成的子类：

```
SUBTYPE iobus IS STD_LOGIC_VECTOR(7 DOWNTO 0);
```

```
SUBTYPE digit IS INTEGER RANGE  0 TO 9;
```

子类型可以对原数据类型指定范围而形成，也可以完全和原数据类型范围一致。例如：

```
SUBTYPE abus IS STD_LOGIC_VECTOR(7 DOWNTO 0);
SIGNAL c:abus;
```

子类型还常用于存储器阵列等数组的描述，新构造的数据类型及子类型通常在程序包中定义，再由 USE 语句装载到设计程序中。

在下面的计数器例子中，定义了整数子类型用于设计，图 5.12 是该例的 RTL 级综合视图。

【例 5.10】　用数据子类型设计计数器。

```
PACKAGE mytype IS
  SUBTYPE short_int IS INTEGER RANGE 15 DOWNTO 0;  --用户定义数据子类型
END mytype;
USE work.mytype.all;
ENTITY count_subtype IS
PORT(clk : IN BIT;
       q : INOUT short_int);
END ENTITY count_subtype;
ARCHITECTURE behav OF count_subtype IS
BEGIN
PROCESS(clk)
BEGIN
    IF clk'event AND clk='0' THEN  q<=q+1;
    END IF;
END PROCESS;
END behav;
```

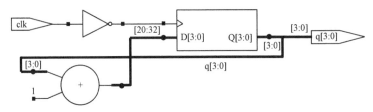

图 5.12　例 5.10 的 RTL 级综合视图

5.8.3　数据类型的转换

在 VHDL 语言中，数据类型的定义是很严格的，不同类型的数据间不能进行运算或者赋值，当常量、变量和信号之间进行运算或赋值操作时，必须要保证数据类型的一致性，否则仿真和综合过程中 EDA 工具会报错。在设计中，如需要对数据类型进行转换，可通过下面两种方法实现，分别是类型标识符转换和函数转换。

1. 类型标识符转换

所谓类型标识符转换实际上就是利用数据类型的名称来进行类型的转换，这种方法通常只适用于那些关系比较密切的数据类型之间的转换。

例如，整数和实数之间的数据类型转换：

```
SIGNAL m : INTEGER;
SIGNAL n : REAL;
m<=INTEGER(n);
n<=REAL(m);
```

注：上面实数转换成整数时会发生"四舍五入"现象。不难看出，采用类型标识符转换方法简单易行，但这种方法只适用于那些关系密切的数据类型间的转换。

2. 用函数转换

用函数转换，就是利用一些特殊的转换函数实现数据类型之间的转换。在 STD_LOGIC_1164、STD_LOGIC_ARITH 和 STD_LOGIC_UNSIGNED 程序包中提供了一些现成的转换函数，用户可直接调用这些函数来完成数据类型的转换。表 5.4 中列举了上述程序包中常用的数据类型转换函数。

表 5.4　数据类型转换函数

所在程序包	转换函数名	功　　能
STD_LOGIC_1164	TO_STDLOGIC(a)	将 BIT 转换成 STD_LOGIC
	TO_STDLOGICVECTOR(a)	将 BIT_VECTOR 转换为 STD_LOGIC_VECTOR
	TO_BIT(a)	将 STD_LOGIC 转换成 BIT
	TO_BITVECTOR(a)	将 STD_LOGIC_VECTOR 转换为 BIT_VECTOR
STD_LOGIC_ARITH	CONV_STD_LOGIC_VECTOR(a, 位长)	将 INTEGER 类型转换成 STD_LOGIC_VECTOR 类型
STD_LOGIC_UNSIGNED	CONV_INTEGER(a)	将 STD_LOGIC_VECTOR 转换成 INTEGER

注：在调用程序包中的转换函数前，必须加上使用程序包的声明语句。用户也可以自己编写转换函数。

例 5.11 中调用了 CONV_INTEGER 函数，将 a 和 b 的数据类型从 STD_LOGIC_VECTOR 转换为 INTEGER 类型，需注意的是声明语句 "USE IEEE.STD_LOGIC_UNSIGNED.ALL;" 不能去掉。

【例 5.11】　调用 CONV_INTEGER 函数实现从 STD_LOGIC_VECTOR 到整数的转换。

```
LIBRARY ieee;
USE ieee.std_logic_1164.all;
USE IEEE.STD_LOGIC_UNSIGNED.ALL;      --调用程序包
ENTITY add8_conv IS
    PORT(a,b: IN STD_LOGIC_VECTOR(7 downto 0);
         sum: OUT INTEGER);
END add8_conv;
ARCHITECTURE one OF add8_conv IS
BEGIN
    sum <=CONV_INTEGER(a+b);          --调用 CONV_INTEGER 函数
END one;
```

下面是 STD_LOGIC_1164 程序包中对 To_bitvector 转换函数的定义。

```
FUNCTION To_bitvector(s : std_logic_vector;
                 xmap : BIT :='0')
RETURN BIT_VECTOR;
```

转换函数 To_bitvector 的函数体则是按如下定义的。

```
FUNCTION To_bitvector(s : std_logic_vector;
                 xmap : BIT:='0' )
     RETURN BIT_VECTOR IS
   ALIAS sv : std_logic_vector(s'LENGTH-1 DOWNTO 0 ) IS s;
   VARIABLE result : BIT_VECTOR(s'LENGTH-1 DOWNTO 0);
```

```
BEGIN
    FOR i IN result'RANGE LOOP
        CASE sv(i) IS
            WHEN '0'|'L' => result(i):='0';
            WHEN '1'|'H' => result(i):='1';
            WHEN OTHERS => result(i):=xmap;
        END CASE;
    END LOOP;
    RETURN result;
END;
```

5.9 VHDL 运算符 ●●●

运算符（Operators）是 VHDL 表达式中必不可少的元素，VHDL 有 4 类运算符，分别是逻辑运算符（Logical Operators）、关系运算符（Relational Operators）、算术运算符（Arithmetic Operators）和并置运算符（Concatenation Operators），可分别进行逻辑运算、关系运算和算术运算等操作。

5.9.1 逻辑运算符

VHDL 提供了 7 种逻辑运算符：NOT——取反、AND——与、OR——或、NAND——与非、NOR——或非、XOR——异或和 XNOR——同或。

使用逻辑运算符时应注意：

① 逻辑运算符适用的数据类型有 BOOLEAN、BIT、BIT_VECTOR、STD_LOGIC 和 STD_LOGIC_VECTOR 等。

② 逻辑运算符左右两边操作数的数据类型必须相同。

③ 对于数组的逻辑运算来说，要求数组的维数必须相同，其结果也是相同维数的数组。

④ 逻辑运算符中，NOT 的优先级最高，其余 6 种逻辑运算符的优先级相同；当表达式中有多个逻辑运算符时，建议使用括号控制逻辑运算的次序和优先级，防止出现综合错误。

【例 5.12】 逻辑运算符的使用。

```
ENTITY men IS
PORT(a,b,c,d: IN BIT; f: OUT BIT);
END ENTITY men;
ARCHITECTURE one OF men IS
BEGIN
f <=a AND b OR NOT c AND d;      --该语句不可综合
END ARCHITECTURE one;
```

上面的程序在综合时会报错，原因是综合工具不知道从何处着手进行逻辑运算，对于这种情况，可采用加括号的方法来控制逻辑运算的优先级，以确定表达式的运算次序，上面的语句可改为：

```
f <=(a AND b) OR (NOT c AND d);
```

5.9.2 关系运算符

VHDL 提供了 6 种关系运算符，如表 5.5 所示。

表 5.5　VHDL 的关系运算符

关系运算符	适用的数据类型
＝（等于）	可以适用所有数据类型
/＝（不等于）	
＞（大于）	适用 INTEGER 型； 在程序包 STD_LOGIC_UNSIGNED 中将其扩展，可适用于 STD_LOGIC、 STD_LOGIC_VECTOR 型
＜（小于）	
＞＝（大于等于）	
＜＝（小于等于）	

使用关系运算符时应注意：

① 关系运算符为二元运算符，要求运算符左右两边数据的类型必须相同，运算结果为 BOOLEAN 型数据（即结果只能为 TRUE 或 FALSE）。

② 不同的关系运算符对其左右两边操作数的数据类型有不同要求。其中，等于（＝）和不等于（/＝）可以适用所有类型的数据，只有当两个数据 a 和 b 的数据类型相同，其数值也相等时，"a＝b" 的运算结果才为 TRUE，"a/＝b" 的运算结果为 FALSE。

其他 4 种关系运算符（＜，＜＝，＞，＞＝）在程序包 STD_LOGIC_UNSIGNED 中做了功能扩展，使其不仅适用于整型（INTEGER）数据，也适用于 STD_LOGIC 和 STD_LOGIC_ VECTOR 型数据。

③ 在利用关系运算符对 STD_LOGIC_VECTOR 型数据进行比较时，比较过程是从最左边的位开始，从左至右按位进行比较。在位长不同的情况下，只能以从左至右的比较结果作为关系运算的结果。例如：

```
SIGNAL a :STD_LOGIC_VECTOR(3 DOWNTO 0);
SIGNAL b :STD_LOGIC_VECTOR(2 DOWNTO 0);
a <="1010";  b <="111";
IF(a>b)  THEN
```

上面 a 和 b 比较的结果是 b 比 a 大，因为位矢量是自左至右按位比较的，由于 "111"＞"101"，因此比较的结果是 b 大于 a。

5.9.3　算术运算符

VHDL 提供了 16 种算术运算符，如表 5.6 所示，对这 16 种算术运算符做了分类和说明。其中能够被综合器支持的算术运算符在表中用符号 "√" 做了标注。

表 5.6　VHDL 的 16 种算术运算符

分　类	算术运算符	适用的数据类型	可综合性说明
算术运算	＋（加）	适用 INTEGER, UNSIGNED, SIGNED 型； 在程序包 STD_LOGIC_UNSIGNED 中将其扩展，可适用于 STD_LOGIC_VECTOR 型	√
	－（减）		
	＊（乘）	适用 INTEGER＊INTEGER； 在程序包 STD_LOGIC_UNSIGNED 中扩展至 STD_LOGIC_VECTOR＊STD_LOGIC_VECTOR	√
	/（除）	适用 INTEGER 型	除数是 2^N 时可综合
其他运算	MOD（求模）	INTEGER 型	
	REM（取余）		

分　类	算术运算符	适用的数据类型	可综合性说明
	** (乘方)	左操作数可以是整数或是实数, 但是右操作数必须是整数	
	ABS (取绝对值)	INTEGER 型	
符号运算符	+ (正号)	INTEGER 型	
	– (负号)		
移位运算符	SLL (逻辑左移)	左操作数应是一维数组, 数组中元素必须是 BIT 或 BOOLEAN 型数据, 移位的位数应是 INTEGER 整数	√
	SRL (逻辑右移)		
	SLA (算术左移)		
	SRA (算术右移)		
	ROL (逻辑循环左移)		
	ROR (逻辑循环右移)		

使用算术运算符时应注意:

① + (加)、– (减) 是最常用的算术运算符, 适用于 INTEGER、UNSIGNED 和 SIGNED 型数据; 在程序包 STD_LOGIC_UNSIGNED 和 STD_LOGIC_SIGNED 中对+ (加)、– (减) 的功能做了扩展, 使其可适用于 STD_LOGIC_VECTOR 型数据。

② * (乘) 运算的适用数据类型是 INTEGER, 即 INTEGER*INTEGER; 在程序包 STD_LOGIC_UNSIGNED 中将 * 扩展至 STD_LOGIC_VECTOR 型数据, 可实现 STD_LOGIC_VECTOR*STD_LOGIC_VECTOR 的乘法运算。在可综合的设计中, 使用乘法运算符 "*" 时应慎重, 特别是当操作数位较长时, 因为综合后耗用的逻辑门数量会很大。

③ / (除) 运算的适用数据类型是 INTEGER, 除法运算只有当除数是 2^N 时才可综合。

④ MOD (取模)、REM (取余)、** (乘方) 和 ABS (取绝对值) 等运算符适用于整数类型, 一般都不可综合, 即使有的综合器支持, 也对操作数做了很多限制, 其实用价值并不大。

⑤ 六种移位运算符都是 VHDL'93 标准新增加, 有的综合器尚不支持此类操作。VHDL'93 标准规定移位运算符作用的操作数的数据类型应是一维数组, 并要求数组中的元素必须是 BIT 或 BOOLEAN 型数据, 移位的位数应是整数。

SLL 是将 BIT_VECTOR 型数据向左移, 右边用零补位; SRL 的功能恰好与 SLL 相反; SLA 和 SRA 是算术移位运算符, 其移出的空位用最初的首位来填补; ROL 和 ROR 的移位方式是循环移位。

5.9.4　并置运算符

&——并置运算符, 用来将两个或多个位或位矢量拼接成维数更大的矢量。

用并置运算符进行拼接的方式很多, 可以将两个或多个位拼接起来形成一个位矢量, 也可以将两个或多个矢量拼接起来以形成一个新的维数更大的矢量。例如:

```
SIGNAL a,b : STD_LOGIC;
SIGNAL c : STD_LOGIC_VECTOR(1 DOWNTO 0);
SIGNAL d : STD_LOGIC_VECTOR(3 DOWNTO 0);
SIGNAL e : STD_LOGIC_VECTOR(4 DOWNTO 0);
SIGNAL f : STD_LOGIC_VECTOR(5 DOWNTO 0);
c <= a & b;              --两个位拼接
e <= a & d;              --位和位矢量拼接
f <= c & d;              --位矢量和位矢量拼接
```

可用并置运算符将多个信号合并在一起, 比如:

```
SIGNAL  a,b,c,d : STD_LOGIC;
```

```
SIGNAL  q : STD_LOGIC_VECTOR(4 DOWNTO 0);
q <= a & b & c & d & a;
```

上面 q 的表达式也可以写成如下的形式，这几种表达方式是等价的。

```
q <=(a,b,c,d,a);
q <=(4=>a,3=>b,2=>c,1=>d,0=>a);
q <=(3=>b,2=>c,1=>d,OTHERS=>a);
```

5.9.5　运算符重载

所谓的运算符重载，是指对已存在的运算符重新定义，对其功能进行扩展，使其能适用于更多种数据类型。

VHDL 是强类型语言，VHDL 的运算符都只适用于特定的数据类型，比如：算术运算符+（加）、−（减）等仅对 INTEGER 型数据有效；逻辑运算符 AND、OR、NOT 等仅对 BIT、BIT_VECTOR 等类型有效。如果要使这些运算符能适用于其他更多种数据类型，则必须对运算符的功能进行重定义，即对其进行重载。

重 载 运 算 符 的 定 义 主 要 在 IEEE 库 的 程 序 包 STD_LOGIC_UNSIGNED、STD_LOGIC_ARITH、STD_LOGIC_SIGNED 中，比如在 STD_LOGIC_UNSIGNED 程序包中，对运算符+（加）、−（减）、*（乘）、=（等于）、/=（不等于）、AND（与）等的适用数据类型扩展到了 INTEGER、STD_LOGIC、STD_LOGIC_VECTOR 等。在这些程序包中，定义重载运算符功能的函数称为重载函数。打开这些程序包可发现，重载函数实际上是由原运算符加双引号作为函数名的，如"+""−"。

对运算符重载时，只需要在程序前声明调用对应的程序包即可。比如在下面的 4 位减法器例子中，本来算术运算符−（减）仅对 INTEGER 型数据有效，现在要使其能适用于标准逻辑矢量型（STD_LOGIC_VECTOR）数据的相减运算，需要使用运算符重载，只需在程序前打开 IEEE 的 STD_LOGIC_UNSIGNED 程序包即可。例 5.13 的 RTL 综合视图见图 5.13，从图中可见减法器仍然是用加法器实现的，只不过将减数做了取反运算。

【例 5.13】　4 位减法器。

```
LIBRARY IEEE;
USE IEEE.STD_LOGIC_1164.ALL;
USE IEEE.STD_LOGIC_UNSIGNED.ALL;                --声明使用程序包
ENTITY sub IS
  PORT(a ,b : IN STD_LOGIC_VECTOR(3 DOWNTO 0);  --被减数和减数
     result: OUT STD_LOGIC_VECTOR(3 DOWNTO 0);
     cout  : OUT STD_LOGIC);                    --借位
END ENTITY sub;
ARCHITECTURE one OF sub IS
  SIGNAL temp : STD_LOGIC_VECTOR(4 DOWNTO 0);
BEGIN
    temp<=('0'&a)-b;                            --相减，运算符重载
    result<=temp(3 DOWNTO 0);
    cout<=temp(4);
END one;
```

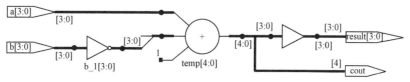

图 5.13　4 位减法器 RTL 综合视图

习　题　5

5.1　VHDL 程序的基本结构分成几个部分？试简要说明每一部分的功能和格式。

5.2　说明端口模式 INOUT 和 BUFFER 的异同点。

5.3　写出 74151 数据选择器的实体部分。

5.4　写出 74138 译码器的实体部分。

5.5　写出 7490 计数器的实体部分。

5.6　写出 74194 双向移位寄存器的实体部分。

5.7　数据类型 BIT、INTEGER 和 BOOLEAN 分别定义在哪个库中？哪些库和程序包总是可见的？

5.8　STD_LOGIC_1164 库里具体定义了什么内容？

5.9　判断下列 VHDL 标识符是否合法，如果有错则指出原因：

（1）16#0FA#　　　（2）10#12F#　　　（3）8#789#　　　（4）8#356#

（5）74HC245　　　（6）\74HC574\　　　（7）CLR/RESET　　（8）D100%

5.10　在 STRING、TIME、REAL、BIT 数据类型中，VHDL 综合器支持哪些了类型？

5.11　表达式 C<=A+B 中，A、B 的数据类型都是 INTEGER，C 的数据类型是 STD_LOGIC，是否能直接进行加法运算，说明原因和解释方法。

5.12　表达式 C<=A+B 中，A、B、C 的数据类型都是 STD_LOGIC_VECTOR，是否能直接进行加法运算，说明原因和解释方法。

5.13　信号赋值时，不同位宽的信号能否相互赋值。

5.14　什么是运算符重载，重载函数有何用处。

5.15　解释 BIT 类型与 STD_LOGIC 类型的区别。如果定义三态门的输出，能否定义为 BIT 型。

5.16　试用算术运算符实现 4 位二进制乘法器，编写出完整的 VHDL 程序。

5.17　VHDL 中有哪 4 种数据对象，举例说明数据对象与数据类型的关系。

第 |6| 章

VHDL 基本语句

VHDL 的语句分为并行语句（Concurrent Statements）和顺序语句（Sequential Statements）。顺序语句总是处于进程（PROCESS）、函数和过程内部，并且从仿真角度来看是顺序执行的，其执行顺序与书写顺序有关，如 IF、CASE 语句；并行语句在结构体中的执行是同时执行的，其执行顺序与书写顺序无关，如 WHEN ELSE 语句。

6.1 顺序语句 ●●●

顺序语句的执行顺序与书写顺序一致，与软件编程语言的特点相似。顺序语句只能用于进程和子程序中，其中子程序包括函数（FUNCTION）和过程（PROCEDURE）。常用的顺序描述语句有：赋值语句、IF 语句、CASE 语句、LOOP 语句、NEXT 语句、EXIT 语句、子程序调用语句、RETURN 语句、WAIT 语句和 NULL 语句。

6.1.1 赋值语句

赋值语句根据其应用的场合可分为两种类型：一种是应用于进程和子程序内部的赋值语句，这时它是一种顺序语句，称为顺序赋值语句；另一种是应用于进程和子程序外部的信号赋值语句，这时它是一种并行语句，因此称为并行信号赋值语句。

顺序赋值语句也有两种，即信号赋值语句和变量赋值语句。其赋值格式分别为：

```
信号赋值目标 <= 赋值源；         --信号赋值语句
变量赋值目标 := 赋值源；         --变量赋值语句
```

每种赋值语句都由三个部分组成，即赋值目标、赋值符号和赋值源。

赋值目标是赋值的受体，它的基本元素只能是信号或变量，但表现形式可以有多种，如文字、标识符、数组等。

信号赋值用符号 "<="，变量赋值用符号 ":="。

赋值源是赋值的主体，它可以是一个数值，也可以是一个逻辑或运算表达式。

VHDL 规定，赋值目标和赋值源的数据类型必须严格一致。变量赋值与信号赋值的区别在于，变量具有局部特征，它的有效性只局限于所定义的进程或子程序中，是一个暂时的数据对象，赋予它的值会立即发生（假设进程已经启动）；信号则不同，信号具有全局性特征。它不但可以作为一个设计实体内部各单元之间数据传送的载体，而且可通过它与其他设计实体进行通信。

6.1.2　IF 语句

与其他软件编程语言（如 C 语言）相类似，VHDL 中的 IF 语句也是一种具有条件控制功能的语句，它根据给出的条件来决定需要执行程序中的哪些语句。

根据语句所设条件，IF 语句有选择地执行指定的语句，IF 语句的格式有如下 4 种。

1．非完整性 IF 语句

此 IF 语句的格式如下所示：

```
IF 条件 THEN
    顺序语句;
END IF;
```

当程序执行到 IF 语句时，如果 IF 语句中的条件成立，程序执行 THEN 后面的顺序语句；否则程序将跳出 IF 语句，转而去执行其他语句。实际上，这种形式的 IF 语句是一种非完整 IF 语句。

在描述基本 D 触发器时可采用非完整性 IF 语句。

【例 6.1】　用非完整性 IF 语句描述的基本 D 触发器。

```
ENTITY dffv IS
  PORT(d,clk: IN BIT;  q: OUT BIT);
END dffv;
ARCHITECTURE behav OF dffv IS
BEGIN
  PROCESS(clk)
  BEGIN
    IF clk'EVENT AND clk='1' THEN  q<=d;    --if 语句
    END IF;
  END PROCESS;
END behav;
```

可认为在上面的程序中省略了语句 "ELSE q<=q;"。

例 6.2 是用 IF 语句描述的由 4 个 D 触发器构成的 4 位右移寄存器，每来一个时钟信号，数据右移 1 位，其综合结果如图 6.1 所示。

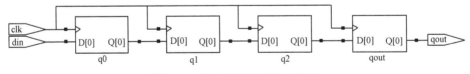

图 6.1　4 位右移寄存器综合结果

【例 6.2】　用 IF 语句描述的 4 位右移寄存器。

```
LIBRARY IEEE;
USE IEEE.STD_LOGIC_1164.ALL;
ENTITY shift4 IS
    PORT(clk,din: IN STD_LOGIC;
        qout: OUT STD_LOGIC);
END;
ARCHITECTURE one OF shift4 IS
SIGNAL q0,q1,q2 : STD_LOGIC;
```

```
BEGIN  PROCESS(clk)
  BEGIN
    IF clk'EVENT AND clk='1' THEN
      q0<=din;    q1<=q0;
      q2<=q1;     qout<=q2;
    END IF;
  END PROCESS;
END;
```

2. 二重选择的 IF 语句

二重选择的 IF 语句格式如下：

```
IF 条件  THEN
    顺序语句 1;
ELSE
    顺序语句 2;
END IF;
```

首先判断条件是否成立，如果 IF 语句中的条件成立，那么程序会执行顺序语句 1；否则程序执行顺序语句 2。

比如，下面是用两重选择的 IF 语句描述的三态非门，其对应的电路如图 6.2 所示。

【例 6.3】 两重选择 IF 语句描述的三态非门。

```
LIBRARY IEEE;
USE IEEE.STD_LOGIC_1164.ALL;
ENTITY tri_not IS
  PORT(x,oe: IN STD_LOGIC;
       y: OUT STD_LOGIC);
END tri_not;
ARCHITECTURE behav OF tri_not IS
BEGIN  PROCESS(x,oe)
  BEGIN
    IF oe='0' THEN y <=NOT x;        --两重选择 if 语句
        ELSE y<='Z';                 --高阻符号 "Z" 要大写
    END IF;
END PROCESS;
END behav;
```

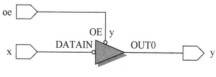

图 6.2　三态非门

3. 具有多重选择的 IF 语句

在 VHDL 中，具有多重选择的 IF 语句常用来描述具有多个选择分支的逻辑功能电路。其语句格式如下：

```
IF 条件 1   THEN
        顺序语句 1;
    ELSIF 条件 2   THEN
        顺序语句 2;
```

```
...
    [ELSIF  条件 n-1  THEN
          顺序语句 n-1;]              --ELSIF 根据需要可以有多个
    [ELSE
          顺序语句 n;]               --最后的 ELSE 语句可根据需要选用
    END IF;
```

如果 IF 语句中的条件 1 成立，程序执行顺序语句 1；如果条件 1 不成立，条件 2 成立，程序执行顺序语句 2；依次类推，如果 IF 语句中的前 n-1 个条件均不成立，那么程序执行顺序语句 n。

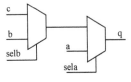

显然，上面的条件判断是含有优先级的，即条件 1 的优先级最高，如果满足了条件 1，则不再判断其他条件；只有条件 1 不满足的情况下，才会去判断条件 2，依次类推。

图 6.3 双 2 选 1 数据选择器

图 6.3 所示的双 2 选 1 数据选择器，可采用多重选择的 IF 语句描述。

【例 6.4】   用多重选择 IF 语句描述的双 2 选 1 数据选择器。

```
ENTITY mux22 IS
    PORT(a,b,c,sela,selb: IN BIT;
                  q: OUT BIT);
END mux22;
ARCHITECTURE one OF mux22 IS
BEGIN
PROCESS(sela,selb,a,b,c)
BEGIN
    IF sela='1' THEN q<=a;
        ELSIF selb='1' THEN q<=b;
            ELSE q<=c;
    END IF;
END PROCESS;
END one;
```

下面的例子中用多重选择 IF 语句描述了一个 1 位二进制数比较器。

【例 6.5】   比较两个 1 位二进制数大小。

```
LIBRARY IEEE;
USE IEEE.STD_LOGIC_1164.ALL;
ENTITY compare1 IS
  PORT(a,b: IN STD_LOGIC;
      less,equal,large: OUT STD_LOGIC);
END compare1;
ARCHITECTURE one OF compare1 IS
BEGIN
  PROCESS(a,b)
  BEGIN
    IF a>b THEN large<='1';equal<='0';less<='0';
    ELSIF a=b THEN equal<='1';large<='0';less<='0';
      ELSE less<='1';large<='0';equal<='0';
    END IF;
  END PROCESS;
```

```
END one;
```

优先编码器（Priority Encoder）的特点是：当多个输入信号有效时，编码器只对优先级最高的信号进行编码。74148 是一个 8 线—3 线优先编码器，其功能如表 6.1 所示。编码器的输入为 din(7)～din(0)，编码优先顺序从高到低为 din(7)到 din(0)，输出为 dout(2)～dout(0)，ei 是输入使能，eo 是输出使能，gs 是组选择输出信号。

表 6.1 74148 优先编码器功能表

输 入		输 出	
ei	din(0) din(1) din(2) din(3) din(4) din(5) din(6) din(7)	dout(2) dout(1) dout(0)	gs eo
1	x x x x x x x x	1 1 1	1 1
0	1 1 1 1 1 1 1 1	1 1 1	1 0
0	x x x x x x x 0	0 0 0	0 1
0	x x x x x x 0 1	0 0 1	0 1
0	x x x x x 0 1 1	0 1 0	0 1
0	x x x x 0 1 1 1	0 1 1	0 1
0	x x x 0 1 1 1 1	1 0 0	0 1
0	x x 0 1 1 0 1 1	1 0 1	0 1
0	x 0 1 1 1 0 1 1	1 1 0	0 1
0	0 1 1 1 1 0 1 1	1 1 1	0 1

例 6.6 采用多重选择 IF 语句判断输入信号优先顺序，描述了 8 线—3 线（或 8—3）优先编码器 74148 的功能。

【例 6.6】 8 线—3 线优先编码器 74148。

```
LIBRARY IEEE;
USE IEEE.STD_LOGIC_1164.ALL;
ENTITY ttl74148 IS
  PORT(din: IN STD_LOGIC_VECTOR(7 DOWNTO 0);
       ei: IN STD_LOGIC;
    gs,eo: OUT STD_LOGIC;
     dout: OUT STD_LOGIC_VECTOR(2 DOWNTO 0));
END ttl74148;
ARCHITECTURE behav OF ttl74148 IS
 BEGIN
  PROCESS(din,ei)
  BEGIN
    IF(ei='1') THEN dout<="111";gs<='1';eo<='1';
    ELSIF(din="11111111") THEN dout<="111";gs<='1';eo<='0';
    ELSIF(din(7)='0') THEN dout<="000";gs<='0';eo<='1';
  --din(7)优先级最高
    ELSIF(din(6)='0') THEN dout<="001";gs<='0';eo<='1';
    ELSIF(din(5)='0') THEN dout<="010";gs<='0';eo<='1';
    ELSIF(din(4)='0') THEN dout<="011";gs<='0';eo<='1';
    ELSIF(din(3)='0') THEN dout<="100";gs<='0';eo<='1';
    ELSIF(din(2)='0') THEN dout<="101";gs<='0';eo<='1';
    ELSIF(din(1)='0') THEN dout<="110";gs<='0';eo<='1';
                      ELSE dout<="111";gs<='0';eo<='1';
```

```
      END IF;
   END PROCESS;
END behav;
```

4. IF 语句的嵌套

IF 语句可以嵌套，多用于描述具有复杂控制功能的逻辑电路。

多重嵌套的 IF 语句的格式如下所示：

```
IF 条件  THEN  顺序语句;
   IF  条件 THEN 顺序语句;
   ...
   END IF;
END IF;
```

例 6.7 通过 IF 语句的嵌套描述了一个具有同步复位和同步使能的 BCD 码模 10 加法计数器，其中使用了 3 级 IF 语句嵌套，分别进行同步复位、同步使能，以及计数到 9 后自动清零等操作。

【例 6.7】　同步复位/同步使能的 BCD 码模 10 加法计数器。

```
LIBRARY IEEE;
USE IEEE.STD_LOGIC_1164.ALL;
USE IEEE.STD_LOGIC_UNSIGNED.ALL;
ENTITY count10 IS
    PORT(clk,reset,en : IN STD_LOGIC;
                  qout : OUT STD_LOGIC_VECTOR(3 DOWNTO 0);
                  cout : OUT STD_LOGIC);
END count10;
ARCHITECTURE behav OF count10 IS
BEGIN
   PROCESS(clk)
   VARIABLE temp : STD_LOGIC_VECTOR(3 DOWNTO 0);
   BEGIN
     IF clk'EVENT AND clk='1' THEN            --检测时钟上升沿
      IF reset='1' THEN temp:=(OTHERS=>'0');  --同步复位
        ELSIF en='1' THEN                     --同步使能
        IF temp<9 THEN temp:=temp+1;          --是否小于9
        ELSE temp:=(OTHERS=>'0');             --大于9,计数器清零
        END IF;
       END IF;
     END IF;
     IF temp=9 THEN cout<='1';                --计到9产生进位
        ELSE  cout<='0';
     END IF;
    qout<=temp;                               --将计数值向端口输出
   END PROCESS;
END behav;
```

下面的例子用两重嵌套的 IF 语句设计了一个异步复位/同步置数的 8 位计数器，其 RTL 综合视图如图 6.5 所示，主要由加法器、数据选择器、8 位寄存器三种部件构成。

【例 6.8】　异步复位/同步置数的 8 位计数器。

```
LIBRARY IEEE;
```

```
USE IEEE.STD_LOGIC_1164.ALL;
USE IEEE.STD_LOGIC_UNSIGNED.ALL;
ENTITY count8 IS
    PORT(clr,clk,load :IN STD_LOGIC;
            data :IN STD_LOGIC_VECTOR(7 DOWNTO 0);
            qout :BUFFER STD_LOGIC_VECTOR(7 DOWNTO 0));
END count8;
ARCHITECTURE behav OF count8 IS
BEGIN
counter: PROCESS(clr,clk)
BEGIN
  IF clr='1' THEN qout<=(OTHERS=>'0'); --异步复位
  ELSIF RISING_EDGE(clk) THEN
    IF load='1' THEN qout<=data;        --同步置数
    ELSE qout<=qout+'1';
    END IF;
  END IF;
END PROCESS counter;
END behav;
```

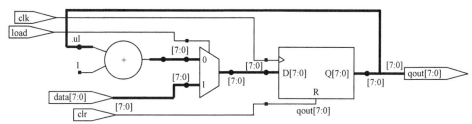

图 6.5　异步复位/同步置数的 8 位计数器 RTL 综合视图

6.1.3　CASE 语句

在 VHDL 中，CASE 语句是另外一种形式的条件控制语句，它与 IF 语句一样可以用来描述具有控制功能的数字电路。一般来说，CASE 语句是根据表达式的值从不同的顺序处理语句序列中选取其中的一组语句来进行操作，它常用来描述总线、编码器、译码器或者数据选择器等数字逻辑电路。

CASE 语句的语法结构如下所示：

```
CASE 表达式 IS
    WHEN 选择值 1 => 顺序语句 1;
    WHEN 选择值 2 => 顺序语句 2;
    ......
    WHEN OTHERS => 顺序语句 n;
END CASE;
```

当执行到 CASE 语句时，如果条件表达式的值等于选择值 1，程序就执行顺序语句 1；如果条件表达式的值等于选择值 2，程序就执行顺序语句 2；依次类推，如果条件表达式的值与前面的 $n-1$ 个选择值都不同，则程序就执行"WHEN OTHERS"语句中的"顺序语句 n"。

注意：条件语句中的"=>"不是操作符，它只相当于"THEN"的作用。

通常情况下，CASE 语句中 WHEN 后面的选择值有以下一些表示方式。

- 单个数值：WHEN 值=>顺序语句。
- 多个数值：WHEN 值｜值｜……值｜=>顺序语句。如 4|6|8，表示取值为 4、6 或者 8 时。
- 数值范围，WHEN 值 TO 值=> 顺序语句。如 4 TO 8，表示取值为 4、5、6、7 或 8；再比如 6 DOWNTO 3，表示取值为 6、5、4 或 3。
- WHEN OTHERS =>顺序语句；表示除上面列举的具体数值，其他所有可能的取值。

例如：

```
SIGNAL t1 : IN INTEGER RANGE 0 TO 15;
SIGNAL f1,f2,f3,f4 : OUT BIT;
 CASE t1 IS
    WHEN 0 =>        f1 <='1';        --匹配 0
    WHEN 1|3|7 =>    f2 <='1';        --匹配 1,3,7
        WHEN 4 TO 6|2=> f3 <='1';        --匹配 4,5,6,2
    WHEN OTHERS=>    f4 <='1';        --匹配 8~15
END CASE;
```

例 6.9 是一个用 CASE 语句描述的 3 人表决电路，其综合结果见图 6.6，由与门、或门构成。

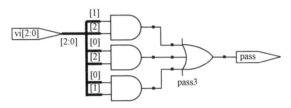

图 6.6   3 人表决电路

【例 6.9】   用 CASE 语句描述的 3 人表决电路。

```
ENTITY vote3 IS
 PORT(vi: IN BIT_VECTOR(2 DOWNTO 0);
   pass :OUT BIT);
END ENTITY vote3;

ARCHITECTURE one OF vote3 IS
BEGIN
PROCESS(vi)
   BEGIN
    CASE vi IS
        WHEN "011"|"101"|"110"|"111" => pass<='1';
        WHEN OTHERS => pass<='0';
        END CASE;
END PROCESS;
END one;
```

CASE 语句和 IF 语句都是通过条件判断来决定需要执行程序中的哪些语句，但由于 CASE 语句中条件表达式的值与所要处理的顺序语句的对应关系十分明显，因此 CASE 语句的可读性比 IF 语句好。编写 VHDL 程序时，在使用 CASE 语句时应注意以下几点：

① 条件表达式的所有取值必须在 WHEN 子句中被列举出来。

② WHEN 子句中的取值必须在条件表达式的取值范围之内。

③ 不同的 WHEN 子句中不允许出现相同的取值。

④ 如果不能保证已经列举出了条件表达式所有取值的可能，可用 WHEN OTHERS 表示其他

取值，以免综合器插入不必要的锁存器。这一点对于 STD_LOGIC 和 STD_LOGIC_VECTOR 型数据尤为重要。另外，WHEN OTHERS 子句必须放在 CASE 语句的最后面。

⑤ 与 IF 语句不同，CASE 语句中的 WHEN 条件子句可以任意改变排列次序而不会影响描述的逻辑功能。

下面通过举例进一步说明 CASE 语句的用法，例 6.10 是用 CASE 语句描述的 4 选 1 数据选择器，例 6.11 则是用 CASE 语句描述的上升沿触发的 JK 触发器。

【例 6.10】　用 CASE 语句描述的 4 选 1 数据选择器。

```
ENTITY mux4_1 IS
  PORT(d0,d1,d2,d3 : IN BIT;
       Sel : INTEGER RANGE 0 TO 3;
            y : OUT BIT);
END mux4_1;
ARCHITECTURE one OF mux4_1 IS
BEGIN
PROCESS(sel,d0,d1,d2,d3)          --CASE 语句应在进程中使用
    BEGIN
    CASE sel IS                   --用 CASE 语句描述
        WHEN 0 => y<=d0;
        WHEN 1 => y<=d1;
        WHEN 2 => y<=d2;
        WHEN 3 => y<=d3;
        END CASE;
END PROCESS;
END one;
```

【例 6.11】　用 CASE 语句描述的上升沿触发的 JK 触发器。

```
LIBRARY IEEE;
USE IEEE.STD_LOGIC_1164.ALL;
ENTITY jk_ff IS
  PORT(clk : IN STD_LOGIC;          --时钟信号
       j,k : IN STD_LOGIC;          --激励信号
       q : BUFFER STD_LOGIC);       --输出，由于存在反馈，因此定义为 BUFFER 端口
END jk_ff;

ARCHITECTURE one OF jk_ff IS
  SIGNAL jk : STD_LOGIC_VECTOR(1 DOWNTO 0);
BEGIN
  jk<=j & k;                        --将 J 和 K 组合成二维矢量
  PROCESS(clk)
  BEGIN
    IF clk'EVENT AND clk='1'  THEN
      CASE jk IS                    --用 CASE 语句描述
        WHEN "00" => q<=q;          --保持
        WHEN "01" => q<='0';        --置 0
        WHEN "10" => q<='1';        --置 1
        WHEN "11" => q<=NOT q;      --翻转功能
      END CASE;
    END IF;
  END PROCESS;
END one;
```

从上例可以看出，用 CASE 语句描述实际上就是将模块的真值表描述出来，所以如果已知模块的真值表，不妨用 CASE 语句对其进行描述。该例的综合结果如图 6.7 所示，是在 D 触发器的基础上加上逻辑门实现的。

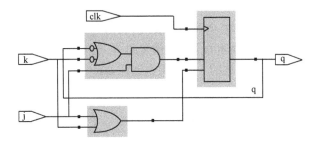

图 6.7　JK 触发器的综合结果

6.1.4　LOOP 语句

LOOP 语句与其他高级语言中的循环语句相似，它可以使所包含的一组顺序语句被循环执行，其执行次数可由设定的循环参数决定。LOOP 语句有三种格式。

1. 简单 LOOP 语句

```
[标号:] LOOP
      顺序语句;
   EXIT  标号;
END LOOP [标号];
```

这是一种最简单的循环语句形式，须与 EXIT 语句配合才能实现循环的执行与退出，VHDL重复执行 LOOP 循环内的顺序语句，直至满足 EXIT 语句中的结束条件退出循环。比如：

```
L2 : LOOP
     a:=a+1;
     EXIT L2 WHEN a>10;      --a 为 11 时退出循环
END  LOOP  L2;
```

2. FOR LOOP 语句

```
[标号:] FOR 循环变量 IN 循环次数范围 LOOP
      顺序语句;
END LOOP [标号];
```

FOR 后面的循环变量是一个临时变量，属 LOOP 语句的局部变量，只在 LOOP 语句内有效，它由 LOOP 语句自动定义，不必事先定义。

循环次数范围有两种形式：值 1 TO 值 2 或值 1 DOWNTO 值 2，循环变量从初始值（值 1）开始，每执行一遍顺序语句后递增或递减 1，直到达到循环次数范围指定的终值（值 2）为止，退出循环。

下面是用 FOR LOOP 语句描述的 8 位奇校验电路程序。

【例 6.12】　用 FOR LOOP 语句描述 8 位奇校验电路程序。

```
LIBRARY IEEE;
USE IEEE.STD_LOGIC_1164.ALL;
ENTITY parity_check IS
  PORT(a: IN STD_LOGIC_VECTOR(7 DOWNTO 0);
       y: OUT STD_LOGIC);
END ENTITY parity_check;
```

```
ARCHITECTURE one OF parity_check IS
BEGIN PROCESS(a)
  VARIABLE tmp: STD_LOGIC;
  BEGIN
    tmp:='1';
    FOR i IN 0 TO 7 LOOP            --FOR LOOP 语句
      tmp:=tmp XOR a(i);
    END LOOP;
      y<=tmp;
  END PROCESS;
END;
```

上例中，FOR LOOP 语句执行 1⊕a(0)⊕a(1)⊕a(2)⊕a(3)⊕a(4)⊕a(5)⊕a(6)⊕a(7)运算，综合后生成的 RTL 视图如图 6.8 所示。如果将变量 tmp 的初值改为 '0'，则上例变为偶校验电路。

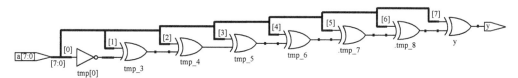

图 6.8　奇校验电路 RTL 综合结果

3．WHILE LOOP 语句

```
[标号:] WHILE 循环条件 LOOP
          顺序语句;
END LOOP [标号];
```

与 FOR LOOP 循环语句不同的是，WHILE LOOP 语句并没有给出循环次数范围，没有自动递增或递减循环变量的功能，而只是给出循环执行顺序语句的条件。这里的条件可以是任何布尔表达式，当条件为 TRUE 时，继续循环；否则跳出循环，执行 "END LOOP" 后的语句。下面是 WHILE LOOP 循环语句举例，程序执行 1+2+3+4+5+6+7+8+9 的功能。

```
sum :=0;  i :=0;
l2 : WHILE (i<10) LOOP
  sum := sum+i;
  i := i+1;
END LOOP l2;
```

注：循环变量 i 需事先定义，赋初值，并显式地声明递增 1 或递减 1。

多数综合工具都支持 WHILE LOOP 语句。采用 WHILE LOOP 语句描述的 8 位奇校验电路程序如下，其综合结果与图 6.8 相同。

【例 6.13】　采用 WHILE LOOP 语句描述的 8 位奇校验电路。

```
LIBRARY IEEE;
USE IEEE.STD_LOGIC_1164.ALL;
ENTITY parity_while IS
  PORT(a: IN STD_LOGIC_VECTOR(7 DOWNTO 0);
       y: OUT STD_LOGIC);
END ENTITY parity_while;
ARCHITECTURE one OF parity_while IS
BEGIN  PROCESS(a)
    VARIABLE tmp: STD_LOGIC;
  VARIABLE i: INTEGER;                  --循环变量 i 需定义
```

```
    BEGIN tmp:='1'; i:=0;              --循环变量 i 赋初值
      WHILE (i<8) LOOP                 --执行循环的条件
      tmp:=tmp XOR a(i);
          i:=i+1;                      --显式地声明 i 的递增方式
      END LOOP;
      y<=tmp;
  END PROCESS;
END;
```

6.1.5 NEXT 与 EXIT 语句

1. NEXT 语句

NEXT 语句主要用于在 LOOP 语句中进行转向控制。其格式分以下三种。

① 无条件终止当前循环，跳回到本次循环 LOOP 语句开始处，开始下次循环。

```
NEXT;
```

② 无条件终止当前循环，跳转到指定标号的 LOOP 语句开始处，重新执行循环操作。

```
NEXT [标号];
```

③ 当条件表达式的值为 TRUE，则执行 NEXT 语句，进入跳转操作，否则继续向下执行。

```
NEXT [标号] WHEN 条件表达式;
```

比如：

```
L1: WHILE i<10 LOOP
L2: WHILE j<20 LOOP
    ...
    NEXT L1 WHEN i=j;          --当 i=j 时，跳到 L1 循环开始处
    ...
END LOOP L2;
END LOOP L1;
```

2. EXIT 语句

EXIT 语句与 NEXT 语句类似，也是一种循环控制语句，用于在 LOOP 语句中控制循环转向。EXIT 的语句格式也有 3 种：

```
EXIT;
EXIT LOOP 标号;
EXIT LOOP 标号 WHEN 条件表达式;
```

EXIT 与 NEXT 语句的区别在于 NEXT 语句是跳向 LOOP 语句的起始点，EXIT 语句则是跳向 LOOP 语句的终点，即跳出指定的循环。比如：

```
PROCESS(a)
    VARIABLE int_a: INTEGER;
    BEGIN
      int_a:=a;
      FOR i IN 0 TO max_limit LOOP
          IF(int_a<=0) THEN EXIT;
          ELSE int_a:=int_a-1;
          END IF;
      END LOOP;
  END PROCESS;
```

本例中如果 int_a 满足小于等于 0，则循环结束，EXIT 的作用是结束循环。

6.1.6　WAIT 语句

在进程以及过程中，当执行到 WAIT 等待语句时，运行程序将被挂起（Suspension），直到满足此语句设置的结束挂起条件后，才重新开始执行进程或过程中的程序。对于不同的结束挂起条件的设置，WAIT 语句有以下 4 种不同的语句格式：

```
WAIT                --无限等待
WAIT ON             --敏感信号量变换
WAIT UNTIL          --条件满足（可综合）
WAIT FOR            --时间到
```

第 1 种语句格式中，未设置停止挂起的条件，表示永远挂起；第 4 种语句格式称为超时等待语句，在此语句中定义了一个时间段，从执行到 WAIT 语句开始，在此时间段内，进程处于挂起状态，当超过这一段时间后，进程自动恢复执行。

上述 4 种语句中，只有 WAIT UNTIL 语句是可综合的。

1．WAIT ON 语句

一般格式为：

```
WAIT ON 信号表；
```

例如，以下两种描述是完全等价的，都是执行"相与"功能：

```
PROCESS(a,b)                    PROCESS
BEGIN                           BEGIN
 y<=a AND b;                     y<=a AND b;
END PROCESS;                    WAIT ON a,b;
                                END PROCESS;
```

敏感信号量列表和 WAIT 语句只能选其一，两者不能同时使用。

2．WAIT UNTIL 语句（可综合）

一般格式为：

```
WAIT UNTIL 表达式；
```

当表达式的值为"真"时，进程被启动，否则进程被挂起。WAIT UNTIL 语句有三种表达方式：

```
WAIT UNTIL 信号＝某个数值；
WAIT UNTIL 信号'EVENT AND 信号＝某个数值；
WAIT UNTIL NOT(信号'STABLE)AND 信号＝某个数值；
```

例如表述时钟信号上升沿，有下面 4 种方式，它们可综合出相同的硬件电路结构：

```
WAIT UNTIL clk='1';
WAIT UNTIL RISING_EDGE(clk);
WAIT UNTIL clk'EVENT AND clk='1';
WAIT UNTIL NOT(clk'STABLE) AND clk='1';
```

例 6.14 是一个用 WAIT 语句描述的 D 触发器，读者可将其与 IF 语句描述的 D 触发器（见例 6.1）做一下比较。

【例 6.14】　用 WAIT 语句描述的基本 D 触发器。

```
LIBRARY IEEE;
USE IEEE.STD_LOGIC_1164.ALL;
ENTITY dffw IS
  PORT(d,clk: IN STD_LOGIC; q: OUT STD_LOGIC);
```

```
END dffw;
ARCHITECTURE behav OF dffw IS
BEGIN
  PROCESS                                  --无敏感信号列表
  BEGIN
    WAIT UNTIL clk'EVENT AND clk='1';      --上升沿
      q<=d;
END PROCESS;
END behav;
```

例 6.15 描述了一个 8 位数据寄存器，当 clk 上升沿到来时，将 d 端的数据进行寄存。

【例 6.15】 8 位数据寄存器。

```
LIBRARY IEEE;
USE IEEE.STD_LOGIC_1164.ALL;
ENTITY reg8 IS
    PORT(clk: IN STD_LOGIC; d : IN STD_LOGIC_VECTOR(7 DOWNTO 0);
         q : OUT STD_LOGIC_VECTOR(7 DOWNTO 0));
END;
ARCHITECTURE behav OF reg8 IS
BEGIN
    PROCESS                        --无敏感信号列表
    BEGIN
         WAIT UNTIL clk='1'; q<=d;
    END PROCESS;
END behav;
```

6.1.7 子程序调用语句

在 VHDL 的结构体和程序包的任何位置都可以对子程序（过程和函数）进行调用，对子程序的每一次调用，都会相应地生成一个电路模块。当在 PROCESS 进程中对子程序进行调用时，调用语句相当于是顺序语句。

有关子程序（包括过程和函数）的定义和调用，在 5.5 节中已经做了较为详细的说明，这里不再重复。

6.1.8 断言语句

断言语句既可以是顺序语句，也可以是并行语句。当把断言语句放在进程中使用时，称为顺序断言语句；当把断言语句放在进程外使用时，就成为并行断言语句。

顺序断言语句用于进程、函数和过程中，主要用来进行仿真、调试中的人机对话，它可以给出一个字符串作为警告和错误信息。

断言语句的书写格式如下：

```
ASSERT <条件表达式>
REPORT <出错信息>
SEVERITY <错误级别>;
```

在执行过程中，断言语句对条件表达式的真假进行判断，如果条件为"TURE"，则向下执行另外一条语句；如果条件为"FALSE"，则输出错误信息和错误级别。在 REPORT 后面的字符串中，通常是说明错误的原因，字符串要用双引号括起来。SEVERITY 后面跟着的是错误严重程度的级别，主要分为如下 4 级：

- NOTE（注意）
- WARNING（警告）
- ERROR（错误）
- FAILURE（失败）

若 REPORT 语句默认，则默认消息为 "Assertion violation"；若 SEVERITY 语句默认，则出错级别的默认值为 "ERROR"。

例 6.16 是一个 RS 触发器的 VHDL 描述，其中使用了断言语句。

【例 6.16】　断言语句举例——RS 触发器。

```
LIBRARY IEEE;
USE IEEE.STD_LOGIC_1164.ALL;
ENTITY rs_ff_assert IS
  PORT(s,r:IN STD_LOGIC;
      q,qn:OUT STD_LOGIC);
END rs_ff_assert;
ARCHITECTURE rtl OF rs_ff_assert IS
BEGIN
  PROCESS(s,r)
VARIABLE tmp :STD_LOGIC;
BEGIN
  ASSERT(NOT(s='1' AND r='1'))
  REPORT"Both s and r equal to'1'."
  SEVERITY ERROR;
      IF(s='0' AND r='0') THEN tmp:=tmp;
      ELSIF(s='0' AND r='1') THEN tmp:='0';
      ELSE tmp:='1';
      END IF;
      q <=tmp;
      qn<=NOT tmp;
END PROCESS;
END rtl;
```

如果 r 和 s 都为 1 时，RS 触发器会处于不定状态，因此一般禁止 r 和 s 同时为 1。上例中，在进程中设定了一条断言语句，仿真时，如果 r 和 s 的输入都为 1，将显示字符串 "Both s and r equal to '1'."，同时终止仿真过程，并显示错误的严重程度（ERROR）。

6.1.9　REPORT 语句

REPORT 语句是 VHDL'93 标准新增加的语句。REPORT 语句主要用于仿真时，报告相关的信息，综合时，综合器会忽略 REPORT 语句。REPORT 语句的书写格式如下：

```
REPORT "字符串";
```

REPORT 语句只用来报告信息，由条件语句的布尔表达式判断是否给出信息报告。在仿真时使用 REPORT 语句可以监视和报告电路的某些状态。

例 6.17 是用 REPORT 语句描述的 RS 触发器，在仿真时，如果出现 s 和 r 同为 1 的状态时，系统会报告出错信息"Both s and r equal to'1'."。

【例 6.17】　REPORT 语句举例——RS 触发器。

```
LIBRARY IEEE;
USE IEEE.STD_LOGIC_1164.ALL;
```

```
ENTITY rs_ff_report IS
    PORT(s,r:IN STD_LOGIC; q,qn:OUT STD_LOGIC);
END rs_ff_report;
ARCHITECTURE rtl OF rs_ff_report IS
BEGIN
  PROCESS(s,r)
VARIABLE tmp: STD_LOGIC;
BEGIN
    IF(s='1' AND r='1')THEN            --禁用状态
        REPORT "Both s and r equal to'1'."
    ELSIF(s='0' AND r='0')THEN tmp:=tmp;
    ELSIF(s='0' AND r='1')THEN tmp:='0';
    ELSE tmp:='1';
    END IF;
    q <=tmp;
    qn<=NOT tmp;
END PROCESS;
END rtl;
```

6.1.10　NULL 语句

NULL 语句不完成任何操作（空操作），类似于汇编语言中的 NOP 语句，其作用只是使程序转入下一步语句的执行。NULL 语句的语法格式如下：

```
NULL;
```

NULL 语句常用于 CASE 语句中，为了满足所有可能的条件，利用 NULL 来表示多余条件下的操作行为。比如：

```
CASE curent_st IS
    WHEN "000" => next_state <= st0;
    WHEN "001" => next_state <= st1;
    WHEN "010" => next_state <= st2;
    WHEN "011" => next_state <= st3;
    WHEN "100" => next_state <= st4;
    WHEN OTHERS => NULL;                  --NULL 语句
END  CASE;
```

上面的例子表示当 curent_st 是"000"、"001"、"010"、"011"、"100"以外的其他码时不做任何操作，用 EDA 工具对 NULL 语句综合时，会在此处加入锁存器，因此在实际编程中使用 NULL 语句并不是一种推荐的方式，在此处的 WHEN OTHERS 语句中将其对应初始状态（即电路复位时系统所处的状态）更佳，即：

```
WHEN OTHERS=> next_state<=st0;            --假定 st0 是初始状态
```

6.2　并行语句 ●●●

在 VHDL 中，并行语句有多种语句格式，各种并行语句在结构体中的执行是并发的，语句的执行顺序与其书写顺序无关，这也体现了 VHDL 作为一种硬件描述语言与软件编程语言是有着显著区别的。在执行时，并行语句之间可以有信息交互，也可以相互独立。

可综合的并行语句主要有 6 种：

① 并行信号赋值语句（Concurrent Signal Assignment）；
② 进程语句（Process Statements）；
③ 块语句（Block Statements）；
④ 元件例化语句（Component Instantiations）；
⑤ 生成语句（Generate Statements）；
⑥ 并行过程调用语句（Concurrent Procedure Calls）。

6.2.1　并行信号赋值语句

并行信号赋值语句是应用于结构体中进程和子程序之外的一种基本信号赋值语句，它与信号赋值语句的语法结构是完全相同的。作为一种并行描述语句，结构体中的多条并行信号赋值语句是并行执行的，它们的执行顺序与书写顺序无关。

并行信号赋值语句有 3 种形式：

● 简单信号赋值语句；
● 条件信号赋值语句；
● 选择信号赋值语句。

1. 简单信号赋值语句

简单信号赋值语句的格式为：

```
赋值目标 <= 表达式;
```

符号 "<=" 表示赋值操作；赋值目标的数据对象必须是信号，其数据类型必须与右边表达式的数据类型一致，表达式可以是一个运算表达式，也可以是数据对象（变量、信号或常量）。比如：

```
f <=a+b;                    --信号 a 和 b 相加，将结果赋值给信号 f
q <="0000";                 --将 4 位二进制常数赋值给信号 q
```

例 6.18 采用简单信号赋值语句实现了对 4 位带符号二进制数的求补码运算，图 6.9 是该例的综合结果，显然，实现方案采用的是按位取反再加 1。

【例 6.18】　用简单信号赋值语句实现对 4 位带符号二进制数的求补码运算。

```
LIBRARY IEEE;
USE IEEE.STD_LOGIC_1164.ALL;
USE IEEE.STD_LOGIC_UNSIGNED.ALL;
ENTITY buma IS
PORT(ain: IN STD_LOGIC_VECTOR(7 DOWNTO 0);        --4 位带符号二进制数
     yout: OUT STD_LOGIC_VECTOR(7 DOWNTO 0));   --补码输出信号
END buma;
ARCHITECTURE one OF buma IS
BEGIN
  yout <= NOT ain +1;   --求补
END;
```

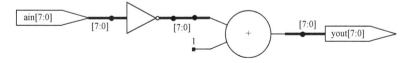

图 6.9　求补电路综合视图

例 6.19 用简单信号赋值语句实现了基本 RS 触发器，图 6.10 是其综合结果。

【例 6.19】　用简单信号赋值语句描述的基本 RS 触发器。

```
ENTITY rs_ff IS
```

```
    PORT(r,s: IN BIT;
          q : BUFFER BIT);
END;
ARCHITECTURE one OF rs_ff IS
  SIGNAL qn : BIT;
BEGIN
    qn <=r NAND q;
    q  <=s NAND qn;
END;
```

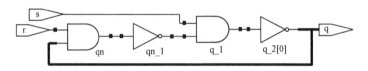

图 6.10　基本 RS 触发器综合结果

2. 条件信号赋值语句（WHEN ELSE 语句）

条件信号赋值语句是指根据不同条件将不同的表达式赋给目标信号的一种并行信号赋值语句，其书写格式如下：

```
赋值目标 <=表达式 1  WHEN  条件 1  ELSE
          表达式 2  WHEN  条件 2  ELSE
          ...
          表达式 n;
```

执行时，首先要对条件进行判断，然后根据情况将不同的表达式赋给目标信号。如果条件 1 满足，就将条件 1 前面表达式的值赋给目标信号；如果条件 1 不满足，再去判断条件 2；依次类推，需注意的是，最后一个表达式没有条件，它表示当前面的所有条件均不满足时，程序就将表达式 n 的值赋给目标信号。

使用条件信号赋值语句应注意以下几点：

① 只有当条件满足时，才能将此条件前面的表达式赋给目标信号。

② WHEN ELSE 语句不能在进程和子程序中使用。

③ 对条件进行判断是有顺序的，位于前面的条件具有更高的优先级。例如：

```
z <= a WHEN p1='1' ELSE
     b  WHEN  p2='1' ELSE
     c;
```

当 p1 和 p2 条件同时为 1 时，z 获得的赋值是 a，而不是 b。

④ 最后一个表达式的后面不含有 WHEN 子句。

⑤ 语句中条件表达式的结果为 BOOLEAN 型数值，同时允许条件重叠。

⑥ 条件信号赋值语句不能进行嵌套，用它不能生成锁存器。

WHEN ELSE 语句适于描述优先编码器。

【例 6.20】　用 WHEN ELSE 语句设计的 74148 优先编码器。

```
LIBRARY IEEE;
USE IEEE.STD_LOGIC_1164.ALL;
ENTITY code74148 IS
PORT( i: IN STD_LOGIC_VECTOR(7 DOWNTO 0);      --编码输入信号
ei: IN  STD_LOGIC;                             --使能信号
     y: OUT STD_LOGIC_VECTOR(2 DOWNTO 0);      --编码输出信号
   gs,eo: OUT STD_LOGIC);                      --输出使能信号
```

```
END code74148;
ARCHITECTURE one OF code74148 IS
SIGNAL yout: STD_LOGIC_VECTOR(4 DOWNTO 0);
  BEGIN
    yout<= y & gs & eo;
    yout <="11111" WHEN ei='1' ELSE
          "00001" WHEN i(7)='0' ELSE
          "00101" WHEN i(6)='0' ELSE
          "01001" WHEN i(5)='0' ELSE
          "01101" WHEN i(4)='0' ELSE
          "10001" WHEN i(3)='0' ELSE
          "10101" WHEN i(2)='0' ELSE
          "11001" WHEN i(1)='0' ELSE
          "11101" WHEN i(0)='0' ELSE
          "11110";
END one;
```

下例是用 WHEN ELSE 语句描述的 1 位 BCD 码加法器。

【例 6.21】 1 位 BCD 码的加法器。

```
LIBRARY IEEE;
USE IEEE.STD_LOGIC_1164.ALL;
USE IEEE.STD_LOGIC_UNSIGNED.ALL;
ENTITY add_bcd IS
PORT(op1,op2 : IN STD_LOGIC_VECTOR(3 DOWNTO 0);      --操作数
          result: OUT STD_LOGIC_VECTOR(4 DOWNTO 0));    --结果
END add_bcd;
ARCHITECTURE behav OF add_bcd IS
SIGNAL temp: STD_LOGIC_VECTOR(4 DOWNTO 0);
SIGNAL adjust: STD_LOGIC;
BEGIN
temp <= ('0'&op1)+op2;
adjust<='1' WHEN temp>9 ELSE '0';
result<=temp WHEN (adjust='0') ELSE temp+6;
END behav;
```

例 6.22 描述了地址使能信号，对地址范围在 0000H～1FFFFH 和 3100H～3FFFFH 之间的输入有指示，输出低电平有效。

【例 6.22】 地址译码器。

```
LIBRARY IEEE;
USE IEEE.STD_LOGIC_1164.ALL;
ENTITY ad_decoder IS
  PORT(address:IN STD_LOGIC_VECTOR(15 DOWNTO 0);
       cs1,cs2:OUT STD_LOGIC);
END ENTITY ad_decoder;
ARCHITECTURE one OF ad_decoder IS
BEGIN
  cs1<='0' WHEN(address>=X"0000") AND (address<=X"1FFF")
       ELSE '1';
```

```
    cs2<='0' WHEN(address>=X"3100") AND (address<=X"3FFF")
        ELSE '1';
END ARCHITECTURE one;
```

3．选择信号赋值语句（WITH SELECT 语句）

选择信号赋值语句是指根据选择信号表达式的值，将不同的表达式赋给目标信号的一种并行信号赋值语句，其书写格式为：

```
WITH  选择表达式  SELECT
    信号名 <= 表达式1  WHEN  值1,
            表达式2  WHEN  值2,
            ...
            表达式n  WHEN OTHERS;
```

使用选择信号赋值语句时应注意以下几点：

① 当选择表达式的值等于某值时，将该值前面的表达式赋给目标信号。

② WITH SELECT 语句不能在进程和子程序中使用。

③ 语句对选择条件的判断是同时进行的，因此不允许选择条件重叠。

④ 无论是否列举了选择表达式所有取值的可能，语句的最后都应以 WHEN OTHERS 结束。

WITH SELECT 语句根据多值表达式的值进行相应的赋值，很适合用来描述真值表式的译码电路。例 6.23 是 3 线—8 线译码器的描述，输出低电平有效。

【例 6.23】 用 WITH SELECT 语句描述的 74138 译码器。

```
LIBRARY IEEE;
USE IEEE.STD_LOGIC_1164.ALL;
ENTITY ls138 IS
PORT(a,b,c : IN STD_LOGIC;
  g1,g2a,g2b : IN STD_LOGIC;
            y: OUT STD_LOGIC_VECTOR(7 DOWNTO 0));
END ls138;
ARCHITECTURE one OF ls138 IS
SIGNAL xin : STD_LOGIC_VECTOR(5 DOWNTO 0);
  BEGIN
   xin <= g1 & g2b & g2a & c & b & a;
   WITH xin SELECT
      y <= "11111110" WHEN "100000",
           "11111101" WHEN "100001",
           "11111011" WHEN "100010",
           "11110111" WHEN "100011",
           "11101111" WHEN "100100",
           "11011111" WHEN "100101",
           "10111111" WHEN "100110",
           "01111111" WHEN "100111",
           "11111111" WHEN OTHERS;
  END one;
```

七段数码管经常用于显示字母、数字等，七段数码管实际上是由 7 个长条形的发光二极管组成的（一般用 a、b、c、d、e、f、g 分别表示 7 个发光二极管），图 6.11 是七段数码管的结构与共阴极、共阳极两种连接方式示意图。假定采用共阴极连接方式，用七段数码管显示 0～9 十个数字，则相应的译码显示器的 VHDL 描述如例 6.24 所示。

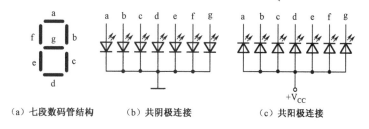

（a）七段数码管结构　　　　（b）共阴极连接　　　　（c）共阳极连接

图 6.11　LED 七段数码管

【例 6.24】　用 WITH SELECT 语句描述的 BCD 码到七段数码显示译码电路。

```
LIBRARY IEEE;
USE IEEE.STD_LOGIC_1164.ALL;
ENTITY seg_bcd7 IS
  PORT(bcd: IN STD_LOGIC_VECTOR(3 DOWNTO 0);          --定义输入信号
       a,b,c,d,e,f,g: OUT STD_LOGIC);                 --定义七段输出信号
END ENTITY seg_bcd7;
ARCHITECTURE one OF seg_bcd7 IS
  SIGNAL dout : STD_LOGIC_VECTOR(6 DOWNTO 0);
BEGIN
dout<= a & b & c & d & e & f & g;
  WITH bcd SELECT
    dout <= "1111110" WHEN "0000",    --显示 0
            "0110000" WHEN "0001",    --显示 1
            "1101101" WHEN "0010",    --显示 2
            "1111001" WHEN "0011",    --显示 3
            "0110011" WHEN "0100",    --显示 4
            "1011011" WHEN "0101",    --显示 5
            "1011111" WHEN "0110",    --显示 6
            "1110000" WHEN "0111",    --显示 7
            "1111111" WHEN "1000",    --显示 8
            "1111011" WHEN "1001",    --显示 9
            "0000000" WHEN OTHERS;    --其他均显示 0
END ARCHITECTURE one;
```

如果采用的是共阳极连接，程序稍做修改即可。

注：实际中七段数码显示译码器的输出一般加几百欧姆的限流电阻。

并行信号赋值语句只能描述并行电路特性，而对于电路的顺序行为，诸如状态机等，并行语句显得力不从心，因此需要使用进程语句来描述。

6.2.2　进程语句

在 VHDL 中，进程语句（PROCESS）是使用最为频繁、应用最为广泛的一种语句，因此掌握进程语句对于编写 VHDL 程序来说十分重要。一个结构体可以包含一个或多个进程语句，各个进程语句是并行执行的，但在每一个进程语句中，组成进程的各条语句则是顺序执行的。可见，进程语句同时具有并行语句和顺序语句的特点。

进程语句的格式如下：

```
[进程名:] PROCESS [(敏感信号表)] [IS]
  [说明语句;]
BEGIN
```

```
    顺序语句;
  END PROCESS [进程名];
```

每一个进程语句结构可以有一个进程名，主要用于区分不同的进程，因此进程名是唯一的，不同进程，名字不能相同。同时，进程名也不是必需的。

敏感信号表是指用来存放敏感信号的列表，它列出了进程语句敏感的所有信号。敏感信号表中可以是一个或者多个敏感信号，只要其中的一个或多个敏感信号发生变化，进程语句将会启动，从而引起进程内部顺序语句的执行。

说明语句用于说明进程中需要使用的一些局部量，包括数据类型、常数、变量、属性等。顺序描述语句部分是一段顺序执行的语句，描述该进程的行为。这些语句可以是信号赋值语句、变量赋值语句或者顺序语句等。进程语句必须以 END PROCESS 结束，进程名可以省略。

对于一个进程语句来说，它只具有两种工作状态：等待状态和执行状态。进程语句的工作状态主要取决于敏感信号激励，当信号没有变化或表达式不满足时，进程处于等待状态；当敏感信号中的任意一个发生变化，并且表达式满足时，进程将会启动进入到工作状态。

进程启动后，BEGIN 和 END PROCESS 间的语句将从上到下顺序执行一次，然后进程挂起，等待下一次敏感信号表中的信号变化，如此往复循环。

在使用进程时应注意下面几个问题：

① 一个进程中不允许出现两个时钟沿敏感信号。

② 对同一信号赋值的语句应出现在一个进程内，不能在多个进程中对同一个信号赋值。不要在时钟沿之后加上 ELSE 语句，现在综合工具支持不了这种特殊的触发器结构。

③ 顺序语句，如 IF、CASE、LOOP 语句、变量赋值语句等必须出现在进程或子程序内部，而不能出现在进程和子程序之外。

④ 进程内部是顺序语句，进程之间是并行运行的。VHDL 中的所有并行语句都可以理解为特殊的进程，只是不以进程结构出现，其输入信号和判断信号就是隐含的敏感表。

下面举例说明如何使用进程语句，首先用进程语句描述组合电路，比如下面是一个用进程语句描述的 2 选 1 数据选择器程序。

【例 6.25】　用进程语句描述的 2 选 1 数据选择器。

```
ENTITY mux2_1 IS
  PORT(a,b,Sel: IN BIT;   y : OUT BIT);
END mux2_1;
ARCHITECTURE one OF mux2_1 IS
BEGIN
mux: PROCESS(a,b,sel)    --mux是进程名，敏感信号为 a,b,sel
    BEGIN
        IF(sel='0') THEN y<=a;
        ELSE y<=b;
        END IF;
END PROCESS mux;
END one;
```

在用进程描述组合逻辑电路时，应注意敏感信号应包含所有的输入信号。用进程描述时序电路时，则一般用时钟信号作为敏感信号，如果有异步清零、异步置位信号端口时，则这些异步清零、异步置位信号也应列为敏感信号。比如下面的例子是一个 8 位锁存器，其功能类似74LS373。

【例 6.26】　8 位锁存器（74LS373）。

```
LIBRARY IEEE;
USE IEEE.STD_LOGIC_1164.ALL;
```

```
ENTITY ttl373 IS
    PORT(le,oe : IN STD_LOGIC;
             d : IN STD_LOGIC_VECTOR(7 DOWNTO 0);
             q : OUT STD_LOGIC_VECTOR(7 DOWNTO 0));
END ttl373;
ARCHITECTURE behav OF ttl373 IS
BEGIN
    PROCESS(le,oe,d)              --注意敏感信号列表
    BEGIN
        IF oe='0' THEN
            IF le='1' THEN q<=d;
            END IF;
        ELSE q<="ZZZZZZZZ";
        END IF;
    END PROCESS;
END behav;
```

例 6.27 用进程描述了 8 位右移移位寄存器，由于将置位信号 load 也列为敏感信号，因此是异步置数。

【例 6.27】   8 位右移移位寄存器。

```
LIBRARY IEEE;
USE IEEE.STD_LOGIC_1164.ALL;
ENTITY shift_r8 IS
   PORT(clk,load : IN STD_LOGIC;
           din : IN STD_LOGIC_VECTOR(7 DOWNTO 0);
           qb : OUT STD_LOGIC);
END shift_r8;
ARCHITECTURE behav OF shift_r8 IS
    SIGNAL reg8 : STD_LOGIC_VECTOR(7 DOWNTO 0);
BEGIN
    PROCESS(clk,load)                          --敏感信号
    BEGIN
      IF RISING_EDGE(clk) THEN                 --边沿检测
        IF load ='1' THEN reg8 <= din;         --异步置数
        ELSE
          reg8(6 DOWNTO 0)<=reg8(7 DOWNTO 1);  --右移
          END IF;
        END IF;
    END PROCESS;
    qb <= reg8(0);                             --输出最低位
END behav;
```

用进程可描述边沿敏感（如触发器、寄存器）器件和电平敏感（如 latch 锁存器）器件，在进程中，表示时钟边沿（上升沿、下降沿）、时钟电平（高电平、低电平）的语句归纳如下。

下面是上升沿的几种表达方式：

```
IF clk'EVENT AND clk='1' THEN                --时钟上升沿表示方式 1
IF NOT clk'STABLE AND clk='1' THEN           --时钟上升沿表示方式 2
IF clk'EVENT AND clk='1' AND clk'LAST_VALUE='0' THEN
```

```
                                            --时钟上升沿表示方式 3
IF clk='1' AND clk'LAST_VALUE='0' THEN      --时钟上升沿表示方式 4
WAIT UNTIL clk'EVENT AND clk='1'            --时钟上升沿表示方式 5
WAIT UNTIL NOT(clk'STABLE) AND clk='1';     --时钟上升沿表示方式 6
WAIT UNTIL RISING_EDGE(clk);                --时钟上升沿表示方式 7
```

其中，'LAST_VALUE 跟'EVENT 一样，也属于信号属性函数，它表示的是最近一次事件发生前的值，因此 clk'EVENT AND clk='1' AND clk'LAST_VALUE='0'表示的是发生在 clk 信号上的从 0 到 1 的一个上跳沿。

以下是下降沿的几种表达方式：

```
IF clk'EVENT AND clk='0' THEN                     --时钟下降沿表示方式 1
IF NOT clk'STABLE AND clk='0' THEN                --时钟下降沿表示方式 2
IF clk'EVENT AND clk='0' AND clk'LAST_VALUE='1' THEN
                                                  --时钟下降沿表示方式 3
IF clk='0' AND clk'LAST_VALUE='1' THEN            --时钟下降沿表示方式 4
WAIT UNTIL clk'EVENT AND clk='0'                  --时钟下降沿表示方式 5
WAIT UNTIL NOT(clk'STABLE) AND clk='0';           --时钟下降沿表示方式 6
WAIT UNTIL FALLING_EDGE(clk);                     --时钟下降沿表示方式 7
```

clk'EVENT AND clk='0' AND clk'LAST_VALUE='1'表示的是发生在 clk 信号上的从 1 到 0 的一个下降沿。下面是高电平、低电平的几种表达方式：

```
IF CLK='1' THEN             --时钟高电平表示方式 1
WAIT UNTIL CLK='1'          --时钟高电平表示方式 2
IF CLK='0' THEN             --时钟低电平表示方式 1
WAIT UNTIL CLK='0'          --时钟低电平表示方式 2
```

以上语句均是可综合的，在可综合的设计中可以采用。

6.2.3 块语句

块（BLOCK）是 VHDL 程序中又一种常用的子结构形式，可看成是结构体的子模块。采用块语句描述系统，是一种结构化的描述方法。块语句可以使结构体层次分明，结构清晰。块语句的结构如下：

```
块名：BLOCK[块保护条件表达式]
      [类属说明语句;]
      [端口说明语句;]
      [块说明部分]
            BEGIN
            并行语句;
END BLOCK[块名];
```

块语句具有如下特点：

① 块内的语句是并发执行的，其综合结果与语句的书写顺序无关。

② 在结构体内，可以有多个块结构，块在结构体内是并发运行的。

③ 块的运行有无条件运行和条件运行两种。条件运行的块结构称为卫式 BLOCK（GUARDED BLOCK）。

④ 块内可以再有块结构，形成块的嵌套，构成层次化结构。

⑤ 块内定义的数据类型、数据对象（信号、变量、常量）、子程序等都是局部的。

下面用块语句设计实现一个 1 位全加器，其构成如图 6.12 所示，是由 2 个半加器和一个或门构成的。用块语句描述实现的 1 位全加器见例 6.28。

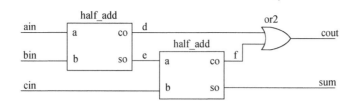

图 6.12　用两个半加器构成全加器

【例 6.28】　用块语句描述的 1 位全加器。

```
LIBRARY  IEEE;
USE IEEE.STD_LOGIC_1164.ALL;
ENTITY full_add_block IS
   PORT(ain,bin,cin : IN STD_LOGIC;
           cout,sum : OUT STD_LOGIC);
END ENTITY full_add_block;

ARCHITECTURE one OF full_add_block IS
SIGNAL d,e,f: STD_LOGIC;          --定义 3 个信号作为内部的连接线
   BEGIN
h_adder1: BLOCK                   --用 BLOCK 语句定义半加器 h_adder1
BEGIN
d<= ain AND bin;
e<= ain XOR bin;
END BLOCK h_adder1;

h_adder2: BLOCK                   --用 BLOCK 语句定义半加器 h_adder2
BEGIN
sum<=e XOR cin;
f<= e AND cin;
END BLOCK h_adder2;

Or2: BLOCK                        --用 BLOCK 语句定义 2 输入或门 or2
BEGIN
cout<= d OR f;
END BLOCK or2;
END one;
```

可以看出，用块语句描述设计可以使结构体结构清晰，类似于在原理图设计中调用元件来搭建系统。在实际应用中，一个块语句中还可以包含多个子块语句，这样嵌套形成一个复杂的硬件电路。

6.2.4　元件例化语句

在 VHDL 程序中可以直接将已经设计好的电路模块，封装为"元件"，然后在新的设计实体中调用该元件，构成层次化的设计。

元件可以是设计好的 VHDL 源文件，也可以是用别的硬件描述语言，如 Verilog 设计的模块，还可以是 IP 核、LPM 宏功能模块、EDA 设计软件中的嵌入式核等功能单元。

元件的定义与调用必须用元件例化语句完成。元件例化语句由元件定义语句和元件例化（或元件调用）两部分组成。

元件定义是在结构体的 ARCHITECTURE 和 BEGIN 关键词之间用 COMPONENT 语句完成的，其格式如下：

```
COMPONENT 元件名 [IS]
   [GENERIC (类属说明);]
   [PORT (端口名表);]
END COMPONENT 元件名;
```

元件例化或元件调用的格式为：

```
例化名：元件名 PORT MAP([元件端口名=>] 系统端口名,… );
```

元件定义是将已经完成的设计实体（必须有相应的源文件存在）包装、定义为一个元件；元件例化就是调用该元件，相当于将该元件插入到电路板上，在插入时，必须将元件的端口名（可想象为元件的引脚）与当前系统（可想象为一个电路板）上插座的端口名对应好，一般通过 PORT MAP 端口映射语句实现这种对应。

端口映射有两种方式，一种是名称关联方式，另一种是位置关联方式。

名称关联端口映射的格式为：

```
元件端口名=> 当前系统端口名,…
```

如果采用位置关联端口映射方式，则在 PORT MAP 语句中，只要列出当前系统的端口名就可以了，但必须注意系统端口名的排列顺序，应与元件定义时的端口排列顺序一致。

下面举一个元件例化的例子。如图 6.13 所示电路是由 4 个 D 触发器构成的 4 位移位寄存器，由此可以设想，如果将单个 D 触发器封装为元件，则调用 4 个同样的元件，按图 6.13 所示连接起来，就可以完成 4 位移位寄存器的设计。

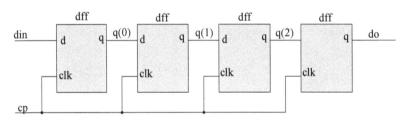

图 6.13　4 位移位寄存器

首先给出基本 D 触发器的设计源文件。

【例 6.29】　基本 D 触发器源文件。

```
LIBRARY IEEE;
USE IEEE.STD_LOGIC_1164.ALL;
ENTITY d_ff IS                    --基本 D 触发器
  PORT(d,clk: IN STD_LOGIC;
          q : OUT STD_LOGIC);
END d_ff;
ARCHITECTURE behav OF d_ff IS
BEGIN
  PROCESS(clk)
  BEGIN
    IF clk'EVENT AND clk='1' THEN  q<=d;
    END IF;
  END PROCESS;
END behav;
```

将上面的基本 D 触发器封装为"元件"，调用 4 个这样的元件按图 6.14 连接起来，即可完成 4 位移位寄存器的设计。

【例 6.30】　元件例化实现的 4 位移位寄存器。

```
LIBRARY IEEE;
USE IEEE.STD_LOGIC_1164.ALL;
ENTITY shift_reg4 IS
    PORT(din,cp : IN STD_LOGIC;    --4 位移位寄存器端口定义
            do : OUT STD_LOGIC);
END ENTITY shift_reg4;

ARCHITECTURE struct OF shift_reg4 IS
      COMPONENT d_ff                 --将基本 D 触发器封装为元件，即元件定义
        PORT(d,clk : IN STD_LOGIC;
                q : OUT STD_LOGIC);
END COMPONENT;
      SIGNAL q:STD_LOGIC_VECTOR(2 DOWNTO 0);
BEGIN
    dff1: d_ff PORT MAP(din,cp,q(0));
                              --元件例化,采用位置关联端口映射方式
    dff2: d_ff PORT MAP(q(0),cp,q(1));
    dff3: d_ff PORT MAP(q(1),cp,q(2));
    dff4: d_ff PORT MAP(q(2),cp,do);
END ARCHITECTURE;
```

如果采用名称关联端口映射方式，则元件例化可写为：

```
dff1: d_ff PORT MAP(clk=>cp,d=>din,q=>q(0));   --名称关联端口映射方式
dff2: d_ff PORT MAP(clk=>cp,d=>q(0),q=>q(1));
dff3: d_ff PORT MAP(clk=>cp,d=>q(1),q=>q(2));
dff4: d_ff PORT MAP(clk=>cp,d=>q(2),q=>do);
```

此时，端口名的排列顺序可任意，只要元件端口名和系统端口名一一对应即可。

6.2.5　生成语句

GENERATE 生成语句是一种可以建立重复结构或者是在模块的多个表示形式之间进行选择的语句。由于生成语句可以用来产生或复制多个相同的结构，因此使用生成语句可避免重复书写多段相同的 VHDL 程序。生成语句的格式有如下两种形式：

1. FOR GENERATE 语句

```
[标号:] FOR 循环变量 IN 取值范围 GENERATE
  BEGIN
并行语句
END GENERATE [标号];
```

其中，循环变量的值在每次循环时都将发生变化，其取值从取值范围最左边的值开始并递增到取值范围最右边的值，实际上也就限制了循环的次数；循环变量每取一个值就要执行一次 GENERATE 语句体中的并行处理语句。

生成语句的典型应用是存储器阵列和寄存器。下面仍以例 6.30 的 4 位移位寄存器为例，说明 FOR GENERATE 语句的使用方法。例 6.30 的结构体中有 4 条元件例化语句，这 4 条语句的结构十分相似，可以用 FOR GENERATE 生成语句对其进行描述。

【例 6.31】　用 FOR GENERATE 描述的 4 位移位寄存器。

```
LIBRARY IEEE;
USE IEEE.STD_LOGIC_1164.ALL;
ENTITY shift_reg4g IS
    PORT(din,cp : IN STD_LOGIC;              --4 位移位寄存器端口定义
          do : OUT STD_LOGIC);
END ENTITY shift_reg4g;

ARCHITECTURE struct OF shift_reg4g IS
    COMPONENT d_ff                          --元件定义
        PORT(d,clk : IN STD_LOGIC;
                q : OUT STD_LOGIC);
END COMPONENT;
    SIGNAL q:STD_LOGIC_VECTOR(0 TO 4);
BEGIN
    q(0)<= din;
    u1: FOR i IN 0 TO 3 GENERATE    --用 FOR GENERATE 语句进行元件例化
        dffx : d_ff PORT MAP(q(i),cp,q(i+1));
    END GENERATE u1;
    do<=q(4);
END ARCHITECTURE;
```

可以看出用 FOR GENERATE 生成语句替代例 6.30 中的 4 条元件例化语句,使 VHDL 程序变得更加简洁。在结构体中用了两条并发的信号代入语句和一条 FOR GENERATE 生成语句,两条并发的信号代入语句用来将内部信号 q(0)、q(4)和输入端口 din、输出端口 do 连接起来,FOR GENERATE 语句用来例化产生相同结构的 4 个 D 触发器。

下面的程序描述了一个更为通用的移位寄存器,在程序中定义了一个类属参数 w,并赋初值为 8,表示描述的是 8 位移位寄存器,如果要更改宽度,则只需改变 w 的赋值。

【例 6.32】   用 FOR GENERATE 描述地更为通用的移位寄存器。

```
LIBRARY IEEE;
USE IEEE.STD_LOGIC_1164.ALL;

ENTITY shift_regw IS
GENERIC(w:INTEGER :=8);                      --定义类属参量 w,赋值为 8
    PORT(din,cp : IN STD_LOGIC;              --8 位移位寄存器端口定义
          do : OUT STD_LOGIC);
END ENTITY shift_regw;

ARCHITECTURE struct OF shift_regw IS
    COMPONENT d_ff                          --元件定义
      PORT(d,clk: IN STD_LOGIC;
              q: OUT STD_LOGIC);
END COMPONENT;
    SIGNAL q:STD_LOGIC_VECTOR(0 TO w);
BEGIN
    q(0)<= din;
    e1:FOR i IN 0 TO (w-1) GENERATE    --用 FOR GENERATE 进行元件例化
      dffx : d_ff PORT MAP(q(i),cp,q(i+1));
    END GENERATE e1;
    do<=q(w);
```

```
END struct;
```

上例用综合器综合的 RTL 视图如图 6.14 所示。

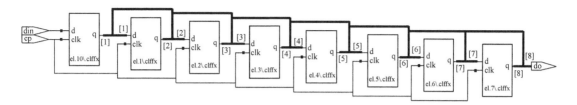

图 6.14　8 位移位寄存器 RTL 综合视图

2. IF GENERATE 语句

IF GENERATE 生成语句主要用来描述结构生成中的例外情况，例如，某些边界条件的特殊性。当执行到该语句时首先进行条件判断，如果条件为 TRUE 才会执行生成语句中的并行语句；如果条件为 FALSE，则不执行该语句。

IF GENERATE 的语法结构为：

```
[标号:] IF 条件表达式 GENERATE
   BEGIN
并行语句;
END GENERATE [标号];
```

IF GENERATE 语句与 IF 语句的区别在于，IF GENERATE 语句没有类似于 IF 语句的 ELSE 或 ELSIF 分支语句。例 6.31 的 4 位移位寄存器用 IF GENERATE 进行描述。

【例 6.33】　用 IF GENERATE 描述的 4 位移位寄存器。

```
LIBRARY IEEE;
USE IEEE.STD_LOGIC_1164.ALL;
ENTITY shift_reg4_if IS
    PORT(din,cp : IN STD_LOGIC;            --4 位移位寄存器端口定义
          do : OUT STD_LOGIC);
END ENTITY shift_reg4_if;

ARCHITECTURE struct OF shift_reg4_if IS
     COMPONENT d_ff                --元件定义
         PORT(d,clk : IN STD_LOGIC;
                q : OUT STD_LOGIC);
END COMPONENT;
    SIGNAL q:STD_LOGIC_VECTOR(1 TO 3);
BEGIN
    e1: FOR i IN 0 TO 3 GENERATE
           IF(i=0)GENERATE           --用 IF GENERATE 语句进行元件例化
            dffx : d_ff PORT MAP(din,cp,q(i+1));
           END GENERATE;
           IF(i=3) GENERATE
            dffx : d_ff PORT MAP (q(i),cp,do);
           END GENERATE;
           IF((i /=0)AND(i /=3))GENERATE
            dffx : d_ff PORT MAP (q(i),cp,q(i+1));
           END GENERATE;
```

```
      END GENERATE e1;
  END;
```

在结构体中，FOR GENERATE 生成语句中使用了 IF GENERATE 语句。IF GENERATE 生成语句首先进行条件 i=0 和 i=3 的判断，即判断所产生的 D 触发器是否是移位寄存器的第一级和最后一级；如果是第一级触发器，就将寄存器的输入信号 di 代入到 PORT MAP 语句中；如果是最后一级触发器，就将寄存器的输出信号 do 代入到 PORT MAP 语句中，这样就解决了边界条件具有不规则性所带来的问题，其作用类似于例 6.31 中的两条并发的信号代入语句。

6.2.6　并行过程调用语句

当在进程内部调用过程语句时，调用语句相当于是一种顺序语句；当在结构体的进程之外调用过程时，它作为并行语句的形式出现。作为并行过程调用语句，在结构体中它们是并行执行的，其执行顺序与书写顺序无关。

并行过程调用语句的功能等效于包含了同一个过程调用语句的进程。下例是一个取 3 个整数最大值的 VHDL 描述，在其结构体中使用了并行过程调用语句。

【例 6.34】　取 3 个整数的最大值。

```
ENTITY max3 IS
    PORT(in1,in2,in3:IN INTEGER RANGE 64 DOWNTO 0;
         q:OUT INTEGER RANGE 64 DOWNTO 0);
END ENTITY max3;
ARCHITECTURE rtl OF max3 IS
PROCEDURE max(SIGNAL a,b:IN INTEGER;      --过程定义
SIGNAL c:OUT INTEGER)IS
BEGIN
    IF(a>b) THEN  c<=a;  ELSE c<=b;
    END IF;
END PROCEDURE max;
SIGNAL tmp:INTEGER RANGE 64 DOWNTO 0;
BEGIN
max(in1,in2,tmp);                         --并行过程调用语句
max(tmp,in3,q);                           --并行过程调用语句
END rtl;
```

6.3　属性说明与定义语句 ●●●

VHDL 中具有属性（Attribute）的对象有：实体、结构体、配置、程序包、元件、过程、函数、信号、变量等，属性表示这些对象的某些特征。利用 VHDL 的属性描述语句可以访问对象的属性，综合器支持的属性有：'EVENT，'STABLE，'RANGE，'LOW，'HIGH 等。

某一对象的属性或特征通常可以用一个值或一个表达式来表示；它可以通过 VHDL 的属性描述语句加以访问。属性的一般格式为：

```
Object'Attributes
```

用符号'隔开对象名及其属性。常用的属性有下面几种。

6.3.1　数据类型属性

数据类型属性如下：

T'BASE——数据类型 T 的基本类型。

T'LEFT——左限值。

T'RIGHT——右限值。

T'HIGH——上限值。

T'LOW——下限值。

T'POS(x) ——元素 x 的序位号。

T'VAL(N) ——位置 N 对应的元素。

T'SUCC(x) ——比元素 x 的序位号大 1 的元素。

T'PRED(x) ——比元素 x 的序位号小 1 的元素。

T'LEFTOF(x) —— x 左边的元素。

T'RIGHTOF(x) —— x 右边的元素。

比如：

```
TYPE state IS(a,b,c,d,e);
SUBTYPE st IS state RANGE d DOWNTO b;
```

则：

```
state'POS(a)      --0;              state'POS(b)       --1;
state'VAL(4)      --e;              state'SUCC(b)      --c;
state'PRED(c)     --b;              st'LEFT            --d;
st'RIGHT          --b;              st'LOW             --b;
st'HIGH           --d;              st'BASE'LEFT       --a;
```

又如：

```
TYPE color IS(red,yellow,blue,green,orange);
```

则：

```
color'POS(green)        --3
color'VAL(2)            --blue
color'SUCC(green)       --orange
color'PRED(blue)        --yellow
color'LEFTOF(green)     --blue
color'RIGHTOF(blue)     --green
```

6.3.2　数组属性

数组属性如下：

A'LEFT——数组 A 的左边界。

A'RIGHT——数组 A 的右边界。

A'HIGH——上边界。

A'LOW——下边界。

A'RANGE——范围。

A'REVERSE_RANGE——逆向范围。

A'LENGTH——数组的元素个数。

比如：

```
SIGNAL a: STD_LOGIC_VECTOR(7 DOWNTO 0);
SIGNAL b: STD_LOGIC_VECTOR(0 TO 3);
```

则上面两个信号的属性值有：

```
a'LEFT            --7;              a'RIGHT    --0;
a'LOW             --0;              a'HIGH         --7;
a'LENGTH          --8;              a'RANGE    --7 DOWNTO 0;
```

```
a'REVERSE_RANGE       -- 0 TO 7;        b'LEFT          --0;
b'RIGHT         --3;                    b'LOW           --0;
b'HIGH          --3;                    b'LENGTH        --4;
```

下面是一个两维数组的例子：

```
TYPE raya IS ARRAY(0 TO 3,7 DOWNTO 0)OF BIT;
```

则有：

```
raya'LEFT(1)        --0;               raya'LEFT(2)        --7;
raya'HIGH(1)        --3;               raya'HIGH(2)        --7;
raya'RANGE(1)       --0 to 3;          raya'RANGE(2)       --7 DOWNTO 0
raya'LENGTH(1)      --4;               raya'LENGTH(2)      --8
raya'REVERSE_RANGE(1)                  --3 DOWNTO 0;
raya'REVERSE_RANGE(2)                  --0 TO 7;
```

例 6.35 是用属性设计的 8 位偶校验电路，在程序中使用了'RANGE 属性，用来限定 LOOP 的循环次数。

【例 6.35】　用属性设计的 8 位偶校验电路。

```
LIBRARY  IEEE;
USE  IEEE.STD_LOGIC_1164.ALL;
ENTITY attri IS
  PORT(din: IN STD_LOGIC_VECTOR(7 DOWNTO 0);
       y: OUT STD_LOGIC);
END  ENTITY attri;
ARCHITECTURE one OF attri IS
BEGIN
  PROCESS(din)
    VARIABLE  tmp: STD_LOGIC;
  BEGIN  tmp:='0';
    FOR i IN din'RANGE LOOP              --'RANGE 属性
      tmp:=tmp XOR din(i);
    END LOOP;
      y<=tmp ;
  END  PROCESS;
END;
```

6.3.3　信号属性

signal'EVENT：如果在当前极小的一段时间间隔内，siganl 上发生了一个事件，则函数返回"真"（TRUE），否则就返回"假"（FALSE）。

signal'STABLE[(T)]：T 时间内是否发生事件（发生为 FALSE，不发生为 TRUE）。

signal'ACTIVE：若在当前仿真周期中，信号 siganl 上有一个活跃（任何事务），则 signal'ACTIVE 返回"真"，否则返回"假"。

signal'LAST_VALUE：信号最后一次变化前的值，并将此值返回。

signal'LAST_ACTIVE：返回一个时间值，即从信号最后一次发生的事务到现在的时间长度。

EVENT（事件）和 ACTIVE（活跃）是两个不同的概念。ACTIVE 定义为信号值的任何变化，信号值由 1 变为 0 是一个活跃，而从 1 变为 1 也是一个活跃。EVENT 则要求信号值发生变化。信号值从 1 变为 0 是一个事件，但从 1 变为 1 虽是一个活跃却不是一个事件。所有的事件都是活跃，但并非所有的活跃都是事件。

　　信号类属性中最常用的是'EVENT 属性，'EVENT 属性的值为布尔型，如果有事件发生在该属性所附着的信号上（即信号有变化），则其取值为 TRUE，否则为 FALSE。利用此属性可表示时钟边沿，比如：

```
SIGNAL clk: IN STD_LOGIC;
clk'EVENT AND clk='1'            --表示时钟的上升沿
NOT(clk'STABLE) AND clk='1';     --表示时钟的上升沿
clk'EVENT AND clk='0'            --表示时钟的下降沿
NOT clk'STABLE AND clk='0'       --表示时钟的下降沿
```

　　仿真时，如果要严格地表示时钟的上升沿（即从 0 到 1 的变化），而排除 X→1 等状态变化，可采用下面的语句来表示：

```
IF(clk'EVENT) AND (clk='1') AND (clk'LAST_VALUE='0') THEN…
--表示 clk 信号发生了变化，且变化前最后的值为 0，而变化后的值为 1，因此是从 0 到 1 的上升沿
```

习　题　6

　　6.1　用 IF 语句描述 4 选 1 数据选择器。

　　6.2　用 IF 语句描述四舍五入电路的功能，假定输入的是一位 BCD 码。

　　6.3　用 CASE 语句描述七段显示译码器，假定输入的是一位 BCD 码。

　　6.4　用 CASE 语句描述 4 选 1 数据选择器功能。

　　6.5　总结用 CASE 语句描述设计时应注意事项。

　　6.6　用 WHEN ELSE 语句描述 4 选 1 数据选择器。

　　6.7　用 WITH SELECT 语句描述 4 选 1 数据选择器功能。

　　6.8　WITH SELECT 语句描述七段显示译码器功能。

　　6.9　进程（PROCESS）语句中能不能使用 WITH SELECT 和 WHEN ELSE 语句，为什么？

　　6.10　用进程语句描述组合电路和时序电路，有什么区别？

　　6.11　有一个比较电路，当输入的一位 8421BCD 码大于 4 时，输出为 1，否则为 0。试编写出 VHDL 程序。

　　6.12　试编写同步模 5 计数器程序，有异步复位和进位输出端。

　　6.13　编写一个"1010"序列检测器的 VHDL 程序。

　　6.14　基于 Quartus Prime 用 IP 核设计 FIFO 缓存器，并进行仿真。

第 | 7 | 章

VHDL 设计进阶

VHDL 允许设计者用三种方式来对逻辑电路描述和建模：

- 行为（Behavioural）描述。
- 数据流（Data Flow）描述或寄存器传输级（RTL）描述。
- 结构（Structural）描述。

本章主要介绍 3 种描述风格以及一些基本逻辑电路的设计。

7.1 行 为 描 述 ●●●

所谓行为描述，就是对设计实体的数学模型的描述，其抽象程度远高于结构描述方式。行为描述类似于高级编程语言，当描述一个设计实体的行为时，无须知道具体电路的结构，只需要描述清楚输入与输出信号的行为，而无须花费精力关注设计结构的具体实现。

如下所示是用行为描述方式实现的 1 位全加器。

【例 7.1】 行为描述方式实现的 1 位全加器。

```
LIBRARY IEEE;
USE IEEE.STD_LOGIC_1164.ALL;
USE IEEE.STD_LOGIC_UNSIGNED.ALL;
ENTITY full_adda IS
PORT(a,b,cin: IN STD_LOGIC;
    cout,sum: OUT STD_LOGIC);
END full_adda;
ARCHITECTURE behav OF full_adda IS
SIGNAL temp : STD_LOGIC_VECTOR(1 DOWNTO 0);
BEGIN
    temp <=('0'&a)+b+cin;
    sum  <=temp(0);
    cout <=temp(1);
END behav;
```

如下所示是用行为描述方式实现的 7 人表决电路，超过半数表决通过。

【例 7.2】 用 FOR LOOP 语句描述的 7 人表决电路。

```
LIBRARY IEEE;
```

```
USE IEEE.STD_LOGIC_1164.ALL;
ENTITY vote7 IS
  PORT(vt: IN STD_LOGIC_VECTOR(7 DOWNTO 1);
      pass :OUT STD_LOGIC);
END ENTITY vote7;
ARCHITECTURE one OF vote7 IS
BEGIN PROCESS(vt)
VARIABLE sum: INTEGER RANGE 0 TO 7;      --定义赞成票变量
BEGIN    sum:=0;
FOR i IN 1 TO 7 LOOP   --FOR LOOP 语句
    IF(vt(i)='1')  THEN  sum:=sum+1;
      IF(sum>=4)  THEN pass<='1';      --超过半数表决通过
      ELSE    pass<='0';
END IF;  END IF;
END LOOP;  END PROCESS;
END;
```

采用行为描述方式时应注意下面几点：

- 用行为描述方式设计电路，可以降低设计难度。行为描述只需表示输入与输出之间的关系，不需要包含任何结构方面的信息。
- 设计者只需写出源程序，而电路的实现由 EDA 软件自动完成，实现电路的优化程度，往往取决于综合软件的技术水平和器件的支持能力。
- 在电路的规模较大或者需要描述复杂的逻辑关系时，应首先考虑用行为描述方式进行设计，如果设计的结果不能满足资源占有率的要求，则应改变描述方式。

7.2 数据流描述

用数据流方式设计电路与用传统的逻辑方程设计电路很相似。显见，f=ab+cd 和 f<=(a AND b) OR (c AND d)是很相似的。它们的差别仅在于描述逻辑运算的逻辑符号及表达方式略有不同。数据流描述亦表示行为，但含有结构信息，如进程间的通信等，通常用并行语句进行描述。

设计中只要有了布尔代数表达式就很容易将它转换为 VHDL 的数据流表达式。转换方法是用 VHDL 中的逻辑运算符置换布尔逻辑运算符即可。例如，用 OR 置换"+"，用"<="置换"="。

1 位全加器的门级结构原理图如图 7.1 所示，例 7.3 用数据流描述方式实现了该电路。

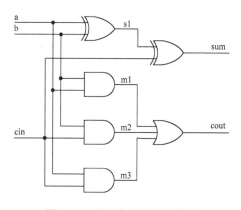

图 7.1 1 位全加器门级结构图

【例 7.3】 数据流描述的 1 位全加器。

```
LIBRARY IEEE;
USE IEEE.STD_LOGIC_1164.ALL;
ENTITY full_addb IS
PORT(a,b,cin: IN STD_LOGIC;
    sum,cout: OUT STD_LOGIC);
END full_addb;
ARCHITECTURE dataflow OF full_addb IS
BEGIN
 sum <= a XOR b XOR cin;
```

```
    cout<=(a AND b) OR (b AND cin) OR (a AND cin);
END dataflow;
```

2 选 1 数据选择器的门级原理图如图 7.2 所示，用数据流描述的 2 选 1 数据选择器如下。

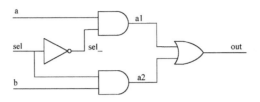

图 7.2　2 选 1 数据选择器门级原理图

【例 7.4】　数据流描述的 2 选 1 数据选择器。

```
ENTITY mux21 IS
  PORT(a,b,sel : IN BIT;  y : OUT BIT);
END ENTITY mux21;
ARCHITECTURE dataflow OF mux21 IS
SIGNAL a1,a2 : BIT;
BEGIN
a1 <= a AND (NOT Sel);
a2 <= b AND sel;
y <= a1 OR a2;
END ARCHITECTURE dataflow;
```

7.3　结 构 描 述

所谓结构描述方式，就是指在设计中，通过调用库中的元件或是已设计好的模块来完成设计实体功能的描述。在结构体中，描述只表示元件（或模块）和元件（或模块）之间的互连，就像网表一样。当调用库中不存在的元件时，则必须首先进行元件的创建，然后将其放在工作库中，这样才可以调用。

7.3.1　用结构描述设计 1 位全加器

下面采用结构描述方式实现 1 位全加器，首先定义两种元件：半加器和 2 输入或门，然后通过调用这两种元件（元件例化）构成 1 位全加器，再调用 1 位全加器进一步构成 4 位加法器和 8 位加法器。

1. 半加器设计

首先设计 1 位半加器，半加器的真值表如表 7.1 所示。

表 7.1　1 位半加器的真值表

输　　　入		输　　　出	
a	*b*	so	co
0	0	0	0
0	1	1	0
1	0	1	0
1	1	0	1

由此可得其门级原理图如图 7.3 所示，其 VHDL 描述见例 7.5。

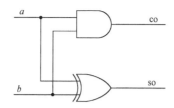

图 7.3 1 位半加器结构图

【例 7.5】 半加器的 VHDL 描述。

```
LIBRARY  IEEE;
USE IEEE.STD_LOGIC_1164.ALL;
ENTITY half_add IS
  PORT(a,b: IN STD_LOGIC;  co,so: OUT STD_LOGIC);
END ENTITY  half_add;
ARCHITECTURE one OF half_add is
BEGIN
  so <= a XOR b;
  co <= a AND b;
END ARCHITECTURE one;
```

2. 1 位全加器设计

用两个半加器和一个或门可以构成 1 位全加器，其连接关系如图 7.4 所示。下面的结构描述通过调用半加器元件 half_add 或门元件 or2 实现了该电路。在调用元件时，首先要在结构体说明部分采用 COMPONENT 语句对要引用的元件 half_add 和 or2 进行定义，然后采用 PORT MAP 映射语句进行元件例化。

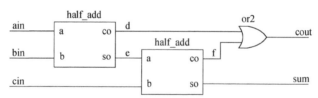

图 7.4 两个半加器构成一个 1 位全加器

【例 7.6】 或门逻辑描述。

```
LIBRARY  IEEE;
USE IEEE.STD_LOGIC_1164.ALL;
ENTITY or2h IS
  PORT(a,b: IN STD_LOGIC; y: OUT STD_LOGIC);
END ENTITY or2h;
ARCHITECTURE one OF or2h IS
  BEGIN
  y <= a OR b;
END ARCHITECTURE one;
```

【例 7.7】 结构描述的 1 位二进制全加器顶层设计。

```
LIBRARY  IEEE;
USE IEEE.STD_LOGIC_1164.ALL;
ENTITY full_add IS
  PORT(ain,bin,cin : IN STD_LOGIC;
          cout,sum : OUT STD_LOGIC);
END ENTITY full_add;
```

```
ARCHITECTURE struct OF full_add IS
  COMPONENT half_add                    --将半加器定义为元件
    PORT(a,b : IN STD_LOGIC;
         co,so : OUT STD_LOGIC);
   END COMPONENT;
  COMPONENT or2h
    PORT(a,b : IN STD_LOGIC;
             y : OUT STD_LOGIC);
  END COMPONENT;
SIGNAL d,e,f: STD_LOGIC;               --定义 3 个信号作为内部连线
  BEGIN
    u1 : half_add PORT MAP(a=>ain,b=>bin,co=>d,so=>e);  --元件例化
    u2 : half_add PORT MAP(a=>e, b=>cin, co=>f, so=>sum);
    u3 : or2h     PORT MAP(a=>d, b=>f, y=>cout);
  END ARCHITECTURE struct;
```

例 7.7 的仿真波形见图 7.5，可知设计功能正确。

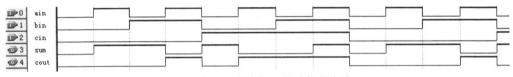

图 7.5　1 位二进制全加器的功能仿真波形

7.3.2　用结构描述设计 4 位加法器

用 4 个 1 位全加器按如图 7.6 所示级联，即构成 4 位加法器。

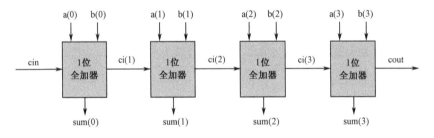

图 7.6　4 个 1 位全加器级联构成 4 位加法器

【例 7.8】　结构描述的 4 位级联加法器。

```
LIBRARY  IEEE;
USE IEEE.STD_LOGIC_1164.ALL;
ENTITY f_add4 IS
  PORT(a,b : IN STD_LOGIC_VECTOR(0 TO 3);
       cin : IN STD_LOGIC;
 sum : OUT STD_LOGIC_VECTOR(0 TO 3);
 cout: OUT STD_LOGIC);
END ENTITY f_add4;
ARCHITECTURE struct OF f_add4 IS
  COMPONENT full_add                    --将 1 位全加器定义为元件
    PORT(ain,bin,cin : IN STD_LOGIC;
            cout,sum : OUT STD_LOGIC);
   END COMPONENT;
   SIGNAL ci: STD_LOGIC_VECTOR(1 TO 3);     --定义节点信号
```

```
    BEGIN
    u1 : full_add PORT MAP(ain=>a(0),bin=>b(0),cin=>cin,
    cout=>ci(1),sum=>sum(0));        --元件例化
    u2 : full_add PORT MAP(ain=>a(1),bin=>b(1),cin=>ci(1),
    cout=>ci(2),sum=>sum(1));
    u3 : full_add PORT MAP(ain=>a(2),bin=>b(2),cin=>ci(2),
    cout=>ci(3),sum=>sum(2));
    u4 : full_add PORT MAP(ain=>a(3),bin=>b(3),cin=>ci(3),
cout=>cout,sum=>sum(3));
END ARCHITECTURE struct;
```

7.3.3 用结构描述设计 8 位加法器

用 8 个 1 位全加器按如图 7.7 所示级联，构成 8 位加法器。采用 GENERATE 生成语句来描述此电路，如例 7.9 所示。显见，采用 GENERATE 语句使描述更为简洁。

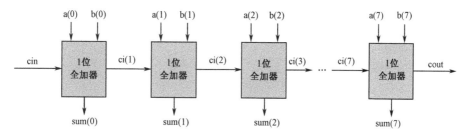

图 7.7　用 8 个 1 位全加器构成 8 位加法器

【例 7.9】　用生成语句描述的 8 位级联加法器。

```
LIBRARY  IEEE;
USE IEEE.STD_LOGIC_1164.ALL;
ENTITY f_add8 IS
   PORT(a,b : IN STD_LOGIC_VECTOR(0 TO 7);
        cin : IN STD_LOGIC;
 sum : OUT STD_LOGIC_VECTOR(0 TO 7);
 cout: OUT STD_LOGIC);
END ENTITY f_add8;
ARCHITECTURE struct OF f_add8 IS
   COMPONENT full_add                       --将 1 位全加器定义为元件
     PORT(ain,bin,cin : IN STD_LOGIC;
             cout,sum : OUT STD_LOGIC);
   END COMPONENT;
   SIGNAL ci: STD_LOGIC_VECTOR(0 TO 8);     --定义节点信号
   BEGIN
ci(0)<= cin;
    u1 : FOR i IN 0 TO 7 GENERATE            --用生成语句进行元件例化
fd : full_add PORT MAP(ain=>a(i),bin=>b(i),cin=>ci(i),
cout=>ci(i+1),sum=>sum(i));
    END GENERATE u1;
    cout<=ci(8);
END ARCHITECTURE struct;
```

例 7.9 的 RTL 综合原理图如图 7.8 所示。

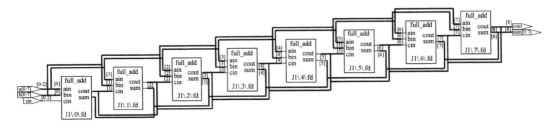

图 7.8　8 位级联全加器的 RTL 综合原理图

如果采用行为描述来实现 8 位全加器，则如例 7.10 所示，在例 7.10 中定义了类属参量 w，如果要改变数据宽度，改变 w 的赋值即可，由此可看出，采用的描述级别越高，越便于修改设计。

【例 7.10】　行为描述方式实现的 8 位加法器。

```
LIBRARY IEEE;
USE IEEE.STD_LOGIC_1164.ALL;
USE IEEE.STD_LOGIC_UNSIGNED.ALL;      --调用此库的目的是运算符重载
ENTITY f_addh8 IS
GENERIC(w : INTEGER :=7);             --定义类属参量w，赋值为7
    PORT(a,b: IN STD_LOGIC_VECTOR(w DOWNTO 0);
         cin: IN STD_LOGIC;
sum : OUT STD_LOGIC_VECTOR(w DOWNTO 0);
cout: OUT STD_LOGIC);
END ENTITY f_addh8;
ARCHITECTURE behav OF f_addh8 IS
SIGNAL temp : STD_LOGIC_VECTOR((w+1) DOWNTO 0);
BEGIN
    temp <=('0'&a)+b+cin;
    sum  <= temp(w DOWNTO 0);
    cout <= temp(w+1);
END behav;
```

7.4　三态逻辑设计 ●●●

在数字系统中，经常要用到三态逻辑电路，例 7.11 是一个基本三态门的 VHDL 描述，其综合图见图 7.9。

【例 7.11】　三态门。

```
LIBRARY IEEE;
USE IEEE.STD_LOGIC_1164.ALL;
ENTITY trigate IS
PORT(en,a : IN STD_LOGIC;  y : OUT STD_LOGIC);
END trigate;
ARCHITECTURE one OF trigate IS
BEGIN
    y <=a WHEN (en='1') ELSE 'Z';
END one;
```

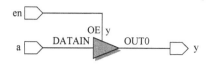

图 7.9   三态门综合图

如果一个 I/O 引脚既要作为输入，同时要作为输出，则必然需要用到三态门，比如在例 7.12 中定义了一个 1 位三态双向缓冲器。

【例 7.12】   三态双向缓冲器。

```
LIBRARY IEEE;
USE IEEE.STD_LOGIC_1164.ALL;
ENTITY bidir IS
PORT (y : INOUT STD_LOGIC;          --y为双向I/O端口
 en, a: IN STD_LOGIC;
 b : OUT STD_LOGIC);
END bidir;
ARCHITECTURE one OF bidir IS
BEGIN
 y <=a WHEN (en='1') ELSE 'Z';
 b <= y;
END one;
```

例 7.12 也可以用 IF 语句写为下面的形式，这两个例子的 RTL 综合图均如图 7.10 所示，从图中可看出，端口 y 可作为双向 I/O 端口使用，当 en 为 1，三态门呈现高阻态时，y 用做输入端口，否则 y 作为输出端口。

【例 7.13】   三态双向缓冲器。

```
LIBRARY IEEE;
USE IEEE.STD_LOGIC_1164.ALL;
ENTITY bidir1 IS
PORT(y : INOUT STD_LOGIC;           --y为双向I/O端口
    en,a: IN STD_LOGIC; b : OUT STD_LOGIC);
END bidir1;
ARCHITECTURE one OF bidir1 IS
BEGIN
PROCESS(en,a)
 BEGIN IF(en='1') THEN y<=a;
    ELSE y <='Z';
END IF;
END PROCESS;
 b<=y;
END one;
```

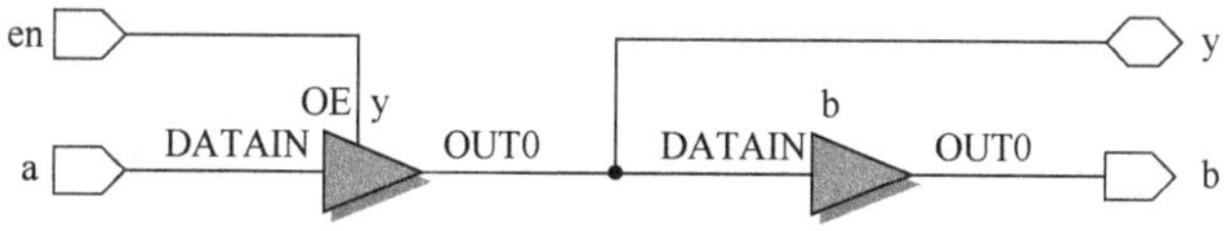

图 7.10   三态双向缓冲器 RTL 综合图

设计一个功能类似 74LS245 的三态双向 8 位总线缓冲器，其功能如表 7.2 所示，两个 8 位数据端口（a 和 b）均为双向端口，oe 和 dir 分别为使能端和数据传输方向控制端。设计源程序见例 7.14，其 RTL 综合图如图 7.11 所示。

表 7.2　三态双向 8 位总线缓冲器功能表

输　入		输　出
oe	dir	
0	0	b→a
0	1	a→b
1	x	隔开

【例 7.14】　三态双向总线缓冲器。

```
LIBRARY IEEE;
USE IEEE.STD_LOGIC_1164.ALL;
ENTITY ttl245 IS
PORT(a,b : INOUT STD_LOGIC_VECTOR(7 DOWNTO 0);      --双向数据线
    oe,dir : IN STD_LOGIC);                          --使能信号和方向控制
END ttl245;
ARCHITECTURE one OF ttl245 IS
BEGIN
  a <= b WHEN (oe='0' AND dir='0')
  ELSE(OTHERS=>'Z');
  b <= a WHEN (oe='0' AND dir='1')
    ELSE(OTHERS=>'Z');
END one;
```

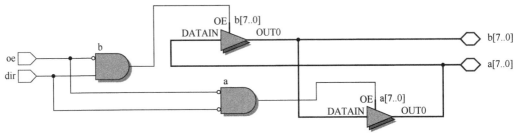

图 7.11　三态双向总线缓冲器 RTL 综合图

7.5　分频器设计 ●●●

7.5.1　占空比为 50% 的奇数分频

在实际应用中，我们经常会遇到这样的问题，需要进行奇数次分频，同时又要得到占空比是 50% 的方波波形。如果是偶数次分频，得到占空比是 50% 的方波波形并不困难，比如进行 $2N$ 次分频，只需在计数到 $N-1$（从 0 开始计）时，波形翻转即可；或者在最后一级加一个 2 分频器也可实现。如果是奇数次分频，可采用如下方法：用两个计数器，一个由输入时钟上升沿触发，另一个由输入时钟下降沿触发，最后将两个计数器的输出相或，即可得到占空比为 50% 的方波波形。

比如在例 7.15 中，实现了对输入时钟信号 clk 的 7 分频，同时得到了占空比 50% 的方波信号，程序中采用了两个计数器，一个由输入时钟 clk 上升沿触发，另一个由输入时钟 clk 下降沿触发，两个分频器的输出信号正好有半个时钟周期的相位差，最后将两个计数器的输出相或，

即得到了占空比为 50%的方波波形。

【例 7.15】 占空比 50%的奇数分频（模 7）。

```
LIBRARY IEEE;
USE IEEE.STD_LOGIC_1164.ALL;
USE IEEE.STD_LOGIC_UNSIGNED.ALL;
ENTITY fdiv7 IS
    PORT(clk,reset: IN STD_LOGIC;
      clkout: OUT STD_LOGIC);          --输出时钟
END fdiv7;
ARCHITECTURE behav OF fdiv7 IS
SIGNAL clkout1,clkout2: STD_LOGIC;
SIGNAL count1,count2: STD_LOGIC_VECTOR(3 DOWNTO 0);
BEGIN
PROCESS(clk)                                  --计数器 1
BEGIN
    IF(clk'event AND clk='1') THEN          --上升沿触发
    IF(reset='1') THEN count1<="0000";
    ELSE
        IF(count1=6) THEN count1<="0000";
        ELSE count1<=count1+1;
        END IF;
        IF(count1<3) THEN clkout1<='1';
        ELSE clkout1<='0';
        END IF;
    END IF;
    END IF;
END PROCESS;
PROCESS(clk)                                  --计数器 2
BEGIN
    IF(clk'event AND clk='0') THEN          --下降沿触发
    IF(reset='1') THEN count2<="0000";
    ELSE
        IF(count2=6) THEN count2<="0000";
        ELSE count2<=count2+1;
        END IF;
        IF(count2<3) THEN clkout2<='1';
        ELSE clkout2<='0';
        END IF;
    END IF;
    END IF;
END PROCESS;
clkout<=clkout1 OR clkout2;                    --相或
END behav;
```

对上面的奇数分频器进行仿真，如图 7.12 所示是其功能仿真波形图，可注意看两个分频器的输出，以及将两路输出进行或运算后得到的输出波形。

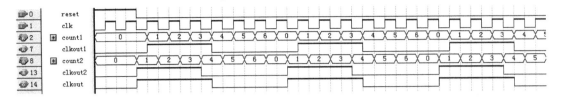

图 7.12　模 7 奇数分频器功能仿真波形图

在例 7.16 中，定义了类属参量 w，这样只需更改 w 的赋值（w 应赋奇数值），就可以得到任意模的奇数分频器，在例 7.16 中，w 赋值为 11，得到 11 分频的占空比为 50%的设计电路，其功能仿真波形如图 7.13 所示。

【例 7.16】　较为通用的占空比为 50%的奇数分频电路。

```vhdl
LIBRARY IEEE;
USE IEEE.STD_LOGIC_1164.ALL;
USE IEEE.STD_LOGIC_UNSIGNED.ALL;
ENTITY fdivn IS
GENERIC(w : INTEGER :=11);                  --定义类属参量 w
    PORT(clk,reset: IN STD_LOGIC;
            clkout: OUT STD_LOGIC);          --输出时钟
END fdivn;
ARCHITECTURE behav OF fdivn IS
SIGNAL clkout1,clkout2: STD_LOGIC;
SIGNAL count1,count2: STD_LOGIC_VECTOR(3 DOWNTO 0);
BEGIN
PROCESS(clk)                                --计数器 1
BEGIN
    IF(clk'event AND clk='1') THEN          --上升沿触发
    IF(reset='1') THEN count1<="0000";
    ELSE
    IF(count1=w-1) THEN count1<="0000";
    ELSE count1<=count1+1;
    END IF;
    IF(count1<(w-1)/2) THEN clkout1<='1';
    ELSE clkout1<='0';
    END IF;
    END IF;
    END IF;
END PROCESS;
    PROCESS(clk)                            --计数器 2
    BEGIN
    IF(clk'event AND clk='0') THEN          --下降沿触发
    IF(reset='1') THEN count2<="0000";
    ELSE
    IF(count2=w-1) THEN count2<="0000";
        ELSE count2<=count2+1;
    END IF;
    IF(count2<(w-1)/2) THEN clkout2<='1';
    ELSE clkout2<='0';
```

```
        END IF;
        END IF;
        END IF;
    ND PROCESS;
    clkout<=clkout1 OR clkout2;                    --相或
    END behav;
```

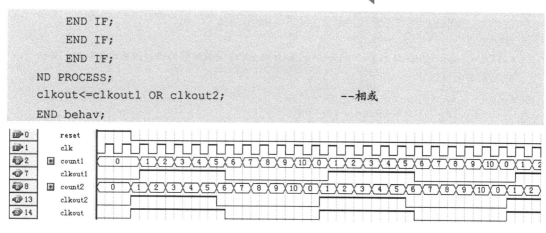

图 7.13 模 11 奇数分频器功能仿真波形图

7.5.2 半整数分频

设有一个 5 MHz 的时钟信号，但需要得到 2 MHz 的时钟，分频比为 2.5，此时可采用半整数分频器。半整数分频器的设计思想是：实现 2.5 分频，可先设计一个模 3 计数器，再做一个脉冲扣除电路，加在模 3 计数器之后，每来 3 个脉冲就扣除半个脉冲，即可实现分频系数为 2.5 的半整数分频。采用类似的方法，每来 n 个脉冲扣除半个脉冲，即可实现分频系数为 $n-0.5$ 的半整数分频。如图 7.14 所示是半整数分频器原理图。通过异或门和 2 分频模块组成脉冲扣除电路，脉冲扣除正是输入频率与 2 分频输出异或的结果。

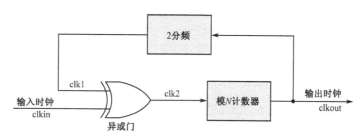

图 7.14 半整数分频器原理图

例 7.17 是采用上述方法设计实现的半整数分频器，其中，模 n 计数器设计成带预置的计数器形式，只需更改分频预置数 n 的赋值，就可实现任意分频系数为 $n-0.5$ 的分频器，比如 6.5、7.5、8.5 等，例 7.18 中 n 赋初值 4，因此，该例实现的是 3.5 分频，图 7.15 是例 7.17 的功能仿真波形图，可注意观察各个信号的波形；如果将 n 赋初值 6，则得到 5.5 分频，其功能仿真波形图如图 7.16 所示。

【例 7.17】 $n-0.5$ 半整数分频器。

```
LIBRARY IEEE;
USE IEEE.STD_LOGIC_1164.ALL;
USE IEEE.STD_LOGIC_UNSIGNED.ALL;
ENTITY fdivn_5 IS
    PORT(clkin,clr: IN STD_LOGIC;
            clkout: BUFFER STD_LOGIC);           --输出时钟
END fdivn_5;
ARCHITECTURE one OF fdivn_5 IS
constant n: std_logic_vector(3 downto 0):="0100";   --分频预置数 n
SIGNAL clk2,clk1: STD_LOGIC;
```

```
SIGNAL count: STD_LOGIC_VECTOR(3 DOWNTO 0);
BEGIN
clk2<=clkin XOR clk1;          --clkin 与 clk1 异或后作为模 N 计数器的时钟
PROCESS(clk2,clr)
BEGIN
    IF(clr='1') THEN count<="0000";
    ELSIF(clk2'event AND clk2='1') THEN
        IF(count=n-1) THEN                    --模 n 计数
        count<="0000";
        clkout<='1';
        ELSE
        count<=count+1;
        clkout<='0';
        END IF;
    END IF;
END PROCESS;
PROCESS(clkout)
BEGIN
    IF(clkout'event AND clkout='1') THEN
    clk1<=NOT clk1;                          --输出时钟二分频
    END IF;
END PROCESS;
END one;
```

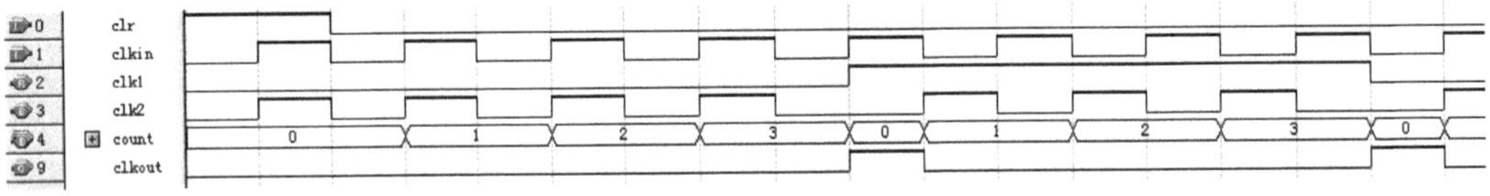

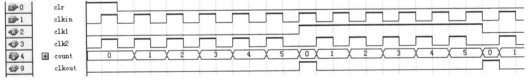

图 7.15　3.5 半整数分频器功能仿真波形图

图 7.16　5.5 半整数分频器功能仿真波形图

7.5.3　数控分频器

　　数控分频器的功能就是当输入端给定不同输入数据时，对输入的时钟信号有不同的分频比，数控分频器要求信号发生器输出的正负脉宽是可调的，用户可以通过预置一特定数值来获得所需要的高电平和低电平持续时间以及占空比。这种信号发生器在实际中具有很重要的用途，如 PWM（Pulse Width Modulation，脉宽调制）的设计等。

　　数控分频器可采用计数值可预置的加法计数器实现，方法是将计数溢出位与预置数加载输入信号相接，其设计源程序如例 7.18 所示

　　【例 7.18】　数控分频器。

```
LIBRARY IEEE;
USE IEEE.STD_LOGIC_1164.ALL;
USE IEEE.STD_LOGIC_UNSIGNED.ALL;
ENTITY pdiv IS
```

```
      PORT(clk: IN STD_LOGIC;
             d: IN STD_LOGIC_VECTOR(7 DOWNTO 0);
           qout: OUT STD_LOGIC);
END pdiv;
ARCHITECTURE one OF pdiv IS
SIGNAL full: STD_LOGIC;
BEGIN
  PROCESS(clk)
  VARIABLE cnt1 : STD_LOGIC_VECTOR(7 DOWNTO 0);
  BEGIN
     IF clk'EVENT AND clk='1' THEN
         IF cnt1="11111111" THEN
         cnt1:=d;    --当 cnt1 计满时, 输入数据 d 被同步预置给计数器 cnt1
         full<='1'; --使溢出标志信号 full 输出为高电平
         ELSE   cnt1:= cnt1+1;
                 full<='0';
         END IF;
     END IF;
  END PROCESS;
  div: PROCESS(full)
  VARIABLE cnt2: STD_LOGIC;
   BEGIN
   IF full'EVENT AND full='1' THEN
     cnt2:= NOT cnt2;     --如果溢出标志信号 full 为高电平, D 触发器输出取反
       IF cnt2='1' THEN qout<='1';
                   ELSE qout<='0';
       END IF;
   END IF;
  END PROCESS div;
END one;
```

例 7.18 的仿真波形如图 7.17 所示，可看到输入不同的预置数 d，得到不同的输出频率。

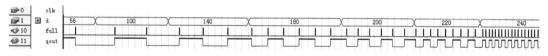

图 7.17　仿真波形

可在 DE2-115 平台上进行下载，用 8 个拨动开关 SW7～SW0 作为 8 位预置数 d，clk 由 50 MHz 晶体输入（引脚 R3，如想听到声音，应对输入的时钟进行适当的分频，以使输出信号落在音频范围内），qout 输出端接一个小扬声器，改变 8 位预置数 d，可听到输出不同音调的声音。

如果使输出波形的正负脉宽的宽度分别由两个输入数据控制和调整，由例 7.18 可进一步实现正负脉宽宽度均可调的电路。

7.6　用锁相环 IP 核实现倍频和相移 ●●●

本节用 altpll 锁相环模块实现倍频和分频，将输入的 50 MHz 参考时钟信号经过锁相环，输出一路 9 MHz（占空比为 50%）的分频信号，一路有 10 ns 相移的 100 MHz（占空比为 40%）倍频信号，并进行仿真验证。

1．altpll 锁相环 IP 模块

多数 FPGA 内部都集成有锁相环（Phase Locked Loop，PLL），用以完成时钟的高精度、低抖动的倍频、分频、占空比调整、移相等，其精度一般在 ps 的数量级。善用芯片内部的 PLL 资源完成时钟的分频、倍频、移相等操作，不仅简化了设计，并且能有效地高系统的精度和稳定性。

altpll 是 Quartus Prime 软件自带的参数化锁相模块，altpll 以输入时钟信号作为参考信号实现锁相，输出若干个同步倍频或者分频的片内时钟信号。与直接来自片外的时钟相比，片内时钟可以减少时钟延迟，减小片外干扰，还可以改善时钟的建立时间和保持时间，是系统稳定工作的保证。

2．altpll 模块的定制

① 建立工程，调用 altpll 锁相环模块：在 Quartus Prime 软件中利用 New Project Wizard 建立一个名为 expll 的工程。打开 IP Catalog，在 Basic Functions 目录下找到 altpll 宏模块，双击该模块，出现图 7.18 所示的 Save IP Variation 对话框，在其中为自己的 altpll 模块命名，比如 mypll，同时，选择其语言类型为 VHDL。

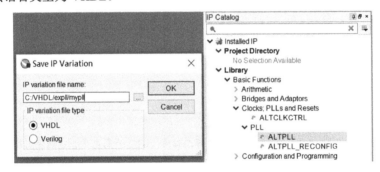

图 7.18　Save IP Variation 对话框

② 单击 OK 按钮，自动启动 MegaWizard Plug-In Manager，对 altpll 模块进行参数设置。首先出现如图 7.19 所示的窗口，在此窗口中选择芯片系列、速度等级和参考时钟，芯片系列选择 Cyclone IV E 系列，输入时钟 inclk0 的频率设置为 50 MHz，设置 device speed grade 为 7，其他保持默认。

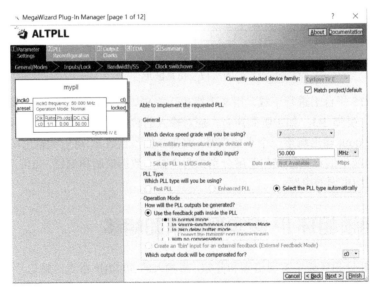

图 7.19　选择芯片和设置参考时钟

③ 单击 Next 按钮，进入图 7.20 所示的窗口，在此窗口主要设置锁相环的端口，Optional inputs 框中有使能信号 pllena（高电平有效），异步复位信号 areset（高电平有效）和 pfdena 信号（相位/频率检测器的使能端，高电平有效）。为了方便操作，我们只选择了 areset 异步清零端；同时 Lock Output 项目下，使能 locked，通过此端口可以判断锁相环是否失锁，若失锁则该端口为 0，高电平表示正常。

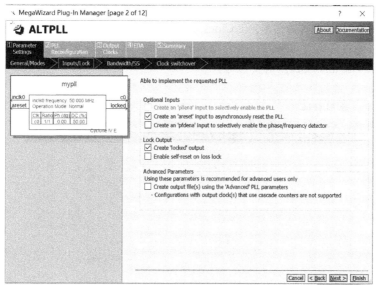

图 7.20 锁相环端口设置

④ 单击 Next 按钮，进入如图 7.21 所示的窗口，对输出时钟信号 c0 进行设置。在 Enter output clock frequency 后面输入所需得到的时钟频率；Clock multiplication factor 和 Clock division factor 分别是时钟的倍频系数和分频系数，也就是输入的参考时钟分别乘上一个系数再除以一个系数，得到所需的时钟频率，当输入所需的输出频率后，倍频系数和分频系数都会自动计算出来，只要单击 Copy 按钮即可。

注：也可以直接设置倍频系数和分频系数得到所需要的频率。本例中的倍频系数和分频系数分别为 9 和 50，便可从输入 50 MHz 的参考时钟信号得到 9 MHz 的分频信号。

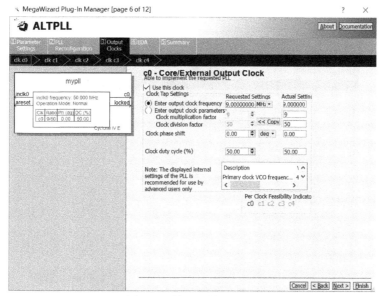

图 7.21 输出时钟 c0 设置

在 Clock phase shift 中设置相移，此处设为 0。在 Clock duty cycle 中设置输出信号的占空比，此处设为 50%。注意，若在设置窗口上方出现蓝色的 Able to implement the requested PLL 提示，表示所设置的参数可以接受；若出现红色的 Cannot implement the requested PLL，则说明所设置的参数超出所能接受的范围，应修改设置参数。

⑤ 单击 Next 按钮，进入如图 7.22 所示的界面，对输出时钟信号 c1 进行设置，可以像设置 c0 一样对 c1 进行设置。直接设置倍频系数和分频系数为 2 和 1，便可从输入的 50 MHz 参考时钟信号得到 100 MHz 的时钟信号；在 Clock phase shift 中设置相移为 5 ns，在 Clock duty cycle 中设置输出信号的占空比为 40%。

注：图中的 Use this clock，需要勾选。

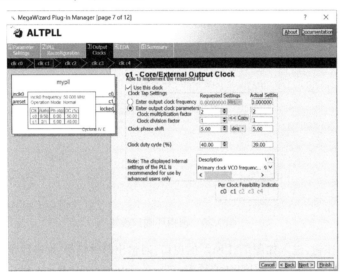

图 7.22　输出时钟 c1 设置

⑥ 设置完 c0、c1 输出信号的频率、相位和占空比等参数后，连续单击 Next（忽略掉设置 c2、c3、c4 的页面，altpll 模块最多可以产生 5 个时钟信号），最后弹出如图 7.23 所示的界面，设置需要产生的输出文件格式。其中，mypll.vhd 文件是设计源文件，系统默认选中；mypll_inst.vhd 文件展示了在顶层实体中例化引用的方法；mypll.bsf 文件是模块符号文件，如果顶层采用原理图输入方法，需要选中该文件。

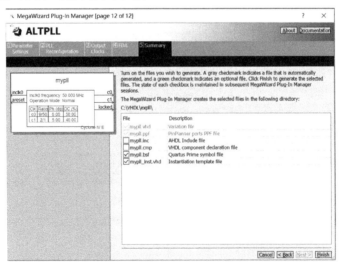

图 7.23　选择需要的输出文件格式

⑦ 单击图 7.23 中的 Finish 按钮，定制完毕。

3．altpll 模块的例化

调用定制好的 pll 模块：新建顶层 VHDL 文件，例化刚生成的 pll 模块，将顶层命名为 pll_top.vhd，其代码如例 7.19 所示。

【例 7.19】　顶层模块，例化 mypll.vhd。

```
LIBRARY IEEE;
USE IEEE.STD_LOGIC_1164.ALL;
ENTITY pll_top IS
PORT (aclr,clk50m:IN STD_LOGIC;
clk9m,clk100m,locked:OUT STD_LOGIC);
END;


ARCHITECTURE one OF pll_top IS
COMPONENT mypll                      --将mypll封装为元件
    PORT(areset,inclk0 : IN STD_LOGIC;
          c0,c1,locked: OUT STD_LOGIC);
END COMPONENT;
BEGIN
mypll_inst : mypll PORT MAP (         --例化mypll.vhd
    areset  => aclr,
    inclk0  => clk50m,
    c0   => clk9m,
    c1   => clk100m,
    locked  => locked
);
END;
```

4．编译和仿真

① 将 pll_top.vhd 设置为顶层实体模块，进行编译。

② 编译通过后，编写 Test Bench 激励文件，具体代码如例 7.20 所示。

【例 7.20】　对 pll_top.vhd 测试的 Test Bench 文件（pll_top.vht）。

```
LIBRARY ieee;
USE ieee.std_logic_1164.all;

ENTITY pll_top_vhd_tst IS
END pll_top_vhd_tst;
ARCHITECTURE pll_top_arch OF pll_top_vhd_tst IS
CONSTANT period: TIME :=20 ns;
SIGNAL aclr,locked : STD_LOGIC;
SIGNAL clk9m,clk50m : STD_LOGIC;
SIGNAL clk100m : STD_LOGIC;
COMPONENT pll_top
PORT (aclr : IN STD_LOGIC;
    clk50m : IN STD_LOGIC;
    clk9m,clk100m : OUT STD_LOGIC;
   locked : OUT STD_LOGIC);
END COMPONENT;
BEGIN
i1 : pll_top PORT MAP (aclr => aclr,
          clk9m => clk9m,
          clk50m => clk50m,
```

```
                    clk100m => clk100m,
                    locked => locked);
    init : PROCESS
    BEGIN
        aclr<='1';  WAIT FOR period*2;
        aclr<='0';  WAIT;
    END PROCESS init;
    always : PROCESS
    BEGIN
    clk50m <='1';  WAIT FOR period/2;
    clk50m <='0';  WAIT FOR period/2;
    END PROCESS always;
    END pll_top_arch;
```

③ 在 Quartus Prime 中对仿真环境进行设置；选择菜单 Assignments→Settings，弹出 Settings
对话框，选中 Simulation 项，单击 Test Benches 按钮，出现 Test Benches 对话框，单击其中的
New 按钮，出现 New Test Bench Settings 对话框，在其中填写 Test bench name 为 pll_top_vht_tst；
使能 Use test bench to perform VHDL timing simulation，在 Design instance name in test bench 栏中
填写 i1，End simulation at 选择 1us；Test bench and simulation files 选择当前目录下的 pll_top.vht，
并将其加载（Add）。

上述的设置过程如图 7.24 所示。

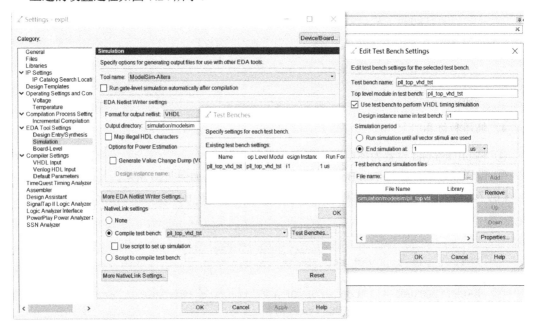

图 7.24   Test Bench 设置

④ 选择菜单 Tools→Run Simulation Tool→Gate Level Simulation 选择门级仿真，会弹出如
图 7.25 所示的选择器件的时序模型的对话框，从下拉菜单中选择 Fast -M 1.2V 0 Model，单击
Run 按键，启动门级仿真。

也可以选择菜单 Tools→Run Simulation Tool→RTL Simulation，实现 RTL 仿真。

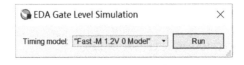

图 7.25   选择器件的时序模型

⑤ 图 7.26 所示是门级仿真的结果，通过各个信号的波形，可以观察到输入信号 clk50m 和输出信号 clk9m、clk100m 之间的周期和相位关系。

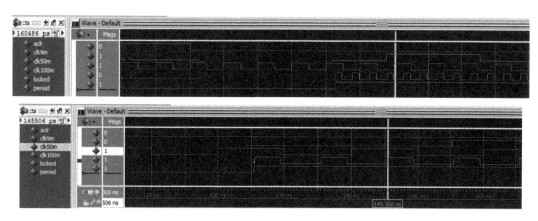

图 7.26 锁相环电路门级仿真波形

习 题 7

7.1 分别用结构描述和行为描述方式设计 JK 触发器，并进行综合。

7.2 编写 4 位串/并转换程序。

7.3 编写 4 位除法电路程序。

7.4 用 VHDL 编写一个将带符号二进制数的 8 位原码转换成 8 位补码的电路，并基于 Quartus Prime 软件进行综合和仿真。

7.5 设计乐曲演奏电路，乐曲选择"铃儿响叮当"，或其他熟悉的乐曲。

7.6 编写一个 8 路彩灯控制程序，要求彩灯有以下 3 种演示花型。

① 8 路彩灯同时亮灭。

② 从左至右逐个亮（每次只有 1 路亮）。

③ 8 路彩灯每次 4 路灯亮，4 路灯灭，且亮灭相间，交替亮灭。

7.7 用 VHDL 设计数字跑表，计时精度为 10 ms（百分秒），最大计时为 59 分 59.99 秒，跑表具有复位、暂停、百分秒计时等功能；当启动/暂停键为低电平时开始计时，为高电平时暂停，变低后在原来的数值基础上继续计数。

第 |8| 章

VHDL 有限状态机设计

有限状态机（Finite State Machine，FSM）是时序电路设计中经常采用的一种方式，尤其适于设计数字系统的控制模块，在一些需要控制高速器件的场合，用状态机进行设计是解决问题的一种很好的方案，具有速度快、结构简单、可靠性高等优点。

有限状态机非常适于用 FPGA 器件实现，用 VHDL 的 CASE 语句能很好地描述基于状态机的设计，再通过 EDA 工具软件的综合，一般可以生成性能极优的状态机电路，从而使其在执行时间、运行速度和占用资源等方面优于由 CPU 实现的方案。

8.1   有限状态机 ●●●

有限状态机可以认为是组合逻辑和寄存器逻辑的特殊组合，它一般包括两个部分：组合逻辑部分和寄存器逻辑部分。寄存器用于存储状态，组合电路用于状态译码和产生输出信号。状态机的下一个状态及输出，不仅与输入信号有关，而且还与寄存器当前所处的状态有关。

8.1.1   有限状态机的描述

根据输出信号产生方法的不同，状态机可以分为两类：米里型（Mealy）和摩尔型（Moore）。摩尔型状态机的输出只是当前状态的函数，米里型状态机的输出则是当前状态和当前输入的函数。摩尔型状态机和米里型状态机分别如图 8.1 和图 8.2 所示。米里型状态机的输出是在输入变化后立即变化的，不依赖时钟信号的同步，摩尔型状态机的输入发生变化时还需要等待时钟的到来，必须等状态发生变化时才导致输出的变化，因此比米里型状态机要多等待一个时钟周期。

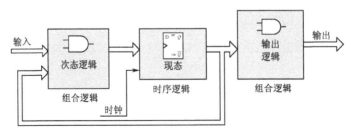

图 8.1   摩尔型（Moore）状态机

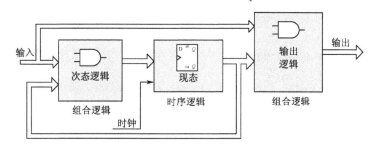

图 8.2　米里型（Mealy）状态机

　　实用的状态机一般都设计为同步时序方式，它在时钟信号的触发下，完成各个状态之间的转换，并产生相应的输出。状态机有三种表示方法：状态图（State Diagram）、状态表（State Table）和流程图，这三种表示方法是等价的，相互之间可以转换。其中，状态图是最常用的表示方式。米里型状态图的表示如图 8.3 所示，图中的每个圆圈表示一个状态，每个箭头表示状态之间的一次转移，引起转换的输入信号及产生的输出信号标注在箭头上。

　　计数器可以采用状态机方法进行设计，计数器可看成是按照固定的状态转移顺序进行转换的状态机，比如模 5 计数器的状态图可表示为图 8.4 的形式，显然，此状态机属于摩尔型状态机，该状态机的 VHDL 描述如例 8.1 所示。

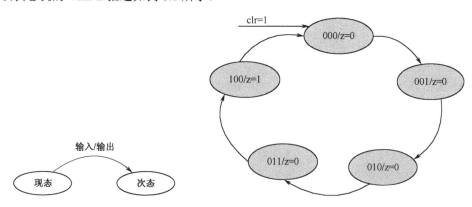

图 8.3　米里型状态图的表示　　　　图 8.4　模 5 计数器的状态图（摩尔型）

【例 8.1】　用状态机设计模 5 计数器（双进程描述）。

```
LIBRARY IEEE;
USE IEEE.STD_LOGIC_1164.ALL;
ENTITY cnt5 IS
  PORT(clk,clr: IN STD_LOGIC;
       z: OUT STD_LOGIC;                    --z 为输出信号，可理解为进位信号
       q: BUFFER STD_LOGIC_VECTOR(2 DOWNTO 0));
END cnt5;
ARCHITECTURE one OF cnt5 IS
BEGIN
  PROCESS(clk,clr)                          --进程 1，进行状态转移
  BEGIN
    IF clr='1' THEN q<="000";               --异步复位
    ELSIF clk'EVENT AND clk='1' THEN
      CASE q IS
      WHEN "000"=> q<="001";
      WHEN "001"=> q<="010";
```

```
            WHEN "010"=> q<="011";
            WHEN "011"=> q<="100";
            WHEN "100"=> q<="000";
            WHEN OTHERS=> q<="000";
        END CASE;
      END IF;
  END PROCESS;

PROCESS(q)                              --进程 2, 用于产生输出信号
    BEGIN
      CASE q IS
        WHEN "100"=> z<='1';
        WHEN OTHERS=> z<='0';
      END CASE;
  END PROCESS;
END one;
```

例 8.1 中使用了两个进程，分别进行状态转移和产生输出信号，也可以只用一个进程进行描述，如例 8.2 所示。

【例 8.2】 用状态机设计模 5 计数器（单进程描述）。

```
LIBRARY IEEE;
USE IEEE.STD_LOGIC_1164.ALL;
ENTITY cnt5d IS
  PORT(clk,clr: IN STD_LOGIC;
       z: OUT STD_LOGIC;
       q: BUFFER STD_LOGIC_VECTOR(2 DOWNTO 0));
END cnt5d;
ARCHITECTURE one OF cnt5d IS
BEGIN
  PROCESS(clk,clr)
  BEGIN
    IF clr='1' THEN q<="000";              --异步复位
    ELSIF clk'EVENT AND clk='1' THEN
      CASE q IS
      WHEN "000"=> q<="001"; z<='0';
      WHEN "001"=> q<="010"; z<='0';
      WHEN "010"=> q<="011"; z<='0';
      WHEN "011"=> q<="100"; z<='0';
      WHEN "100"=> q<="000"; z<='1';
      WHEN OTHERS=> q<="000"; z<='0';
      END CASE;
    END IF;
  END PROCESS;
END one;
```

8.1.2　枚举数据类型

计数器是一种较为特殊的状态机，其各个状态的编码一般是设定的，或者称为直接编码形

式。在 VHDL 中，为了便于阅读、编译和优化，可采用文字符号来表征状态机中的状态，将状态的数据类型定义为枚举类型，比如，如果有 s0～s4 五个状态，可以定义为：

```
TYPE state_type IS(s0,s1,s2,s3,s4);
```

其中，state_type 是该枚举类型的名称。枚举类型是用户自定义类型，其实质是用文字符号来表示一组实际的二进制编码，在定义了枚举类型后，就可以指定信号为 state_type 类型。例如：

```
SIGNAL  state: state_type;        --信号 state 可取 s0～s4 中任一个
```

上面的语句将信号 state 定义为 state_type 数据类型，综合器在综合时，会自动为 s0～s4 五个状态进行编码，将每个状态表示为一组二进制码的形式。

在下面的程序中，有 4 个状态，综合器对其综合时，会自动为 s0～s3 进行编码，将状态表示为二进制码的形式。

【例 8.3】 采用枚举类型定义的状态机的 VHDL 描述。

```
LIBRARY IEEE;
USE IEEE.STD_LOGIC_1164.ALL;
ENTITY fsm IS
PORT(clk,x,reset : IN STD_LOGIC;  z : OUT STD_LOGIC);
END fsm;
ARCHITECTURE one OF fsm IS
TYPE state_type IS(s0,s1,s2,s3);              --定义枚举数据类型
SIGNAL current_state,next_state:state_type; --定义枚举信号
BEGIN
PROCESS                                       --次态转换进程，描述时序逻辑
    BEGIN
    WAIT UNTIL clk'EVENT AND clk='1';
        IF reset='1' THEN current_state<=s0;   --同步复位
        ELSE current_state<=next_state;
        END IF;
END PROCESS;
PROCESS(current_state,x)                       --组合逻辑进程
BEGIN
    CASE current_state IS
        WHEN s0 =>
            IF x='0' THEN z<='0'; next_state<=s0;
            ELSE z<='1'; next_state<=s2;
            END IF;
        WHEN s1 =>
            IF x='0' THEN z<='0'; next_state<=s0;
            ELSE z<='0'; next_state<=s2;
            END IF;
        WHEN s2 =>
            IF x='0' THEN z<='1'; next_state<=s2;
            ELSE z<='0'; next_state<=s3;
            END IF;
        WHEN s3 =>
            IF x='0' THEN z<='0'; next_state<=s3;
            ELSE z<='1'; next_state<=s1;
            END IF;
```

```
        END CASE;
    END PROCESS;
    END one;
```

上例在用综合器综合后，可以直观地观察到生成的状态图，比如在 Quartus Prime 软件中，对程序编译后，选择菜单 Tools→Netlist Viewers→State Machine Viewer，将弹出如图 8.5 所示的状态图。

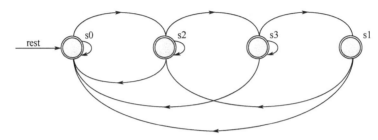

图 8.5　例 8.3 的状态机视图（Quartus Prime）

8.2　有限状态机的描述方式 ●●◦

在状态机设计中主要包含三个对象：

● 当前状态（Current State，CS）；

● 下一个状态（Next State，NS）；

● 输出逻辑（Out Logic，OL）。

相应地，在用 VHDL 描述有限状态机时，有以下几种描述方式：

① 三进程描述方式。即现态（CS）、次态（NS）、输出逻辑（OL）各用一个进程描述。

② 双进程描述方式 1（CS+NS、OL 双进程描述）。使用两个进程来描述有限状态机：一个进程描述现态和次态时序逻辑（CS+NS），另一个进程描述输出逻辑（OL）。

③ 双进程描述方式 2（CS、NS+OL 双进程描述）。一个进程用来描述现态（CS）；另一个进程描述次态和输出逻辑（NS+OL）。

④ 单进程描述方式。在单进程描述方式中，将状态机的现态、次态和输出逻辑（CS+NS+OL）放在一个进程中进行描述。

对于双进程描述方式，相当于一个进程是由时钟信号触发的时序进程，时钟进程对状态机的时钟信号敏感，当时钟发生有效跳变时，状态机的状态发生变化，一般用 CASE 语句检查状态机的当前状态，然后用 IF THEN ELSE 语句决定下一状态；另一个进程是组合进程，在组合进程中根据当前状态给输出信号赋值，对于摩尔型（Moore）状态机，其输出只与当前状态有关，因此只需用 CASE 语句描述即可，对于米里型（Mealy）状态机，其输出则与当前状态和当前输入都有关，因此可以用 CASE 语句和 IF THEN ELSE 语句组合进行描述。双进程的描述方式结构清晰，并且把时序逻辑和组合逻辑分开进行描述，便于修改。

单进程描述方式中，将有限状态机的现态、次态和输出逻辑（CS+NS+OL）放在一个进程中进行描述，这样做带来的好处是相当于采用时钟信号来同步输出信号，因此可以克服输出逻辑信号出现毛刺的问题，这在一些让输出信号做为控制逻辑的场合使用，就有效避免了输出信号带有毛刺，从而产生错误的控制逻辑的问题。但须注意的是，采用单进程描述方式，输出逻辑会比双进程描述方式的输出逻辑延迟一个时钟周期的时间。

8.2.1　三进程表述方式

下面以"101"序列检测器的设计为例，介绍用 VHDL 描述状态图的几种方式。图 8.6 是

"101" 序列检测器的状态转换图，共有 4 个状态：s0、s1、s2、s3，分别用几种方式对其描述。
首先介绍三进程描述方式。

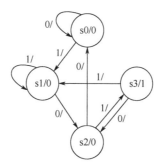

图 8.6 "101" 序列检测器状态图

【例 8.4】 "101" 序列检测器的 VHDL 描述（CS、NS、OL 各用一个进程描述）。

```
LIBRARY IEEE;
USE IEEE.STD_LOGIC_1164.ALL;
ENTITY fsm1_seq101 IS
  PORT(clk,clr,x: IN STD_LOGIC;         --X 是序列检测器的输入
           Z: OUT STD_LOGIC);           --Z 是序列检测器的输出
END;
ARCHITECTURE one OF fsm1_seq101 IS
TYPE state_type IS(s0,s1,s2,s3);        --定义枚举数据类型
SIGNAL current_state,next_state: state_type;   --定义枚举信号
BEGIN
  cs:PROCESS(clk,clr)                   --该进程描述状态转换
  BEGIN
    IF clr='1' THEN current_state<=s0;  --异步复位, s0 为起始状态
    ELSIF clk'EVENT AND clk='1'  THEN
       current_state <= next_state;
    END IF;
END PROCESS cs;

  ns:PROCESS(x,current_state)           --该进程描述次态
  BEGIN
    CASE current_state IS
      WHEN s0=> IF x='1' THEN next_state<=s1;
               ELSE next_state<=s0;
               END IF;
      WHEN s1=> IF x='0' THEN next_state<=s2;
               ELSE next_state <=s1;
               END IF;
      WHEN s2=> IF x='1' THEN next_state<=s3;
               ELSE next_state <=s0;
               END IF;
      WHEN s3=> IF x='1' THEN next_state<=s1;
               ELSE next_state <=s2;
               END IF;
```

```
            WHEN OTHERS=> next_state <=s0;
      END CASE;
END PROCESS ns;

 ol:PROCESS(current_state)                --该进程产生输出逻辑
 BEGIN
    CASE current_state IS
        WHEN s3=> z<='1';
        WHEN OTHERS=> z<='0';
    END CASE;
 END PROCESS ol;
END;
```

8.2.2 双进程表述方式

下面用双进程方式对"101"序列检测器进行描述。

【例 8.5】   "101"序列检测器的 VHDL 描述（CS+NS、OL 双进程描述）。

```
LIBRARY IEEE;
USE IEEE.STD_LOGIC_1164.ALL;
ENTITY fsm2_seq101 IS
  PORT(clk,clr,x: IN STD_LOGIC;           --X是序列检测器的输入
             Z: OUT STD_LOGIC);           --Z是序列检测器的输出
END;
ARCHITECTURE one OF fsm2_seq101 IS
  TYPE state_type IS(s0,s1,s2,s3);        --定义枚举数据类型
  SIGNAL state: state_type;               --定义枚举信号
BEGIN
  csns:PROCESS(clk,clr)                   --该进程描述现态和次态（CS+NS）
  BEGIN
   IF clr='1' THEN state <=s0;            --异步复位
   ELSIF clk'EVENT AND clk='1'  THEN
     CASE state IS
       WHEN s0=> IF x='1' THEN state<=s1;
                ELSE state <=s0;
                END IF;
       WHEN s1=> IF x='0' THEN state<=s2;
                ELSE state<=s1;
                END IF;
       WHEN s2=> IF x='1' THEN state<=s3;
                ELSE state<=s0;
                END IF;
       WHEN s3=> IF x='1' THEN state<=s1;
                ELSE state<=s2;
                END IF;
       WHEN OTHERS=> state<=s0;
     END CASE;
   END IF;
```

```
END PROCESS csns;

  ol:PROCESS(state)                              --该进程产生输出逻辑（OL）
  BEGIN
     CASE state IS
         WHEN s3=> z<='1';
         WHEN OTHERS=> z<='0';
     END CASE;
  END PROCESS ol;
END;
```

双进程描述方式也可以写为下面的形式。

【例 8.6】 "101"序列检测器的 VHDL 描述（CS、NS+OL 双进程描述）。

```
LIBRARY IEEE;
USE IEEE.STD_LOGIC_1164.ALL;
ENTITY fsm3_seq101 IS
  PORT(clk,clr,x: IN STD_LOGIC;          --X 是序列检测器的输入
              Z: OUT STD_LOGIC);          --Z 是序列检测器的输出
END;
ARCHITECTURE one OF fsm3_seq101 IS
TYPE state_type IS(s0,s1,s2,s3);          --定义枚举数据类型
SIGNAL current_state,next_state: state_type; --定义枚举信号
BEGIN
  cs:PROCESS(clk,clr)                     --该进程描述现态（CS）
   BEGIN
     IF clr='1' THEN current_state<=s0; --异步复位
     ELSIF clk'EVENT AND clk='1' THEN
        current_state <= next_state;
     END IF;
END PROCESS cs;

  ns:PROCESS(x,current_state)             --次态和输出逻辑（NS+OL）
   BEGIN
     CASE current_state IS
       WHEN s0=> IF x='1' THEN next_state<=s1; z<='0';
                 ELSE next_state <=s0; z<='0';
                 END IF;
       WHEN s1=> IF x='0' THEN next_state<=s2; z<='0';
                 ELSE next_state <=s1; z<='0';
                 END IF;
       WHEN s2=> IF x='1' THEN next_state<=s3; z<='0';
                 ELSE next_state <=s0; z<='0';
                 END IF;
       WHEN s3=> IF x='1' THEN next_state<=s1; z<='1';
                 ELSE next_state <=s2; z<='1';
                 END IF;
       WHEN OTHERS=>next_state<=s0; z<='0';
     END CASE;
```

```
END PROCESS ns;
END;
```

例 8.4、例 8.5 和例 8.6 的门级综合视图都如图 8.7 所示，可看到系统由 2 个触发器、逻辑门和 2 选 1 数据选择器组成，4 个状态采用 2 个触发器（2 位）编码实现，逻辑门和数据选择器实现译码和产生输出逻辑。

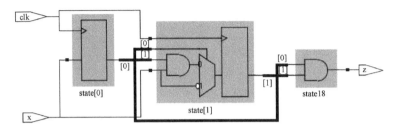

图 8.7　"101" 序列检测器门级综合视图

不同的描述方式综合出的电路是相同的，说明这三种描述方式在总体上没有很大的区别，都可以用来设计状态机。例 8.4、例 8.5 和例 8.6 的状态机视图（State Machine Viewer）也是相同的，如图 8.8 所示。

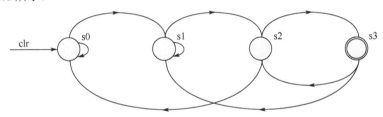

图 8.8　"101" 序列检测器状态图

8.2.3　单进程表述方式

也可以采用单进程描述方式，将有限状态机的现态、次态和输出逻辑（CS+NS+OL）放在一个进程中进行描述，如例 8.7 所示。

【例 8.7】　"101" 序列检测器的 VHDL 描述（CS+NS+OL 单进程描述）。

```
LIBRARY IEEE;
USE IEEE.STD_LOGIC_1164.ALL;
ENTITY fsm4_seq101 IS
  PORT(clk,clr,x: IN STD_LOGIC;          --X是序列检测器的输入
           Z: OUT STD_LOGIC);            --Z是序列检测器的输出
END;
ARCHITECTURE one OF fsm4_seq101 IS
  TYPE state_type IS(s0,s1,s2,s3);       --定义枚举数据类型
  SIGNAL state: state_type;              --定义枚举信号
BEGIN
  PROCESS(clk,clr)                       --该进程描述现态
  BEGIN
    IF clr='1' THEN state<=s0;           --异步复位
    ELSIF clk'EVENT AND clk='1' THEN
    CASE state IS
      WHEN s0=> IF x='1' THEN state<=s1; z<='0';
                ELSE state<=s0; z<='0';
                END IF;
```

```
        WHEN s1=> IF x='0' THEN state<=s2; z<='0';
                  ELSE state<=s1; z<='0';
                  END IF;
        WHEN s2=> IF x='1' THEN state<=s3; z<='0';
                  ELSE state<=s0; z<='0';
                  END IF;
        WHEN s3=> IF x='1' THEN state<=s1; z<='1';
                  ELSE state<=s2; z<='1';
                  END IF;
        WHEN OTHERS=> state<=s0; z<='0';
      END CASE;
        END IF;
  END PROCESS;
  END;
```

例 8.7 的 RTL 综合视图如图 8.9 所示，其门级综合视图如图 8.10 所示，对比图 8.7 和图 8.10 可看到有明显的区别，前者由 2 个触发器和逻辑门电路实现，2 个触发器用于存储状态，逻辑门产生输出逻辑；后者由 3 个触发器构成，输出逻辑 z 也通过 D 触发器输出，这样做带来的好处是相当于用时钟信号来同步输出信号，可以克服输出逻辑信号出现毛刺的问题，这在一些让输出信号作为控制逻辑的场合使用，就有效避免了输出信号带有毛刺，从而产生错误控制动作的问题。

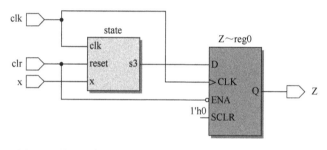

图 8.9　单进程描述的"101"序列检测器 RTL 级综合视图

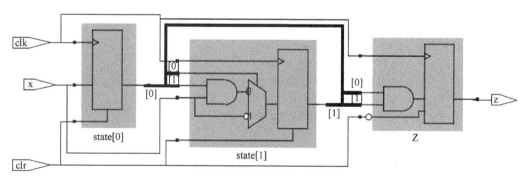

图 8.10　单进程描述的"101"序列检测器的门级综合视图

下面用单进程方式设计一个"1111"序列检测器，当输入序列中有 4 个或 4 个以上连续的"1"出现，输出为 1，其他情况下，输出为 0。其输入/输出如下所示：

输入 x: 000 101 010 110 111 101 111 110 101
输出 z: 000 000 000 000 000 100 001 110 000

根据上面的输入、输出，可画出其状态转换图如图 8.11 所示，共包含 5 个状态（包括初始状态 s0），该状态机的 VHDL 描述如下，采用单进程的描述方式。

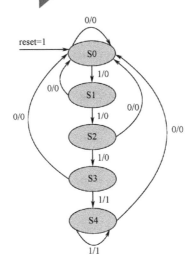

图 8.11 "1111" 序列检测器状态转换图

【例 8.8】 "1111" 序列检测器的 VHDL 描述（单进程描述 CS+NS+OL）。

```
LIBRARY IEEE;
USE IEEE.STD_LOGIC_1164.ALL;
ENTITY fsm_seq IS
  PORT(clk,reset: IN STD_LOGIC;
              x: IN STD_LOGIC;          --X 是序列检测器的输入
              Z: OUT STD_LOGIC);        --Z 是序列检测器的输出
END;
ARCHITECTURE one OF fsm_seq IS
  TYPE state_type IS(s0,s1,s2,s3,s4);   --定义枚举数据类型
  SIGNAL state: state_type;             --定义枚举信号
BEGIN
  PROCESS(clk,reset)                    --单进程描述
    BEGIN
      IF reset='1' THEN state<=s0;      --异步复位
    ELSIF clk'EVENT AND clk='1'  THEN
     CASE state IS
       WHEN s0=> IF x='1' THEN state<=s1; z<='0';
                ELSE state <=s0; z<='0';
                END IF;
       WHEN s1=> IF x='1' THEN state<=s2; z<='0';
                ELSE state <=s0; z<='0';
                END IF;
       WHEN s2=> IF x='1' THEN state<=s3; z<='0';
                ELSE state <=s0; z<='0';
                END IF;
       WHEN s3=> IF x='1' THEN state<=s4; z<='1';
                ELSE state<=s0; z<='0';
                END IF;
       WHEN s4=> IF x='1' THEN state<=s4; z<='1';
                ELSE state<=s0; z<='0';
                END IF;
       WHEN OTHERS=> state<=s0; z<='0';      --默认状态为初始状态
    END CASE;
```

```
    END IF;
  END PROCESS;
END one;
```

例 8.8 的 RTL 综合视图如图 8.12 所示，可看到输出逻辑 z 也由寄存器输出。

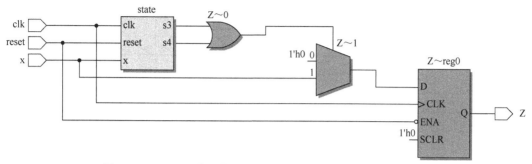

图 8.12 "1111"序列检测器 RTL 级综合视图（Quartus Prime）

8.3 状态编码

有限状态机中的状态，可以采用枚举类型进行定义，综合时，综合器会自动分配一组二进制数值，来编码每个状态。

8.3.1 常用的编码方式

常用的编码方式有顺序编码、格雷编码和一位热码编码等。

1）顺序编码（Sequential State Machine Encoding）

顺序编码采用顺序的二进制数编码每个状态。比如，如果有四个状态分别为 state0、state1、state2、state3，其二进制编码每个状态所对应的码字为 00、01、10、11。顺序编码的缺点是在从一个状态转换到相邻状态时，有可能有多个比特位同时发生变化，瞬变次数多，容易产生毛刺，引发逻辑错误。

2）格雷编码（Gray Code）

如果将 state0、state1、state2、state3 四个状态编码为 00、01、11、10，即为格雷编码方式。格雷码节省逻辑单元，而且在状态的顺序转换中（state0→state1→state2→state3→state0→…），相邻状态每次只有 1 个比特位产生变化，这样减少了瞬变的次数，也减少了产生毛刺和一些暂态的可能。

3）约翰逊编码（Johnson State Machine Encoding）

在约翰逊计数器的基础上引出约翰逊编码，约翰逊计数器是一种移位计数器，采用的是把输出的最高位取反，反馈送到最低位触发器的输入端。约翰逊编码每相邻两个码字间也是只有 1 个比特位是不同的。如果有 6 个状态 state0～state5，用约翰逊编码为 000、001、011、111、110、100。

4）一位热码（One-Hot Encoding）

一位热码是采用 n 位（或 n 个触发器）来编码具有 n 个状态的状态机。比如，对于 state0、state1、state2、state3 四个状态可用码字 1000、0100、0010、0001 来代表。如果有 A、B、C、D、E、F 共 6 个状态需要编码，若用顺序编码只需 3 位即可实现，但用 1 位热码则需 6 位，分别为 000001、000010、000100、001000、010000、100000。

如表 8.1 所示是对 16 个状态分别用上述 4 种编码方式编码的对比，可以看出，为 16 个状态编码，顺序编码和格雷编码均需要 4 位，约翰逊方式需要 8 位，1 位热码则需要 16 位。

表 8.1　4 种编码方式的对比

状　态	顺序编码	格雷编码	约翰逊编码	1 位热码
state0	0000	0000	00000000	0000000000000001
state1	0001	0001	00000001	0000000000000010
state2	0010	0011	00000011	0000000000000100
state3	0011	0010	00000111	0000000000001000
state4	0100	0110	00001111	0000000000010000
state5	0101	0111	00011111	0000000000100000
state6	0110	0101	00111111	0000000001000000
state7	0111	0100	01111111	0000000010000000
state8	1000	1100	11111111	0000000100000000
state9	1001	1101	11111110	0000001000000000
state10	1010	1111	11111100	0000010000000000
state11	1011	1110	11111000	0000100000000000
state12	1100	1010	11110000	0001000000000000
state13	1101	1011	11100000	0010000000000000
state14	1110	1001	11000000	0100000000000000
state15	1111	1000	10000000	1000000000000000

采用 One-Hot 编码，虽然多用了触发器，但可以有效节省和简化译码电路。对于 FPGA 器件来说，采用 1 位热码编码可以有效提高电路的速度和可靠性，也有利于提高器件资源的利用率。因此，对于 FPGA 器件，建议采用该编码方式。

8.3.2　用 ATTRIBUTE 指定编码方式

可以采用 ATTRIBUTE 语句来指定编码方式，比如下面的语句使用 ATTRIBUTE 语句将 state 信号的编码方式定义为 gray 方式。

```
TYPE state_type IS(s0,s1,s2,s3);      --定义枚举数据类型
SIGNAL state: state_type;             --定义枚举信号
ATTRIBUTE syn_encoding : STRING;
ATTRIBUTE syn_encoding OF state : SIGNAL IS "gray";
```

采用 ATTRIBUTE 语句定义的编码方式包括：

- "default" — 默认方式，在该方式下根据状态的数量选择编码方式，状态数少于 5 个选择顺序编码；状态数在 5 到 50 个之间，选择 One-Hot 编码方式；状态数超过 50 个，选择 gray 编码方式。
- "one-hot" — 1 位热码方式。
- "sequential" — 顺序编码方式。
- "gray" — 格雷编码方式。
- "johnson" — 约翰逊编码方式。
- "compact" — 最少比特编码方式。
- "user" — 用户自定义方式，用户可采用常数定义状态编码。

还可以采用 ATTRIBUTE 语句将编码方式指定为安全（"safe"）编码方式，有多余或无效状态的编码方式都是非安全的，有跑飞和进入无效死循环的可能性，尤其是 One-Hot 编码方式，

有大量的无效状态。采用 ATTRIBUTE 语句将编码方式指定为安全（"safe"）方式后，综合器会增加额外的处理电路，防止状态机进入无效死循环，或者进入无效死循环会自动退出。

下面的语句采用 ATTRIBUTE 语句将 state 信号的编码方式定义为"safe,one-hot"方式。

```
ATTRIBUTE syn_encoding : STRING;
ATTRIBUTE syn_encoding OF state : SIGNAL IS "safe,one-hot";
```

例 8.9 采用 ATTRIBUTE 语句对例 8.7 的"101"序列检测器进行了改写，该程序采用 ATTRIBUTE 语句将 s0～s3 四个状态指定为 One-Hot 编码方式。

【例 8.9】　"101"序列检测器（用 ATTRIBUTE 语句指定 One-Hot 编码方式）。

```
LIBRARY IEEE;
USE IEEE.STD_LOGIC_1164.ALL;
ENTITY fsm5_seq101 IS
  PORT(clk,clr,x: IN STD_LOGIC;           --X是序列检测器的输入
             Z: OUT STD_LOGIC);           --Z是序列检测器的输出
END;
ARCHITECTURE one OF fsm5_seq101 IS
  TYPE state_type IS(s0,s1,s2,s3);        --定义枚举数据类型
  SIGNAL state: state_type;               --定义枚举信号
ATTRIBUTE syn_encoding : STRING;
ATTRIBUTE syn_encoding OF state : SIGNAL IS "one-hot";
BEGIN
  PROCESS(clk,clr)                        --该进程描述现态
  BEGIN
    IF clr='1' THEN state<=s0;            --异步复位
    ELSIF clk'EVENT AND clk='1' THEN
     CASE state IS
       WHEN s0=> IF x='1' THEN state<=s1; z<='0';
                 ELSE state<=s0; z<='0';
                 END IF;
       WHEN s1=> IF x='0' THEN state<=s2; z<='0';
                 ELSE state<=s1; z<='0';
                 END IF;
       WHEN s2=> IF x='1' THEN state<=s3; z<='0';
                 ELSE state<=s0; z<='0';
                 END IF;
       WHEN s3=> IF x='1' THEN state<=s1; z<='1';
                 ELSE state<=s2; z<='1';
                 END IF;
       WHEN OTHERS=> state<=s0; z<='0';
   END CASE;
   END IF;
END PROCESS;
END;
```

多数的综合软件可以设置编码方式，如在 Quartus Prime 软件中，选择菜单 Assignments→Settings，在出现的页面的 Category 栏中选 Compiler Settings 选项，单击 Advanced Settings（Synthesis）…按钮，在出现的对话框的 State Machine Processing 栏中选择需要的编码方式，可选的编码方式有 Auto、Gray、Johnson、Minimal Bits、One-Hot、Sequential、User-Encoded 等几种，如图 8.13 所示，可以根据需要选择合适的编码方式。

在图 8.13 中，还可以设置 Safe State Machine 选项为 On，这样就使能了安全状态机，防止状态机跑飞和进入无效死循环的可能性，尤其在选择了 One-Hot 这样无效状态多的编码方式后，更需要使能该选项。

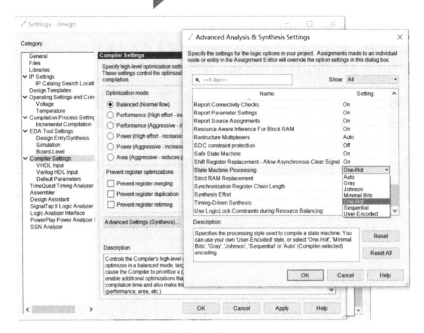

图 8.13　选择编码方式（Quartus Prime）

8.3.3　用常量进行编码

在采用符号化的状态定义的状态机设计中，综合器在综合时，会自动为每一个状态进行编码，为每个状态选择一组二进制码字。

用户可以直接干预，人为设置编码方式，在 VHDL 程序中，可以采用常数定义的形式，直接为每个状态编码，比如，对于例 8.5 的"101"序列检测器，可以采用如下的编码定义：

```
SIGNAL state: STD_LOGIC_VECTOR(1 DOWNTO 0);
CONSTANT s0: STD_LOGIC_VECTOR(1 DOWNTO 0) :="00";
CONSTANT s1: STD_LOGIC_VECTOR(1 DOWNTO 0) :="01";
CONSTANT s2: STD_LOGIC_VECTOR(1 DOWNTO 0) :="11";
CONSTANT s3: STD_LOGIC_VECTOR(1 DOWNTO 0) :="10";
```

显然，上面采用的是格雷编码方式。

例 8.10 采用 One-Hot 编码方式对例 8.5 的"101"序列检测器进行了改写，程序中采用了常数定义的形式直接对 s0～s3 四个状态做了 One-Hot 编码。

【例 8.10】　"101"序列检测器（One-Hot 编码）。

```
LIBRARY IEEE;
USE IEEE.STD_LOGIC_1164.ALL;
ENTITY fsm_seq101_onehot IS
   PORT(clk,clr,x: IN STD_LOGIC;              --X是序列检测器的输入
            Z: OUT STD_LOGIC);                --Z是序列检测器的输出
END;
ARCHITECTURE one OF fsm_seq101_onehot IS
SIGNAL state: STD_LOGIC_VECTOR(3 DOWNTO 0);
                  --用常量定义实现One-Hot编码
CONSTANT s0: STD_LOGIC_VECTOR(3 DOWNTO 0) :="0001"; --编码s0
CONSTANT s1: STD_LOGIC_VECTOR(3 DOWNTO 0) :="0010"; --编码s1
CONSTANT s2: STD_LOGIC_VECTOR(3 DOWNTO 0) :="0100"; --编码s2
CONSTANT s3: STD_LOGIC_VECTOR(3 DOWNTO 0) :="1000"; --编码s3
```

```
BEGIN
  csns:PROCESS(clk,clr)                        --该进程描述现态和次态
  BEGIN
    IF clr='1' THEN state <=s0;                --异步复位
    ELSIF clk'EVENT AND clk='1'  THEN
     CASE state IS
       WHEN s0=> IF x='1' THEN state<=s1;
                 ELSE state <=s0;
                 END IF;
       WHEN s1=> IF x='0' THEN state<=s2;
                 ELSE state<=s1;
                 END IF;
       WHEN s2=> IF x='1' THEN state<=s3;
                 ELSE state<=s0;
                 END IF;
       WHEN s3=> IF x='1' THEN state<=s1;
                 ELSE state<=s2;
                 END IF;
       WHEN OTHERS=> state<=s0;
    END CASE;
  END IF;
  END PROCESS csns;

  ol:PROCESS(state)                            --该进程产生输出逻辑（OL）
  BEGIN
    CASE state IS
       WHEN s3=> z<='1';
       WHEN OTHERS=> z<='0';
    END CASE;
  END PROCESS ol;
END;
```

　　例 8.9 的门级综合图如图 8.14 所示，将图 8.14 与图 8.7 做比较，可看到采用 One-Hot 编码后，状态机需要用 4 个触发器编码实现，耗用了更多的触发器逻辑。

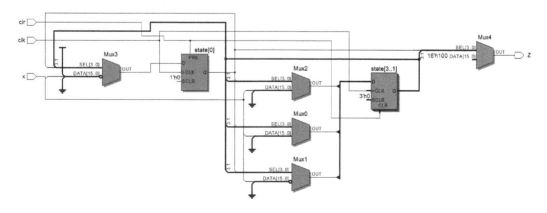

图 8.14　采用 One-Hot 编码的"101"序列检测器门级综合图

8.4　有限状态机设计要点 ●●◎◎

本节讨论状态设计中需要注意的几个要点，包括起始状态的选择、复位和多余状态的处理等。

8.4.1　起始状态的选择和复位

1．起始状态的选择

起始状态是指电路复位后所处的状态，选择一个合理的起始状态将使整个系统简洁、高效。多数 EDA 软件会自动为基于状态机的设计选择一个最佳的起始状态。

状态机一般都应设计为同步方式，并由一个时钟信号来触发。实用的状态机都应该设计为由唯一时钟边沿触发的同步运行方式。时钟信号和复位信号对每一个有限状态机来说都是很重要的。

2．有限状态机的同步复位

实用的状态机都应该有复位信号。和其他时序逻辑电路一样，有限状态机的复位有同步复位和异步复位两种。

同步复位信号在时钟的跳变沿到来时，对有限状态机进行复位操作，同时把复位值赋给输出信号并使有限状态机回到起始状态。在描述带同步复位信号的有限状态机的过程中，当同步复位信号到来时，为了避免在状态转移进程中的每个状态分支中都指定到起始状态的转移，可以在状态转移进程的开始部分加入一个对同步复位信号进行判断的 IF 语句：如果同步复位信号有效，则直接进入到空闲状态并将复位值赋给输出信号；如果复位信号无效，则执行接下来的正常状态转移进程。

在描述带同步复位的有限状态机时，对同步复位信号进行判断的 IF 语句中，如果不指定输出信号的值，那么输出信号将保持原来的值不变。这种情况会需要额外的寄存器来保持原值，从而增加了资源耗用，因此应该在 IF 语句中指定输出信号的值。有时可以指定在复位时输出信号的值是任意值，这样在逻辑综合时会忽略它们。

3．有限状态机的异步复位

如果只需要在上电和系统错误时进行复位操作，那么采用异步复位方式要比同步复位方式好。这样做的主要原因是：同步复位方式占用较多的额外资源，而异步复位可以消除引入额外寄存器的可能性；而且带有异步复位信号的 VHDL 语言描述十分简单，只需在描述状态寄存器的进程中引入异步复位信号即可。

下面给出一个用来描述带有异步复位信号的有限状态机功能的 VHDL 程序，如例 8.11 所示。

【例 8.11】　带有异步复位信号的有限状态机。

```
LIBRARY IEEE;
USE IEEE.STD_LOGIC_1164.ALL;
ENTITY fsm2 IS
    PORT(clk,din,clr: IN STD_LOGIC; zout: OUT STD_LOGIC);
END fsm2;
ARCHITECTURE behav OF fsm2 IS
    TYPE statetype IS(sx,s0,s1);
    SIGNAL state,next_state: statetype;
BEGIN
PROCESS(clk,clr)
```

```
BEGIN
        IF clr='1' THEN state<=s0;                    --异步复位
        ELSIF RISING_EDGE(clk) THEN state<=next_state;
        END IF;
END PROCESS;
PROCESS(state,din)
    BEGIN
        zout<='0';
      next_state<=sx;
      CASE state IS
          WHEN s0 =>
              IF din='0' THEN  zout<='1';  next_state<=s1;
              ELSE zout<='0'; next_state<=s0;
              END IF;
          WHEN s1 =>
              IF din='0' THEN zout<='0'; next_state<=s0;
              ELSE zout<='1';
                  next_state <=s1;
              END IF;
          WHEN sx=> next_state<=sx;
          END CASE;
        END PROCESS;
END behav;
```

8.4.2 多余状态的处理

在状态机设计中，通常会出现大量的多余状态，比如采用 n 位状态编码，则总的状态数为 2^n，因此经常会出现多余状态，或称为无效状态、非法状态等。尤其是采用 One-Hot 编码后，会出现较多的无效状态。

一般有如下两种处理多余状态的方法：

① 在 CASE 语句中用 WHEN OTHERS 分支决定如果进入无效状态所采取的措施。

② 编写必要的 VHDL 源代码明确定义进入无效状态所采取的行为。

比如，下面是一个用状态机实现除法运算的例子，共有 3 个有效状态，如果每个状态用二位编码的话，会产生 1 个多余状态；如果采用 One-Hot 编码，则会有 5 个多余状态。在本例中，采用了 WHEN OTHERS 语句定义了一旦进入无效状态后所应进入的次状态，这从理论上消除了陷入无效死循环的可能。不过需要注意的是，并非所有的综合软件都能按照 WHEN OTHERS 语句所指示的那样，综合出有效避免无效死循环的电路，所以这种方法的有效性，应视所用综合软件的性能而定。

【例 8.12】 用有限状态机设计除法电路。

```
LIBRARY IEEE;
USE IEEE.STD_LOGIC_1164.ALL;
USE IEEE.STD_LOGIC_UNSIGNED.ALL;
ENTITY division IS
  PORT(a,b:IN STD_LOGIC_VECTOR(3 DOWNTO 0);            --被除数和除数
      clk:IN STD_LOGIC;
   result,yu:BUFFER STD_LOGIC_VECTOR(3 DOWNTO 0));     --商和余数
  END;
```

```
ARCHITECTURE one OF division IS
TYPE state_type IS(s0,s1,s2);
SIGNAL state:state_type;
  BEGIN
 PROCESS(a,b,clk)
  VARIABLE m,n: STD_LOGIC_VECTOR(3 DOWNTO 0);
   BEGIN
     IF RISING_EDGE(clk)  THEN
        CASE state IS
           WHEN s0=>
              IF a>=b THEN n:=a-b;m:="0001";state<=s1;
              ELSIF a<b THEN m:="0000";n:=a;state<=s2;
              END IF;
           WHEN s1=>
              IF n>=b THEN m:=m+1;n:=n-b;state<=s1;
              ELSIF n<b THEN state<=s2;
              END IF;
           WHEN s2=>
              result<=m;yu<=n;state<=s0;
           WHEN OTHERS=> state<=s0;
           END CASE;
     END IF;
  END PROCESS;
 END;
```

例 8.12 的状态图（State Machine Viewer）如图 8.15 所示，可见 Quartus Prime 自动为其选择了起始状态 s0，如果进行仿真，其功能仿真波形图如图 8.16 所示。

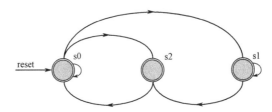

图 8.15　除法运算电路状态图

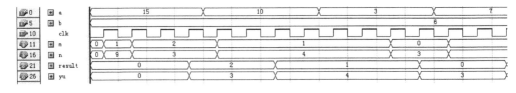

图 8.16　除法运算电路功能仿真波形图

8.5　有限状态机应用实例　●●

有限状态机在实际中应用广泛，本节用两个实例来做说明。

8.5.1　用有限状态机控制流水灯

采用有限状态机设计彩灯控制器，控制 4 个 LED 灯实现如下的演示花型：

- 从右至左逐个亮；全灭。
- 从左至右逐个亮；全灭。
- 循环执行上述过程。

彩灯控制器采用有限状态机进行设计，其 VHDL 描述如例 8.13 所示，状态机采用双进程描述：一个用于实现状态转移，另一个用于产生输出逻辑，从而使整个设计结构清晰。在例 8.13 中，采用引脚属性定义语句进行引脚的锁定，目标板采用 C4_MB 开发板，FPGA芯片为 EP4CE6F17C8。

【例 8.13】　用状态机控制 4 路 LED 灯实现花型演示。

```
/*  引脚锁定基于 EP4CE6F17C8  */
LIBRARY IEEE;
USE IEEE.STD_LOGIC_1164.ALL;
USE IEEE.STD_LOGIC_UNSIGNED.ALL;
ENTITY liushuiled IS
  PORT(clk50m,reset: IN STD_LOGIC;
    led: OUT STD_LOGIC_VECTOR(3 DOWNTO 0));
END liushuiled;
-------------------------------------------------------------
ARCHITECTURE one OF liushuiled IS
ATTRIBUTE chip_pin : STRING;    --利用属性定义进行引脚锁定
ATTRIBUTE chip_pin OF clk50m : SIGNAL IS "E1";
ATTRIBUTE chip_pin OF reset : SIGNAL IS "E15";
ATTRIBUTE chip_pin OF led:SIGNAL IS "D16,F15,F16,G15";
TYPE stype IS(s0,s1,s2,s3,s4,s5,s6,s7,s8,s9);  --定义枚举数据类型
SIGNAL state: stype;                           --定义枚举信号
SIGNAL count:STD_LOGIC_VECTOR(23 DOWNTO 0);    --24 位计数
SIGNAL clk4hz:STD_LOGIC;

COMPONENT clk_self
 GENERIC (numb : INTEGER);
    PORT(clkin   : IN STD_LOGIC;        --输入时钟
          clk_self: OUT STD_LOGIC);     --输出时钟
END COMPONENT;

BEGIN
i1: clk_self                            --从 50MHz 分频产生 4Hz 时钟
    GENERIC MAP(numb =>6_250_000)       --用类属映射语句进行参数传递
     PORT MAP (clkin=>clk50m,
      clk_self=>clk4hz);

PROCESS(clk4hz)                         --此进程描述状态转移
BEGIN
IF clk4hz'EVENT AND clk4hz='1' THEN
IF reset='0' THEN STATE<=S0;            --同步复位
ELSE
    CASE STATE IS
    WHEN S0=>STATE<=S1;     WHEN S1=>STATE<=S2;
    WHEN S2=>STATE<=S3;     WHEN S3=>STATE<=S4;
    WHEN S4=>STATE<=S5;     WHEN S5=>STATE<=S6;
```

```
         WHEN S6=>STATE<=S7;    WHEN S7=>STATE<=S8;
         WHEN S8=>STATE<=S9;    WHEN S9=>STATE<=S0;
         WHEN OTHERS=>STATE<=S0;
         END CASE;
    END IF;
    END IF;
    END PROCESS;

    PROCESS(STATE)                      --此进程产生输出逻辑（OL）
      BEGIN
        CASE STATE IS
          WHEN S0 =>led<="0000";        --全灭
          WHEN S1 =>led<="0001";        --从两边往中间逐个亮
          WHEN S2 =>led<="0011";
          WHEN S3 =>led<="0111";
          WHEN S4 =>led<="1111";
          WHEN S5 =>led<="0000";
          WHEN S6 =>led<="1000";
          WHEN S7 =>led<="1100";
          WHEN S8 =>led<="1110";
          WHEN S9 =>led<="1111";
        END CASE;
      END PROCESS;
    END one;
```

上面代码中的 clk_self 分频模块见例 8.14。

【例 8.14】 clk_self 时钟分频模块。

```
    LIBRARY IEEE;
    USE IEEE.STD_LOGIC_1164.ALL;
    USE IEEE.STD_LOGIC_UNSIGNED.ALL;
    ENTITY clk_self IS
        GENERIC(numb : INTEGER:=50000);
                --类属参数定义，实现分频 clk_self=clkin/2*numb
    PORT(clkin: IN STD_LOGIC;              --输入时钟
        clk_self: BUFFER STD_LOGIC);       --输出时钟
    END clk_self;
    ARCHITECTURE one OF clk_self IS
    SIGNAL count : INTEGER RANGE numb DOWNTO 0;
    BEGIN

    PROCESS(clkin)
    BEGIN
        IF clkin'EVENT AND clkin = '1' THEN
          IF (count = numb-1)
            THEN count <= 0;  clk_self <= NOT clk_self;
          ELSE    count <= count + 1;
          END IF;  END IF;
    END PROCESS;

    END one;
```

在上例中，需注意如下几点。

① 用属性定义语句进行引脚的锁定：需要说明的是，不同的软件其属性定义语句的格式是不同的，该引脚锁定定义语句只适用于 Quartus Prime（或 Quartus II）软件，并且事先应指定目标器件，而且只能在顶层设计文件中定义。利用属性定义进行引脚锁定与采用菜单 Assignments→Pin Planner 进行引脚锁定效果是一样的。

很多 EDA 软件（包括综合器和仿真器等）都可以使用自定义的属性（Attributes 语句）来完成一些特定的功能，用于实现诸如引脚锁定、布局布线控制、指定约束条件等功能，具体用法应查阅相关软件的使用说明。

② 可复用引脚的设置：本例中的 F16 引脚（nCEO 引脚）是一个多用途引脚，既可以作为编程引脚，也可以当做普通 I/O 引脚使用，当做普通 I/O 脚使用时需作必要的设置，否则可能在编译时出错。

选择菜单 Assignments→Device，单击 Device and Pin Options 按钮，弹出如图 8.17 所示的对话框，单击 Dual-Purpose Pins，找到 nCEO 引脚，在下拉菜单中选择 Use as regular I/O 选项，单击 OK 按钮。

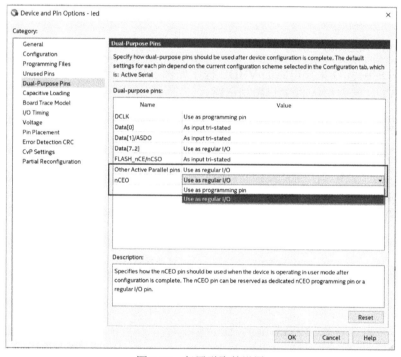

图 8.17　复用引脚的设置

③ 用类属映射语句进行参数传递：在子模块中用类属说明语句 GENERIC 指定参数，在顶层结构体中用类属映射语句进行参数传递，对参数进行重新赋值，达到改变分频比的目的，非常方便。

将上例进行编译，下载至 C4_MB 开发板进行实际验证，观察 4 个 LED 灯的实际演示效果。采用有限状态机设计 LED 灯控制器，结构清晰，设计简洁，修改方便。在本设计的基础上自己定义演示花型，实现一个 LED 灯演示控制器。

8.5.2　用有限状态机控制 A/D 采样

有限状态机很适于控制 A/D 芯片读取采样数据。ADC0809 是 8 位 A/D 转换器，片内有 8 路模拟开关，可控制 8 个模拟量中的 1 个进入转换器中，完成一次转换的时间约 100 μs。含锁存控制的 8 个多路开关，输出有三态缓冲器控制，单 5 V 电源供电。ADC0809 的外部引脚信号如图 8.18 所示，其工作时序则如图 8.19 所示：START 是转换启动信号，高电平有效；ALE 是 3 位通道选择地址（ADDC、ADDB、ADDA）信号的锁存信号。当模拟量送至某一输入端（IN0～IN7）时，由 3 位地址信号选择，而地址信号由 ALE 锁存；EOC 是转换情况状态信号，当启动转换约 100 μs 后，EOC 变为高电平，表示转换结束；在 EOC 的上升沿到来后，若输出使能信号 OE 为高电平，则控制打开三态缓冲器，把转换好的 8 位数据结果输出至数据总线——至此 ADC0809 的一次转换结束。

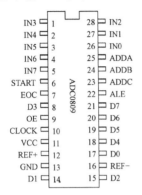

图 8.18　ADC0809 引脚图

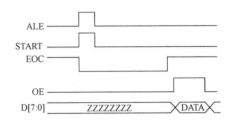

图 8.19　ADC0809 工作时序

用状态机控制 A/D 采样电路的 VHDL 程序如例 8.15 所示。

【例 8.15】　状态机 A/D 采样控制电路。

```
LIBRARY IEEE;
USE IEEE.STD_LOGIC_1164.ALL;
ENTITY adc0809 IS
    PORT(D : IN STD_LOGIC_VECTOR(7 DOWNTO 0);  --来自0809转换好的8位数据
        CLK : IN STD_LOGIC;              --工作时钟
        EOC : IN STD_LOGIC;              --转换状态指示，低电平表示正在转换
        ALE : OUT STD_LOGIC;             --模拟信号通道地址锁存信号
        START: OUT STD_LOGIC;            --转换开始信号
        OE : OUT STD_LOGIC;              --数据输出三态控制信号
        ADDA : OUT STD_LOGIC;            --信号通道最低位控制信号
        LOCK0 : OUT STD_LOGIC;           --观察数据锁存时钟
        Q : OUT STD_LOGIC_VECTOR(7 DOWNTO 0));  --8位数据输出
END adc0809;
ARCHITECTURE behav OF adc0809 IS
TYPE states IS(st0,st1,st2,st3,st4);        --定义状态数据类型
SIGNAL current_state, next_state: states :=st0;
SIGNAL rel : STD_LOGIC_VECTOR(7 DOWNTO 0);
SIGNAL lock : STD_LOGIC;                --转换后数据输出锁存时钟信号
BEGIN
    ADDA<='1';   --ADDA为0，模拟信号进入通道IN0；ADDA为1，进入通道IN1
    Q<=rel; LOCK0<=LOCK;
com: PROCESS(current_state,EOC)
    BEGIN                                --规定各状态转换方式
    CASE current_state IS
    WHEN st0=>ALE<='0';START<='0'; lock<='0';OE<='0';
        next_state<=st1;                 --0809初始化
    WHEN st1=>ALE<='1';START<='1'; lock<='0';OE<='0';
        next_state <= st2;               --启动采样
    WHEN st2=> ALE<='0';START<='0'; lock<='0';OE<='0';
```

```
      IF(EOC='1') THEN next_state<=st3;          --EOC=1 表明转换结束
   ELSE next_state<=st2; END IF ;               --转换未结束，等待
    WHEN st3=> ALE<='0';START<='0'; lock<='0';OE<='1';
             next_state <= st4;                 --开启 OE,输出转换好的数据
    WHEN st4=> ALE<='0';START<='0';lock<='1';OE<='1'; next_state<=st0;
    WHEN OTHERS =>next_state<=st0;
    END CASE;
END PROCESS com;
  reg: PROCESS(CLK)
    BEGIN
    IF (CLK'EVENT AND CLK='1') THEN
        current_state<=next_state; END IF;
    END PROCESS reg;
   t1:PROCESS(lock)               --此进程中，在 LOCK 的上升沿，将转换好的数据锁入
        BEGIN
        IF lock='1' AND lock'EVENT THEN  rel<=D; END IF;
        END PROCESS t1;
   END behav;
```

习　题　8

8.1　利用状态机设计一个序列检测器，检测器在有"101"序列输入时输出为 1，其他输入情况下，输出为 0。画出状态转移图，并用 VHDL 描述实现。

8.2　设计一个"111"串行数据检测器。要求是：当检测到连续 3 个或 3 个以上的"1"时输出为 1，其他输入情况下输出为 0。

8.3　设计一个"1001"串行数据检测器。其输入、输出如下所示：

输入 x：000 101 010 010 011 101 001 110 101

输出 z：000 000 000 010 010 000 001 000 000

8.4　编写一个 8 路彩灯控制程序，要求彩灯有以下 3 种演示花型。

① 8 路彩灯同时亮灭。

② 从左至右逐个亮（每次只有 1 路亮）。

③ 8 路彩灯每次 4 路灯亮，4 路灯灭，且亮灭相间，交替亮灭。

在演示过程中，只有当一种花型演示完毕才能转向其他演示花型。

8.5　用状态机设计一个交通灯控制器，设计要求：A 路和 B 路，每路都有红、黄、绿三种灯，持续时间为：红灯 45 s，黄灯 5 s，绿灯 40 s。A 路和 B 路灯的状态转换是：

① A 红，B 绿（持续时间 40 s）。

② A 红，B 黄（持续时间 5 s）。

③ A 绿，B 红（持续时间 40 s）。

④ A 黄，B 红（持续时间 5 s）。

8.6　设计一个汽车尾灯控制电路。已知汽车左右两侧各有 3 个尾灯，如图 8.20 所示，要求控制尾灯按如下规则亮灭：

图 8.20　汽车尾灯示意图

① 汽车沿直线行驶时，两侧的指示灯全灭；

② 右转弯时，左侧的指示灯全灭，右侧的指示灯按 000、100、010、001、000 循环顺序点亮；

③ 左转弯时，右侧的指示灯全灭，左侧的指示灯按同样的循环顺序点亮；

④ 如果在直行时刹车，两侧的指示灯全亮，如果在转弯时刹车，转弯这一侧的指示灯按同样的循环顺序点亮，另一侧的指示灯全亮。

第 9 章

VHDL 数字设计与优化

本章介绍 VHDL 数字设计的实例以及设计的优化，包括流水线设计技术、资源共享等，并通过用 VHDL 控制 4×4 矩阵键盘、字符液晶、点阵液晶、VGA 显示器等常用 IO 外设，进一步熟悉 VHDL 控制类程序的编写方法以及状态机设计方法。

9.1　流水线设计 ●●●

流水线设计是提高所设计系统运行速度的一种有效的方法。为了保障数据的快速传输，必须使系统运行在尽可能高的频率上。但如果某些复杂逻辑功能的完成需要较大的延时，就会使系统难以运行在高的频率上。在这种情况下，可使用流水线技术，即在大延时的逻辑功能块中插入触发器，使复杂的逻辑操作分步完成，减小每个部分的延时，从而使系统的运行频率得以提高。流水线设计的代价是增加了寄存器逻辑，即增加了芯片资源的耗用。

流水线操作的概念可用图 9.1 来说明，在图中，假定某个复杂逻辑功能的实现需要较长的延时，我们可将其分解为几个（如 3 个）步骤来实现，每一步的延时变为原来的三分之一左右，在各步之间加入寄存器，以暂存中间结果。这样，可使整个系统的最高工作频率得到成倍的提高。

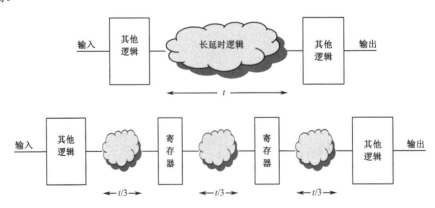

图 9.1　流水线操作的概念示意图

流水线设计技术可有效提高系统的工作频率，尤其是对于 FPGA 器件。FPGA 的逻辑单元中有大量 4～5 个变量的查找表（LUT）以及大量触发器，因此在 FPGA 设计中采用流水线技术可以有效地提高系统的速度。

　　下面以 8 位全加器的设计为例，对比流水线设计和非流水线设计的性能。需要指出的是，这两个例子仅用来对比流水线与非流水线设计，并无实际应用的价值。

　　1. 非流水线实现方式

　　例 9.1 是非流水线方式实现的 8 位全加器，其输入/输出端都带有寄存器。

　　【例 9.1】　非流水线方式实现的 8 位全加器。

```
LIBRARY IEEE;
USE IEEE.STD_LOGIC_1164.ALL;
USE IEEE.STD_LOGIC_UNSIGNED.ALL;
ENTITY adder8 IS
  PORT(ina,inb: IN STD_LOGIC_VECTOR(7 DOWNTO 0);
cin,clk : IN STD_LOGIC;
sum: OUT STD_LOGIC_VECTOR(7 DOWNTO 0);
cout : OUT STD_LOGIC);                    --进位
END ENTITY adder8;
ARCHITECTURE one OF adder8 IS
  SIGNAL tempa,tempb: STD_LOGIC_VECTOR(7 DOWNTO 0);
  SIGNAL tempc: STD_LOGIC;
  SIGNAL temp : STD_LOGIC_VECTOR(8 DOWNTO 0);
BEGIN
PROCESS(clk)
BEGIN
    IF clk'EVENT AND clk='1' THEN
    tempa<=ina;  tempb<=inb;  tempc<=cin;   --操作数寄存
END IF;
END  PROCESS;
PROCESS(clk)
BEGIN
    IF clk'EVENT AND clk='1' THEN
    temp<=('0'&tempa)+tempb+tempc;
    sum<=temp(7 DOWNTO 0);
    cout<=temp(8);
END IF;
END  PROCESS;
END one;
```

　　图 9.2 是上例用综合器综合后的 RTL 视图。从综合图中可清楚地看到，全加器的输入、输出端都带有寄存器。

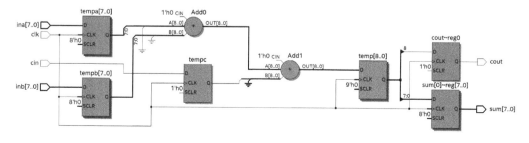

图 9.2　非流水线方式 8 位全加器的 RTL 综合图

2．2 级流水线实现方式

图 9.3 是两级流水线 8 位全加器的实现框图。从该图可看出，该加法器采用了 2 级寄存、2 级加法，每个加法器实现 4 位数据和 1 个进位的相加。例 9.2 是该 2 级流水 8 位全加器的 VHDL 源代码。

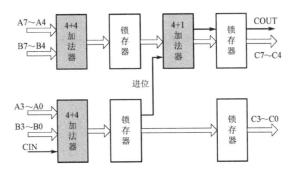

图 9.3   两级流水线 8 位全加器实现框图

【例 9.2】   2 级流水 8 位全加器。

```
LIBRARY IEEE;
USE IEEE.STD_LOGIC_1164.ALL;
USE IEEE.STD_LOGIC_UNSIGNED.ALL;
ENTITY adder8_pipe2 IS
  PORT(ina,inb: IN STD_LOGIC_VECTOR(7 DOWNTO 0);
cin,clk : IN STD_LOGIC;
sum: OUT STD_LOGIC_VECTOR(7 DOWNTO 0);
cout : OUT STD_LOGIC);
END ENTITY adder8_pipe2;
ARCHITECTURE one OF adder8_pipe2 IS
  SIGNAL tempa,tempb: STD_LOGIC_VECTOR(3 DOWNTO 0);
  SIGNAL tempc: STD_LOGIC;
  SIGNAL temp1,temp2 : STD_LOGIC_VECTOR(4 DOWNTO 0);
BEGIN
PROCESS(clk)
BEGIN
    IF clk'EVENT AND clk='1' THEN
    temp1<=('0'& ina(3 DOWNTO 0))+inb(3 DOWNTO 0)+cin;
    tempc<=temp1(4);
    tempa<=ina(7 DOWNTO 4);  tempb<=inb(7 DOWNTO 4);    --高 4 位寄存
END IF;
END  PROCESS;

PROCESS(clk)
BEGIN
    IF clk'EVENT AND clk='1' THEN
    temp2<=('0'& tempa)+tempb+tempc;
    sum<=temp2(3 DOWNTO 0)&temp1(3 DOWNTO 0);
    cout<=temp2(4);
END IF;
END  PROCESS;
END one;
```

图 9.4 是上例用综合器综合后的 RTL 视图。从综合图中可看到，全加器分为了 2 级加法和 2 级寄存来实现。

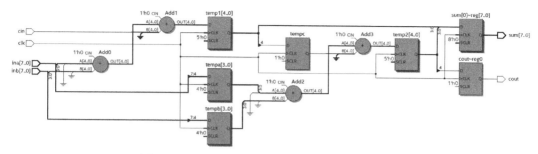

图 9.4   2 级流水线方式 8 位全加器的 RTL 综合图

将上述 2 个设计综合到 FPGA 器件（比如 EP4CE6F17C8）中，比较其最大工作频率。具体步骤为：用 Quartus Prime 对源程序进行编译，编译通过后，选择菜单 Processing→Compilation Report，在出现的标签页中选择 Timing Analyzer 中的 Fmax Summary 项，比较上面 2 个设计的最大工作频率。可以看到，非流水线设计（例 9.1）允许的最大工作频率为 382.7 MHz，而 2 级流水线设计（例 9.2）允许的最大工作频率为 460.62 MHz，如图 9.5 所示。显然，流水线设计允许的最大工作频率高于非流水线设计允许的最大工作频率，因此流水线设计有效地提高了系统的最高运行频率。

Slow 1200mV 85C Model Fmax Summary		
🔍		
	Fmax	Restricted Fmax	Clock Name
1	382.7 MHz	250.0 MHz	clk

Slow 1200mV 85C Model Fmax Summary		
🔍 <<Filter>>		
	Fmax	Restricted Fmax	Clock Name
1	460.62 MHz	250.0 MHz	clk

图 9.5   最大允许工作频率比较

9.2 资 源 共 享 ●●◦

减少系统所耗用的器件资源也是我们进行电路设计时所追求的目标，在这方面，资源共享（Resource Sharing）是一个较好的方法，尤其是将一些耗用资源较多的模块进行共享，能有效降低整个系统耗用的资源。

这里举一个资源耗用的例子，假如要实现这样的功能：当 sel=0 时，sum=a+b；当 sel=1 时，sum=c+d；a、b、c、d 的宽度可变，在本例中定义为 4 位，可采用如下的描述方式。

【例 9.3】 资源共享的例子。

```vhdl
LIBRARY IEEE;
USE IEEE.STD_LOGIC_1164.ALL;
USE IEEE.STD_LOGIC_UNSIGNED.ALL;
ENTITY add_mux IS
  PORT(a,b,c,d: IN STD_LOGIC_VECTOR(3 DOWNTO 0);
       sel: IN STD_LOGIC;
       sum: OUT STD_LOGIC_VECTOR(4 DOWNTO 0));
END ENTITY add_mux;
ARCHITECTURE one OF add_mux IS
BEGIN
PROCESS(sel,a,b,c,d)
    BEGIN
        IF(sel='1') THEN  sum<=('0'&a)+b;
```

```
        ELSE  sum<=('0'&c)+d;
     END IF;
  END  PROCESS;
END one;
```

　　上面的程序用 Synplify Pro 综合器进行综合，如果资源共享控制选项（Resource Sharing）不使能（如图 9.6 所示，Resource Sharing 选项不勾选），则综合生成的 RTL 原理图如图 9.7 中左图所示，可看出这种方式需要 2 个加法器和 1 个数据选择器实现。如果选中资源共享控制选项（在图 9.6 中的 Resource Sharing 选项后打勾），则综合生成的 RTL 原理图如图 9.7 中右图所示，可看出这种实现方式需要 2 个数据选择器和 1 个加法器。

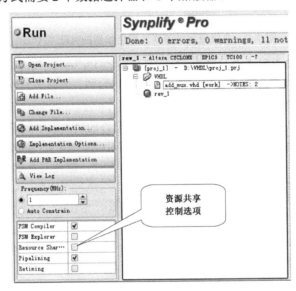

图 9.6　资源共享控制选项设置（Synplify Pro）

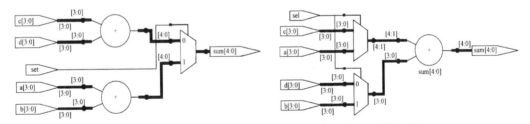

图 9.7　资源共享控制选项不使能和使能生成的 RTL 原理图

　　对比上面两种实现方案，显然后者（用 2 个数据选择器和 1 个加法器实现）更节省资源，因为加法器耗用的资源肯定比 MUX 多，通过增加 1 个 MUX，共享 1 个加法器，在实现相同功能的前提下节省了芯片的资源。所以在电路设计中，应尽可能使硬件代价高的功能模块资源共享，从而降低整个系统的成本。

　　在 Quartus Prime 软件中也有类似的设置，选择菜单 Assignments→Settings，在弹出的 Settings 页面（参见图 9.8）的左边栏中选中 Analysis & Synthesis Settings 项，再单击右边页面的 More Settings，在出现的页面中找到 Auto Resource Sharing 选项，将其使能（如图 9.8 所示，选择 On），则为当前的设计工程选择了资源共享，这样综合器在对设计进行编译时，会自动将设计中可共享的部件进行共享。

　　资源共享的具体效果跟所用的综合器的性能有关，有的综合器并不能有效地实现资源共享，因此多数时候，需要设计者在编写程序时，有意识地进行人工处理，比如例 9.3 可以写为下面的形式。

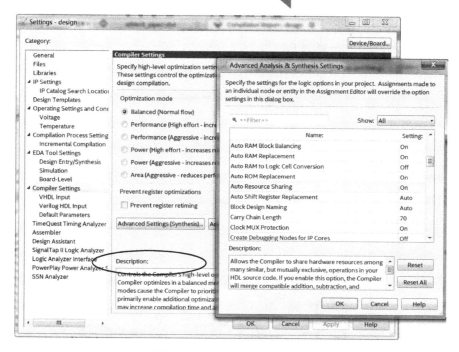

图 9.8　资源共享控制选项设置（Quartus Prime）

【例 9.4】　例 9.3 的另一种实现方式。

```
LIBRARY IEEE;
USE IEEE.STD_LOGIC_1164.ALL;
USE IEEE.STD_LOGIC_UNSIGNED.ALL;
ENTITY add_mux_1 IS
  PORT(a,b,c,d: IN STD_LOGIC_VECTOR(3 DOWNTO 0);
       sel: IN STD_LOGIC;
       sum: OUT STD_LOGIC_VECTOR(4 DOWNTO 0));
END ENTITY add_mux_1;
ARCHITECTURE one OF add_mux_1 IS
SIGNAL atemp,btemp: STD_LOGIC_VECTOR(3 DOWNTO 0);
BEGIN
PROCESS(sel,a,b,c,d)
BEGIN
    IF(sel='1') THEN  atemp<=a;btemp<=b;
    ELSE  atemp<=c;btemp<=d;
    END IF;
    sum<=('0'& atemp)+btemp;
END  PROCESS;
END one;
```

　　将例 9.3 和例 9.4 分别用 Quartus Prime 进行编译，比较器件资源的消耗情况，例 9.3 耗用了 25 个逻辑单元（LE），例 9.4 则耗用了 22 个 LE。显然，用 2 个数据选择器和 1 个加法器的方式更节省资源，如果增大设计位宽，则资源消耗的差别会更明显。

　　在设计时，可用括号控制综合的结果，以实现资源的共享和重用，比如例 9.5 和例 9.6 的功能相同，在表述上仅加了括号，则综合的结果就完全不同。例 9.5 的 RTL 级综合结果如图 9.9 所示，需 3 个加法器实现，耗用 27 个 LE；例 9.6 的 RTL 级综合结果如图 9.10 所示，只需要 2 个加法器实现，耗用 18 个 LE。这是因为例 9.6 中用括号控制了综合的结果，重用了 s1 的值。

在存在乘法器、除法器的场合，上述方法会更明显地节省资源。

【例 9.5】 设计重用——举例 1。

```
LIBRARY IEEE;
USE IEEE.STD_LOGIC_1164.ALL;
USE IEEE.STD_LOGIC_UNSIGNED.ALL;
ENTITY add_1 IS
  PORT(a,b,c: IN STD_LOGIC_VECTOR(7 DOWNTO 0);
  s1,s2: OUT STD_LOGIC_VECTOR(8 DOWNTO 0));
END ENTITY add_1;
ARCHITECTURE one OF add_1 IS
BEGIN
    s1<='0'& a+b;
    s2<='0'& c+a+b;
END one;
```

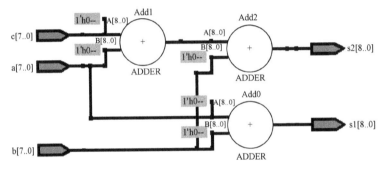

图 9.9 例 9.5 的 RTL 级综合结果

【例 9.6】 设计重用——举例 2。

```
LIBRARY IEEE;
USE IEEE.STD_LOGIC_1164.ALL;
USE IEEE.STD_LOGIC_UNSIGNED.ALL;
ENTITY add_2 IS
  PORT(a,b,c: IN STD_LOGIC_VECTOR(7 DOWNTO 0);
  s1,s2: OUT STD_LOGIC_VECTOR(8 DOWNTO 0));
END ENTITY add_2;
ARCHITECTURE one OF add_2 IS
BEGIN
    s1<='0'& a+b;
    s2<=c+('0'& a+b);        //加括号
END one;
```

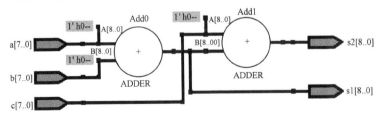

图 9.10 例 9.6 的 RTL 级综合结果

综上所述，在节省资源的设计中应注意以下几点：

- 尽量共享复杂的运算逻辑单元。
- 用加括号等方式控制综合的结果，实现资源的共享，重用已计算过的结果。
- 模块数据宽度应尽量小，以能满足设计要求为准。

9.3　4×4 矩阵键盘

矩阵键盘又称为行列式键盘，它是由 4 条行线、4 条列线组成的键盘，其原理如图 9.11 所示。在行线和列线的每一个交叉点上设置一个按键，按键的个数是 4×4，按键排列如图 9.12 所示。按下某个按键后，为了辨别和读取键值信息，一般采用如下方法：向 A 端口扫描输入一组只含一个 0 的 4 位数据，如 1110、1101、1011、0111，若有按键按下，则 B 端口一定会输出对应的数据，因此，只要结合 A、B 端口的数据，就能判断按键的位置。比如，在图 9.11 中，S1 按键的位置编码是 {A,B}=1110_0111。

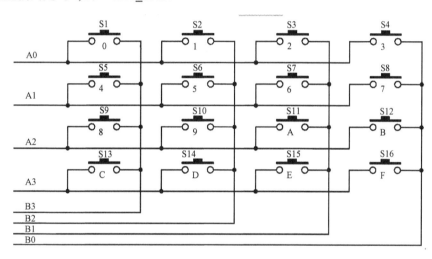

图 9.11　4×4 矩阵键盘原理电路

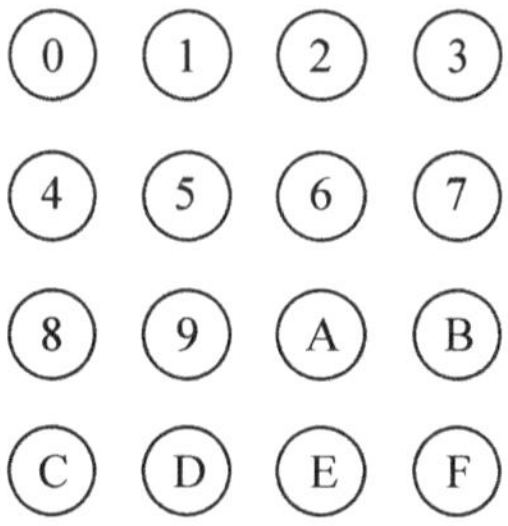

图 9.12　按键排列

例 9.7 是用 VHDL 编写的 4×4 矩阵键盘键值扫描判断程序，键盘扫描程序由 1 个进程模块构成，在进程模块中先进行模 4 计数，在计数器的每个状态从 FPGA 内部送出一列扫描数据给键盘，然后读入经过去抖处理的 4 行数据，根据行、列数据，确定按下的是哪个键。

【例 9.7】　4×4 矩阵键盘扫描检测程序。

```
--***************************************************************
--* 4×4 标准键盘板读取并显示键值
--***************************************************************
LIBRARY IEEE;
```

```
USE IEEE.STD_LOGIC_1164.ALL;
USE IEEE.STD_LOGIC_UNSIGNED.ALL;
ENTITY key4x4 IS
    PORT(rst    :    IN    STD_LOGIC;
        clk50m :    IN    STD_LOGIC;
        b       :    IN    STD_LOGIC_VECTOR(3 DOWNTO 0);
        a       :    OUT   STD_LOGIC_VECTOR(3 DOWNTO 0);
        seg_sel :   OUT   STD_LOGIC;              --数码管位选信号
        led7s   :   OUT   STD_LOGIC_VECTOR(6 DOWNTO 0));
END key4x4;


ARCHITECTURE one OF key4x4 IS
SIGNAL clk1k   :    STD_LOGIC;
SIGNAL count  :     INTEGER RANGE 30000 DOWNTO 0;
SIGNAL q       :    STD_LOGIC_VECTOR(1 DOWNTO 0);
SIGNAL scan   :    STD_LOGIC_VECTOR(3 DOWNTO 0);
SIGNAL num    :    STD_LOGIC_VECTOR(7 DOWNTO 0);
SIGNAL keyvalue:   STD_LOGIC_VECTOR(3 DOWNTO 0);


COMPONENT clk_self
 GENERIC (numb : INTEGER);
    PORT(clkin   : IN STD_LOGIC;      --输入时钟
        clk_self: OUT STD_LOGIC);     --输出时钟
END COMPONENT;


COMPONENT seg4_7
PORT(hex: IN STD_LOGIC_VECTOR(3 DOWNTO 0);
    g_to_a: OUT STD_LOGIC_VECTOR(6 DOWNTO 0));
END COMPONENT;


BEGIN
PROCESS(clk1k)
BEGIN
    IF clk1k'EVENT AND clk1k='1'  THEN q <= q + '1';
     CASE q IS
        WHEN "00"=> scan <="1110";
        WHEN "01"=> scan <="1101";
        WHEN "10"=> scan <="1011";
        WHEN "11"=> scan <="0111";
        WHEN OTHERS=> scan<="1110";
      END CASE;
     END IF;
 END PROCESS;


 a <= scan;
 num <= scan & b;
 seg_sel<='0';
```

```
    PROCESS(rst,clk1k)              --根据按键赋键值
    BEGIN
      IF(rst = '0' ) THEN  keyvalue <= "0000";
        ELSIF clk1k'EVENT AND clk1k = '1' THEN
      CASE num IS
      when "11100111" =>keyvalue <= "0000";  --key0
      when "11101011" =>keyvalue <= "0001";  --key1
      when "11101101" =>keyvalue <= "0010";
      when "11101110" =>keyvalue <= "0011";
      when "11010111" =>keyvalue <= "0100";
      when "11011011" =>keyvalue <= "0101";
      when "11011101" =>keyvalue <= "0110";
      when "11011110" =>keyvalue <= "0111";
      when "10110111" =>keyvalue <= "1000";
      when "10111011" =>keyvalue <= "1001";
      when "10111101" =>keyvalue <= "1010";  --keyA
      when "10111110" =>keyvalue <= "1011";
      when "01110111" =>keyvalue <= "1100";
      when "01111011" =>keyvalue <= "1101";
      when "01111101" =>keyvalue <= "1110";
      when "01111110" =>keyvalue <= "1111";  --keyF
      WHEN OTHERS=> NULL;
      END CASE;
      END IF;
    END PROCESS;

    i1: clk_self
       GENERIC MAP (numb =>25000)        --用类属映射语句进行参数传递
         PORT MAP (clkin=>clk50m,
     clk_self=>clk1k);                   --25000 分频产生 1KHz 扫描时钟

    i2: seg4_7                           --seg4_7 模块例化
    PORT MAP(hex =>keyvalue,
          g_to_a =>led7s);
    END one;
```

上例中的 clk_self 分频模块源代码见例 8.14，数码管译码子模块 seg4_7 源码如例 9.8 所示。

【例 9.8】 数码管显示译码子模块。

```
    LIBRARY IEEE;
    USE IEEE.STD_LOGIC_1164.ALL;
    USE IEEE.STD_LOGIC_UNSIGNED.ALL;
    ENTITY seg4_7 IS
    PORT(hex: IN STD_LOGIC_VECTOR(3 DOWNTO 0);        --输入的 16 进制数
    g_to_a: OUT STD_LOGIC_VECTOR(6 DOWNTO 0));        --数码管 7 段
    END seg4_7;
    ARCHITECTURE one OF seg4_7 IS
    BEGIN
```

```
    WITH   hex SELECT
      g_to_a<= "1000000" WHEN "0000",        --0，低电平有效
               "1111001" WHEN "0001",        --1
               "0100100" WHEN "0010",        --2
               "0110000" WHEN "0011",        --3
               "0011001" WHEN "0100",        --4
               "0010010" WHEN "0101",        --5
               "0000010" WHEN "0110",        --6
               "1111000" WHEN "0111",        --7
               "0000000" WHEN "1000",        --8
               "0010000" WHEN "1001",        --9
               "0001000" WHEN "1010",        --a
               "0000011" WHEN "1011",        --b
               "1000110" WHEN "1100",        --c
               "0100001" WHEN "1101",        --d
               "0000110" WHEN "1110",        --e
               "0001110" WHEN "1111";        --f
    END one;
```

将此设计进行芯片和引脚的锁定，下载至实验板进行实际验证。目标板采用 C4_MB 开发板，FPGA 芯片为 EP4CE6F17C8。首先选择菜单 Assignments→Pin Planner，在弹出的 Pin Planner 对话框中，进行引脚的锁定。其次，还需要将端口 b 设置为弱上拉，选择菜单 Assignments→Assignment Editor，在弹出的如图 9.13 所示的对话框中，将 b[0]、b[1]、b[2]、b[3]引脚的 Assignment Name 设置为 Weak Pull-Up Resistor，将其 Value 设置为 On。

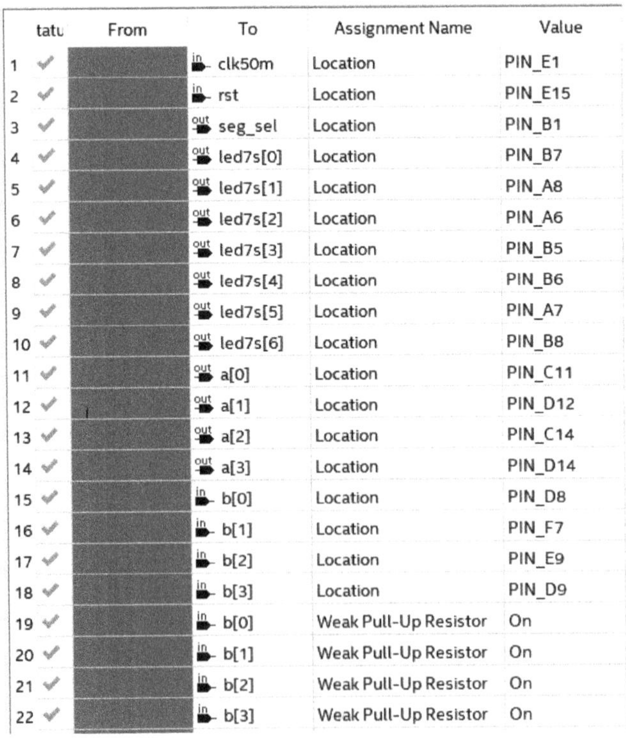

	tatu	From	To	Assignment Name	Value
1	✓		in clk50m	Location	PIN_E1
2	✓		in rst	Location	PIN_E15
3	✓		out seg_sel	Location	PIN_B1
4	✓		out led7s[0]	Location	PIN_B7
5	✓		out led7s[1]	Location	PIN_A8
6	✓		out led7s[2]	Location	PIN_A6
7	✓		out led7s[3]	Location	PIN_B5
8	✓		out led7s[4]	Location	PIN_B6
9	✓		out led7s[5]	Location	PIN_A7
10	✓		out led7s[6]	Location	PIN_B8
11	✓		out a[0]	Location	PIN_C11
12	✓		out a[1]	Location	PIN_D12
13	✓		out a[2]	Location	PIN_C14
14	✓		out a[3]	Location	PIN_D14
15	✓		in b[0]	Location	PIN_D8
16	✓		in b[1]	Location	PIN_F7
17	✓		in b[2]	Location	PIN_E9
18	✓		in b[3]	Location	PIN_D9
19	✓		in b[0]	Weak Pull-Up Resistor	On
20	✓		in b[1]	Weak Pull-Up Resistor	On
21	✓		in b[2]	Weak Pull-Up Resistor	On
22	✓		in b[3]	Weak Pull-Up Resistor	On

图 9.13　Assignment Editor 窗口设置

引脚约束还有一种方法是编辑.qsf 文件（本例为 key4x4.qsf），用文本编辑器打开该文件，

如果已经引脚锁定的话，可发现其中有关引脚锁定的内容如下：

```
set_location_assignment PIN_E1 -to clk50m
set_location_assignment PIN_E15 -to rst
set_location_assignment PIN_B1 -to seg_sel
set_location_assignment PIN_B7 -to led7s[0]
set_location_assignment PIN_A8 -to led7s[1]
set_location_assignment PIN_A6 -to led7s[2]
set_location_assignment PIN_B5 -to led7s[3]
set_location_assignment PIN_B6 -to led7s[4]
set_location_assignment PIN_A7 -to led7s[5]
set_location_assignment PIN_B8 -to led7s[6]
set_location_assignment PIN_C11 -to a[0]
set_location_assignment PIN_D12 -to a[1]
set_location_assignment PIN_C14 -to a[2]
set_location_assignment PIN_D14 -to a[3]
set_location_assignment PIN_D8 -to b[0]
set_location_assignment PIN_F7 -to b[1]
set_location_assignment PIN_E9 -to b[2]
set_location_assignment PIN_D9 -to b[3]
set_instance_assignment -name WEAK_PULL_UP_RESISTOR ON -to b[0]
set_instance_assignment -name WEAK_PULL_UP_RESISTOR ON -to b[1]
set_instance_assignment -name WEAK_PULL_UP_RESISTOR ON -to b[2]
set_instance_assignment -name WEAK_PULL_UP_RESISTOR ON -to b[3]
```

存盘编译后，将 4×4 键盘连接至目标板的扩展口，将生成的.sof 文件下载至目标板，观察按键的实际效果。如图 9.14 所示，图中显示按下的是 F 键。

图 9.14   4×4 键盘连接至 C4_MB 开发板

9.4   字 符 液 晶 ●●●

常用的字符液晶的是 LCD1602，它可以显示 16×2 个 5×7 大小的点阵字符，模块的字符存储器（Character Generator ROM，CGROM）中固化了 192 个常用字符的字模。

1. 字符液晶 LCD1602 及端口

市面上的 LCD1602 基本上是兼容的，区别只是带不带背光，其驱动芯片都是 HD44780 及其兼容芯片。LCD1602 的接口基本一致，为 16 引脚的单排插针外接端口，其定义如表 9.2 所示。

表 9.2　LCD1602 的引脚及其功能

引 脚 号	名 称	功 能
1	GND	电源地端
2	VCC	电源正极
3	V0	背光偏压
4	RS	数据/命令，0 为指令，1 为数据
5	RW	读/写选择，0 为写，1 为读
6	EN	使能信号
7～14	DB[0]～DB[7]	8 位数据
15	BLA	背光阳极
16	BLK	背光阴极

LCD1602 控制线主要分 4 类。

① RS：数据/指令选择端，当 RS=0，写指令；当 RS=1，写数据。

② RW：读/写选择端，当 RW=0，写指令/数据；当 RW=1，读状态/数据。

③ EN：使能端，下降沿使指令/数据生效。

④ DB[0]～DB[7]：8 位双向数据线。

2．LCD1602 的数据读写时序

LCD1602 的数据读写时序如图 9.15 所示，其读/写操作时序由使能信号 EN 完成；对读/写操作的识别是判断 RW 信号上的电平状态，当 RW 为 0 时向显示数据存储器写数据，数据在使能信号 EN 的上升沿被写入，当 RW 为 1 时将液晶模块的数据读入；RS 信号用于识别数据总线 DB0～DB7 上的数据是指令代码还是显示数据。

从图 9.15 中还可以看出一些关键时间参数（不同厂商产品有差异），一般要求数据读/写周期为 $T_C \geq 13$ μs；使能脉冲宽度为 $T_{PW} \geq 1.5$ μs；数据建立时间为 $T_{DSW} \geq 1$ μs；数据保持时间为 $T_H \geq 20$ ns；地址建立和保持时间（T_{AS} 和 T_{AH}）不得小于 1.5 μs，在驱动 LCD 时，需要满足上面的时间参数要求。

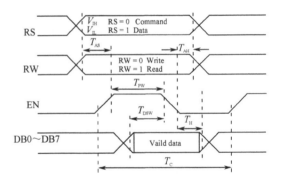

图 9.15　LCD1602 数据读写时序

3．LCD1602 的指令集

LCD1602 的读/写操作、屏幕和光标的设置都是通过指令来实现的，共支持 11 条控制指令，这些指令可查阅相关资料，需要注意的是，液晶模块属于慢显示设备，因此，在执行每条指令之前，一定要确认模块的忙标志为低电平（表示不忙），否则此指令失效。显示字符时要先输入显示字符地址，也就是告诉模块在哪里显示字符，表 9.3 是 LCD1602 的内部显示地址。

表 9.3　LCD1602 的内部显示地址

显示位置	1	2	3	4	5	6	7	8	9	10	11	12	13	14	15	16
第 1 行	80	81	82	83	84	85	86	87	88	89	8A	8B	8C	8D	8E	8F
第 2 行	C0	C1	C2	C3	C4	C5	C6	C7	C8	C9	CA	CB	CC	CD	CE	CF

4．LCD1602 的字符集

LCD1602 模块内部的字符发生存储器（CGROM）中固化了 192 个常用字符的字模，其中常用的 128 个阿拉伯数字、大小写英文字母和常用符号等如表 9.4 所示（16 进制表示）。比如，大写的英文字母 A 的代码是 41H，把地址 41H 中的点阵字符图形显示出来，就能看到字母 A。

表 9.4　CGROM 中字符与代码的对应关系

高位 低位	0	2	3	4	5	6	7
0	CGRAM		0	@	P	\	p
1		!	1	A	Q	a	q
2		"	2	B	R	b	r
3		#	3	C	S	c	s
4		$	4	D	T	d	t
5		%	5	E	U	e	u
6		&	6	F	V	f	v
7		'	7	G	W	g	w
8		(	8	H	X	h	x
9		)	9	I	Y	i	y
a		*	:	J	Z	j	z
b		+	;	K	[	k	{
c		,	<	L	¥	l	|
d		−	=	M	]	m	}
e		.	>	N	^	n	→
f		/	?	O	_	o	←

5．LCD1602 的初始化

LCD1602 开始显示前需要进行必要的初始化设置，包括设置显示模式、显示地址等，初始化指令及其功能如表 9.5 所示。

表 9.5　LCD1602 的初始化指令

初始化过程	初始化指令	功　能
1	8'h38	设置显示模式：16×2 显示，5×7 点阵，8 位数据接口
2	8'h0c	开显示，光标不显示（如要显示光标可改为 8'h0e）
3	8'h06	光标设置：光标右移，字符不移
4	8'h01	清屏，将以前的显示内容清除
行地址	1 行：'h80	第 1 行地址
	2 行：'hc0	第 2 行地址

6．用状态机驱动 LCD1602 实现字符的显示

FPGA 驱动 LCD1602，其实就是通过同步状态机模拟单步执行驱动 LCD1602，其过程是先初始化 LCD1602，然后写地址，最后写入显示数据。

用状态机驱动 LCD1602 实现字符显示的代码见例 9.9，如下几点需特别注意：

① LCD1602 的初始化过程主要由以下 4 条指令配置：
- 显示模式设置 MODE_SET：8'h38
- 显示开/关及光标设置 CURSOR_SET：8'h0c
- 显示地址设置 ADDRESS_SET：8'h06
- 清屏设置 CLEAR_SET：8'h01

由于是写指令，所以 RS=0；写完指令后，EN 下降沿使能。

② 初始化完成后，需写入地址，第一行初始地址：8'h80；第二行初始地址：8'hc0。写入地址时 RS=0，写完地址后，EN 下降沿使能。

③ 写入地址后，开始写入显示数据。需注意地址指针每写入一个数据后会自动加 1。写入数据时 RS=1，写完数据后，EN 下降沿使能。

④ 由于需要动态显示，所以数据要刷新。由于采用了同步状态机模拟 LCD1602 的控制时序，所以在显示完最后的数据后，状态要跳回写入地址状态，以便进行动态刷新。

此外，需要注意 LCD1602 是慢速器件，所以应将其工作时钟设置为合适的频率。本例采用的是计数延时使能驱动，代码中通过计数器定时得出 lcd_clk_en 信号驱动，不同厂家生产的 LCD1602 延时也不同，本例采用的是间隔 500ns 使能驱动，如果延时长一些会可靠一些。

【例 9.9】　控制字符液晶 LCD1602，实现秒表的显示。

```vhdl
LIBRARY IEEE;
USE IEEE.STD_LOGIC_1164.ALL;
USE IEEE.STD_LOGIC_UNSIGNED.ALL;
-----------------------------------------------------------
ENTITY lcd1602 IS
GENERIC( MODE_SET: STD_LOGIC_VECTOR(7 DOWNTO 0) := X"38";
        CURSOR_SET: STD_LOGIC_VECTOR(7 DOWNTO 0) := X"0c";
        ADDRESS_SET:STD_LOGIC_VECTOR(7 DOWNTO 0) := X"06";
        CLEAR_SET: STD_LOGIC_VECTOR(7 DOWNTO 0) := X"01"
          );    --用于液晶初始化的参数
PORT(clk50m:  IN    STD_LOGIC;        --50MHz 时钟
        bla  :  OUT  STD_LOGIC;       --背光阳极+
        blk  :  OUT  STD_LOGIC;       --背光阴极-
        lcd_rs:  OUT  STD_LOGIC;
        lcd_rw:  OUT  STD_LOGIC;
        lcd_en:  OUT  STD_LOGIC;
        lcd_data:OUT  STD_LOGIC_VECTOR(7 DOWNTO 0)
          );
END lcd1602;
ARCHITECTURE one OF lcd1602 IS
SIGNAL clk_1hz:STD_LOGIC;
SIGNAL sec:STD_LOGIC_VECTOR(7 DOWNTO 0);
SIGNAL min:STD_LOGIC_VECTOR(3 DOWNTO 0);
SIGNAL cnt:STD_LOGIC_VECTOR(19 DOWNTO 0);
SIGNAL lcd_sys_clk_en:STD_LOGIC:='0';
SIGNAL sec0,sec1,min0:STD_LOGIC_VECTOR(7 DOWNTO 0);
          --秒表的秒、分钟数据（ASCII 码）
TYPE stype IS(s0,s1,s2,s3,s4,s5,s6,s7,s8,s9,
      s10,s11,s12,s13,s14,s15,s16,s17,s18,s19,
      s20,s21,s22,s23,s24,s25,s26,s27,s28,s29);  --定义枚举数据类型
SIGNAL state: stype;                             --定义枚举信号


COMPONENT clk_self
  GENERIC (numb : INTEGER);
      PORT(clkin  : IN STD_LOGIC;             --输入时钟
            clk_self: OUT STD_LOGIC);         --输出时钟
```

```
END COMPONENT;

BEGIN
---------产生 1Hz 秒表时钟信号------------------
i1: clk_self GENERIC MAP (numb =>25_000_000)
     PORT MAP(clkin=>clk50m,
            clk_self=>clk_1hz);          --产生 1Hz 秒表时钟信号
---------秒表计时, 每 10 分钟重新循环------------
PROCESS(clk_1hz)
BEGIN
    IF(clk_1hz'event AND clk_1hz='1') THEN
    IF(min=X"9")AND(sec=X"59") THEN min<=X"0";sec<=X"00";
    ELSIF(sec=X"59") THEN min<=min+'1';sec<=X"00";
    ELSIF(sec(3 DOWNTO 0)=X"9")
THEN sec(7 DOWNTO 4)<=sec(7 DOWNTO 4)+'1';sec(3 DOWNTO 0)<=X"0";
    ELSE sec(3 DOWNTO 0)<=sec(3 DOWNTO 0)+'1';
    END IF;
    END IF;
END PROCESS;
-----------产生 lcd1602 使能驱动 sys_clk_en------------
PROCESS(clk50m)
BEGIN
    IF(clk50m'event AND clk50m='1') THEN
    IF(cnt =X"24999")            --500us
      THEN cnt<=X"00000";lcd_sys_clk_en<='1';
    ELSE cnt<=cnt+'1';lcd_sys_clk_en<='0';
    END IF;  END IF;
END PROCESS;
--------------lcd1602 显示 ( 状态机 )------------------
min0 <= X"30" + ("0000" & min);      --数据转换 (→ASCII 码)
sec0 <= X"30" + ("0000" & sec(3 DOWNTO 0));
sec1 <= X"30" + ("0000" & sec(7 DOWNTO 4));
PROCESS(clk50m)
BEGIN
    IF(clk50m'event AND clk50m='1') THEN
    IF(lcd_sys_clk_en='1')  THEN
  CASE state IS
    WHEN s0=> STATE<=s1;
         lcd_rs <= '0'; lcd_en <= '1';
         lcd_data <= MODE_SET; --显示格式设置: 8 位格式,2 行,5*7
    WHEN s1=> lcd_en<='0'; state<=s2;
    WHEN s2=> STATE<=s3;
         lcd_rs <= '0'; lcd_en <= '1';
         lcd_data <= CURSOR_SET;
    WHEN s3=> lcd_en<='0'; state<=s4;
    WHEN s4=> STATE<=s5;
         lcd_rs <= '0'; lcd_en <= '1';
```

```vhdl
                    lcd_data <= ADDRESS_SET;
        WHEN s5=> lcd_en<='0'; state<=s6;
        WHEN s6=> state <= s7;
            lcd_rs <= '0'; lcd_en <= '1';
            lcd_data <= CLEAR_SET;
        WHEN s7=> lcd_en<='0'; state <= s8;
        WHEN s8=> state <= s9;
            lcd_rs <= '0'; lcd_en <= '1';
            lcd_data <= X"80"; --地址
        WHEN s9=> lcd_en<='0'; state <= s10;
        WHEN s10=> state <= s11;
            lcd_rs <= '1'; lcd_en <= '1';
            lcd_data <= min0;    --写数据
        WHEN s11=> lcd_en<='0'; state <= s12;
        WHEN s12=> state <= s13;
            lcd_rs <= '1'; lcd_en <= '1';
            lcd_data <= X"6d";               --m
        WHEN s13=> lcd_en<='0'; state <= s14;
        WHEN s14=> state <= s15;
            lcd_rs <= '1'; lcd_en <= '1';
            lcd_data <= X"69";              --i
        WHEN s15=> lcd_en<='0'; state <= s16;
        WHEN s16=> state <= s17;
            lcd_rs <= '1'; lcd_en <= '1';
            lcd_data <= X"6e";              --n
        WHEN s17=> lcd_en<='0'; state <= s18;
        WHEN s18=> state <= s19;
            lcd_rs <= '1'; lcd_en <= '1';
            lcd_data <= X"20";             --显示空格
        WHEN s19=> lcd_en<='0'; state <= s20;
        WHEN s20=> state <= s21;
            lcd_rs <= '1'; lcd_en <= '1';
            lcd_data <= sec1;           --显示秒数据,十位
          WHEN s21=> lcd_en<='0'; state <= s22;
        WHEN s22=> state <= s23;
            lcd_rs <= '1'; lcd_en <= '1';
            lcd_data <= sec0;           --显示秒数据,个位
        WHEN s23=> lcd_en<='0'; state <= s24;
        WHEN s24=> state <= s25;
            lcd_rs <= '1'; lcd_en <= '1';
            lcd_data <= X"73";              --s
        WHEN s25=> lcd_en<='0'; state <= s26;
        WHEN s26=> state <= s27;
            lcd_rs <= '1'; lcd_en <= '1';
            lcd_data <= X"65";              --e
        WHEN s27=> lcd_en<='0'; state <= s28;
        WHEN s28=> state <= s29;
```

```
                    lcd_rs <= '1'; lcd_en <= '1';
                    lcd_data <= X"63";              --c
            WHEN s29=> lcd_en<='0'; state <= s8;
            WHEN OTHERS=>state <= s0;
            END CASE;
        END IF; END IF;
        END PROCESS;

        lcd_rw <='0';                           --只写
        blk <='0';                              --背光驱动-
        bla <='1';                              --背光驱动+
        END one;
```

上面代码中的 clk_self 分频模块源代码见例 8.14。

将 LCD1602 液晶连接至 C4_MB 开发板的扩展接口上，约束文件（.qsf）中有关引脚锁定的内容如下。

```
set_location_assignment PIN_E1 -to clk50m
set_location_assignment PIN_D8 -to lcd_rs
set_location_assignment PIN_F7 -to lcd_rw
set_location_assignment PIN_E9 -to lcd_en
set_location_assignment PIN_D9 -to lcd_data[0]
set_location_assignment PIN_C11 -to lcd_data[1]
set_location_assignment PIN_D12 -to lcd_data[2]
set_location_assignment PIN_C14 -to lcd_data[3]
set_location_assignment PIN_D14 -to lcd_data[4]
set_location_assignment PIN_F13 -to lcd_data[5]
set_location_assignment PIN_G11 -to lcd_data[6]
set_location_assignment PIN_K10 -to lcd_data[7]
set_location_assignment PIN_J11 -to bla
set_location_assignment PIN_J13 -to blk
```

此外，液晶电源接 3.3V，背光偏压 V0 接地，对本例进行综合，然后在 C4_MB 开发板上下载，可观察到液晶屏上的分秒计时显示效果如图 9.16 所示。

图 9.16　LCD1602 字符数字显示效果

9.5 汉字图形点阵液晶

图形点阵液晶显示模块广泛应用于智能仪器仪表、工业控制、通信和家用电器中。本节用 FPGA 控制 LCD12864B 汉字图形点阵液晶实现字符和图形的显示。

1. LCD12864B 的外部引脚特性

LCD12864B 是一种内部含有国标一级、二级简体中文字库的点阵型图形液晶显示模块，内置了 8192 个中文汉字（16×16 点阵）和 128 个 ASCII 字符集（8×16 点阵），它在字符显示模式下可以显示 8×4 个 16×16 点阵的汉字，或 16×4 个 16×8 点阵的英文（ASCII）字符，它也可以在图形模式下显示分辨率为 128×64 的二值化图形。

LCD12864B 拥有 1 个 20 引脚的单排插针外接端口，端口引脚及其功能如表 9.6 所示。其中，DB7～DB0 为数据，E 为使能信号，RS 为寄存器选择信号，R/W 为读/写控制信号，RST 为复位信号。

表 9.6   LCD12864B 汉字图形点阵液晶的端口定义

引脚号	名 称	功 能
1	GND	电源地端
2	VCC	电源正极
3	VO	背光偏压
4	RS	数据/命令，0 为数据，1 为指令
5	R/W	读/写选择，0 为写，1 为读
6	E	使能信号
7~14	DB[0]～DB[7]	8 位数据
15	PSB	串并模式
16，18	NC	空脚
17	RST	复位端
19	BLA	背光阳极
20	BLK	背光阴极

2. LCD12864B 的数据读写时序

如果 LCD12864B 液晶模块工作在 8 位并行数据传输模式（PSB=1、RST=1）下，其数据读写时序与上节中的 LCD1602B 数据读写时序完全一致（见图 9.5），LCD 模块的读/写操作时序由使能信号 E 完成；对读/写操作的识别是判断 R/W 信号上的电平状态，当 R/W 为 0 时向显示数据存储器写数据，数据在使能信号 E 的上升沿被写入，当 R/W 为 1 时将液晶模块的数据读入；RS 信号用于识别数据总线 DB0～DB7 上的数据是指令代码还是显示数据。一些关键时间参数在图 9.5 中也做了标注，这里不再赘述。

3. LCD12864B 的指令集

LCD12864B 液晶模块有自己的一套用户指令集,用户通过这些指令来初始化液晶模块并选择显示模式。LCD12864B 液晶模块字符、图形显示模式的初始化指令如表 9.7 所示。LCD 模块的图形显示模式需要用到扩展指令集，并且需要分成上下两个半屏设置起始地址，上半屏垂直坐标为 Y：8'h80～9'h9F（32 行），水平坐标为 X：8'h80；下半屏垂直坐标和上半屏相同，而水平坐标为 X：8'h88。

表 9.7 LCD12864B 的初始化指令

初始化过程	字符显示	图形显示
1	8'h38	8'h30
2	8'h0C	8'h3E
3	8'h01	8'h36
4	8'h06	8'h01
行地址/XY	1:'h80 2:'h90 3:'h88 4:'h98	Y:'h80～'h9F X:'h80/'h88

4. 用 VHDL 驱动 LCD12864B 实现汉字和字符的显示

用 VHDL 编写 LCD12864B 驱动程序，实现汉字和字符的显示，如例 9.10 所示，仍然采用了状态机进行控制。

【例 9.10】 控制点阵液晶 LCD12864B，实现汉字和字符的静态显示。

```
------------------------------------------------------------
--驱动12864点阵液晶，显示汉字和字符，12864液晶接至扩展接口
------------------------------------------------------------
LIBRARY IEEE;
USE IEEE.STD_LOGIC_1164.ALL;
USE IEEE.STD_LOGIC_UNSIGNED.ALL;
------------------------------------------------------------
ENTITY lcd12864 IS
GENERIC( MODE_SET: STD_LOGIC_VECTOR(7 DOWNTO 0) := X"30";
        CURSOR_SET:STD_LOGIC_VECTOR(7 DOWNTO 0) := X"0c";
        ADDRESS_SET:STD_LOGIC_VECTOR(7 DOWNTO 0) := X"06";
        CLEAR_SET:STD_LOGIC_VECTOR(7 DOWNTO 0) := X"01"
        );    --用于液晶初始化的参数
PORT(clk50m:  IN     STD_LOGIC;          --50 MHz 时钟
        psb : OUT     STD_LOGIC;
        rst : OUT     STD_LOGIC;
        rs  : OUT     STD_LOGIC;
        rw  : OUT     STD_LOGIC;
        en  : OUT     STD_LOGIC;
        DB  : OUT     STD_LOGIC_VECTOR(7 DOWNTO 0)
        );
END lcd12864;
ARCHITECTURE one OF lcd12864 IS
SIGNAL clk1k:STD_LOGIC;
SIGNAL count:STD_LOGIC_VECTOR(15 DOWNTO 0);
TYPE stype IS(s0,s1,s2,s3,s4,s5,s6,s7,s8,s9,
     s10,s11,s12,s13,s14,s15,s16,s17,s18,s19,
     s20,s21,s22,s23,s24,s25,s26,s27,s28,s29);  --定义枚举数据类型
SIGNAL state: stype;

COMPONENT clk_self
 GENERIC (numb : INTEGER);
    PORT(clkin : IN STD_LOGIC;        --输入时钟
       clk_self: OUT STD_LOGIC);      --输出时钟
END COMPONENT;

BEGIN
```

```
---------产生1Hz秒表时钟信号------------------
i1: clk_self GENERIC MAP (numb =>25_000)
    PORT MAP (clkin=>clk50m,
  clk_self=>clk1k);                    --产生1kHz 时钟信号


rw  <='0';                             --只写
psb <='1';
rst <='1';
en  <=clk1k;                           --en 使能信号
PROCESS(clk1k)
BEGIN
    IF(clk1k'event AND clk1k='1') THEN
    CASE state IS
    WHEN s0=> rs <= '0';DB <= MODE_SET;STATE<=s1;
     WHEN s1=> STATE<=s2;
         rs <= '0';DB <= CURSOR_SET; --全屏显示
     WHEN s2=> STATE<=s3;
         rs <= '0';DB <= ADDRESS_SET; --写一个字符后地址指针自动加1
     WHEN s3=> STATE<=s4;
         rs <= '0';DB <=CLEAR_SET;    --清屏
     WHEN s4=> STATE<=s5;
         rs <= '0';DB <= X"80";        --第1行地址
-----显示汉字，不同的驱动芯片，汉字的编码会有所不同，具体应查液晶手册----
     WHEN s5=> STATE<=s6;
         rs <= '1';DB <= X"ca";        --数
     WHEN s6=> rs <= '1';DB <= X"fd";STATE<=s7;
     WHEN s7=> STATE<=s8;
         rs <= '1';DB <= X"d7";        --字
     WHEN s8=> rs <= '1';DB <= X"d6"; STATE<=s9;
     WHEN s9=>  STATE<=s10;
         rs <= '1';DB <= X"cf";        --系
     WHEN s10=> STATE<=s11;
         rs <= '1';DB <= X"b5";
     WHEN s11=> STATE<=s12;
         rs <= '1';DB <= X"cd";        --统
     WHEN s12=> rs <= '1';DB <= X"b3";STATE<=s13;
     WHEN s13=> STATE<=s14;
         rs <= '1';DB <= X"c9";        --设
     WHEN s14=> rs <= '1';DB <= X"e8";STATE<=s15;
     WHEN s15=> STATE<=s16;
         rs <= '1';DB <= X"bc";        --计
     WHEN s16=> rs <= '1';DB <= X"c6";STATE<=s17;
     WHEN s17=> STATE<=s18;
         rs <= '0';DB <= X"90";        --第2行地址
     WHEN s18=> STATE<=s19;
         rs <= '1';DB <= X"46";        --F（半宽字形）
     WHEN s19=> STATE<=s20;
         rs <= '1';DB <= X"50";        --P
     WHEN s20=> STATE<=s21;
         rs <= '1';DB <= X"47";        --G
     WHEN s21=> STATE<=s22;
         rs <= '1';DB <= X"41";        --A
```

```
        WHEN s22=> STATE<=s23;
            rs <= '1';DB <= X"a3";          --F（宽字形）
        WHEN s23=> rs <= '1';DB <= X"c6";STATE<=s24;
        WHEN s24=> STATE<=s25;
            rs <= '1';DB <= X"a3";          --P
        WHEN s25=> rs <= '1';DB <= X"d0";STATE<=s26;
        WHEN s26=> STATE<=s27;
            rs <= '1';DB <= X"a3";          --G
        WHEN s27=> rs <= '1';DB <= X"c7";STATE<=s28;
        WHEN s28=> STATE<=s29;
            rs <= '1';DB <= X"a3";          --A
        WHEN s29=> rs <= '1';DB <= X"c1";STATE<=s4;
        WHEN OTHERS=>state <= s0;
        END CASE;
    END IF;
    END PROCESS;
    END one;
```

clk_self 子模块源码见例 8.14，将 LCD12864 液晶连接至 C4_MB 开发板的扩展接口，约束文件（.qsf）中有关引脚锁定的内容如下。

```
set_location_assignment PIN_E1 -to clk50m
set_location_assignment PIN_D8 -to rs
set_location_assignment PIN_F7 -to rw
set_location_assignment PIN_E9 -to en
set_location_assignment PIN_D9 -to DB[0]
set_location_assignment PIN_C11 -to DB[1]
set_location_assignment PIN_D12 -to DB[2]
set_location_assignment PIN_C14 -to DB[3]
set_location_assignment PIN_D14 -to DB[4]
set_location_assignment PIN_F13 -to DB[5]
set_location_assignment PIN_G11 -to DB[6]
set_location_assignment PIN_K10 -to DB[7]
set_location_assignment PIN_J11 -to psb
set_location_assignment PIN_J13 -to rst
```

液晶模块的电源接 5V，背光阳极（BLA）引脚接 3.3V，背光阴极（BLK）引脚接地，背光偏压 VO 引脚一般空置即可。将本例在 C4_MB 开发板上下载，可观察到该例的显示效果如图 9.17 所示，为静态显示。

图 9.17 汉字图形点阵液晶静态显示效果

5. **实现字符的动态显示**

例 9.11 实现了字符的动态显示，逐行显示 4 个字符，显示一行后清屏，然后到下一行显示，依次类推，同样采用了状态机设计。

【例 9.11】   控制点阵液晶 LCD12864B，实现字符的动态显示。

```vhdl
---------------------------------------------------
--驱动 12864 液晶，实现字符的动态显示
---------------------------------------------------
LIBRARY IEEE;
USE IEEE.STD_LOGIC_1164.ALL;
USE IEEE.STD_LOGIC_UNSIGNED.ALL;
---------------------------------------------------
ENTITY lcd12864_mov IS
PORT(clk50m: IN   STD_LOGIC;                    --50 MHz 时钟
     psb  : OUT   STD_LOGIC;
     rst  : OUT   STD_LOGIC;
     rs   : OUT   STD_LOGIC;
     rw   : OUT   STD_LOGIC;
     en   : OUT   STD_LOGIC;
     DB:OUT  STD_LOGIC_VECTOR(7 DOWNTO 0)
        );
END lcd12864_mov;
ARCHITECTURE one OF lcd12864_mov IS
SIGNAL clk4hz:STD_LOGIC;
SIGNAL count:STD_LOGIC_VECTOR(15 DOWNTO 0);

TYPE stype IS(s0,s1,s2,s3,s4,s5,s6,s7,s8,s9,
    s10,s11,s12,s13,s14,s15,s16,s17,s18,s19,
    s20,s21,s22,s23,s24,s25,s26);         --定义枚举数据类型
SIGNAL state: stype;

COMPONENT clk_self
 GENERIC (numb : INTEGER);
    PORT(clkin   : IN STD_LOGIC;           --输入时钟
        clk_self: OUT STD_LOGIC);          --输出时钟
END COMPONENT;

BEGIN
---------产生 1Hz 秒表时钟信号------------------
i1: clk_self GENERIC MAP (numb => 6_250_000)
    PORT MAP (clkin=>clk50m,
  clk_self=>clk4hz);                       --产生 4Hz 时钟信号

rw  <='0';                                 --只写
psb <='1';
rst <='1';
en  <= clk4hz;                             --en 使能信号
```

```
PROCESS(clk4hz)
BEGIN
    IF(clk4hz'event AND clk4hz='1') THEN
    CASE state IS
    WHEN s0=> rs <= '0'; DB <= X"30"; STATE<=s1;
    WHEN s1=> STATE<=s2;
        rs <= '0'; DB <= X"0c";  --全屏显示
    WHEN s2=> STATE<=s3;
        rs <= '0'; DB <= X"06";  --写一个字符后地址指针自动加1
    WHEN s3=> STATE<=s4;
        rs <= '0'; DB <= X"01";  --清屏
    WHEN s4=> STATE<=s5;
        rs <= '0'; DB <= X"80";  --第1行地址
----显示汉字, 不同的驱动芯片, 汉字的编码会有所不同, 具体应查液晶手册----
    WHEN s5=> STATE<=s6;
        rs <= '1'; DB <= X"46";  --F
    WHEN s6=> STATE<=s7;
        rs <= '1'; DB <= X"50";  --P
    WHEN s7=> STATE<=s8;
        rs <= '1'; DB <= X"47";  --G
    WHEN s8=> STATE<=s9;
        rs <= '1'; DB <= X"41";  --A
    WHEN s9=> STATE<=s10;
        rs <= '0'; DB <= X"01";  --清屏
    WHEN s10=> STATE<=s11;
        rs <= '0'; DB <= X"90";  --第2行地址
    WHEN s11=> STATE<=s12;
        rs <= '1'; DB <= X"43";  --C
    WHEN s12=> STATE<=s13;
        rs <= '1'; DB <= X"50";  --P
    WHEN s13=> STATE<=s14;
        rs <= '1'; DB <= X"4c";  --L
    WHEN s14=> STATE<=s15;
        rs <= '1'; DB <= X"44";  --D
    WHEN s15=> STATE<=s16;
        rs <= '0'; DB <= X"01";  --清屏
    WHEN s16=> STATE<=s17;
        rs <= '0'; DB <= X"88";  --第3行地址
    WHEN s17=> STATE<=s18;
        rs <= '1'; DB <= X"56";  --V
    WHEN s18=> STATE<=s19;
        rs <= '1'; DB <= X"65";  --e
    WHEN s19=> STATE<=s20;
        rs <= '1'; DB <= X"72";  --r
    WHEN s20=> STATE<=s21;
        rs <= '1'; DB <= X"69";  --i
```

```
            WHEN s21=> STATE<=s22;
                rs <= '0'; DB <= X"01";  --清屏
            WHEN s22=> STATE<=s23;
                rs <= '0'; DB <= X"98";  --第 4 行地址
            WHEN s23=> STATE<=s24;
                rs <= '1'; DB <= X"6c";  --1
            WHEN s24=> STATE<=s25;
                rs <= '1'; DB <= X"6f";  --o
            WHEN s25=> STATE<=s26;
                rs <= '1'; DB <= X"67";  --g
            WHEN s26=> STATE<=s3;
                rs <= '1'; DB <= X"21";  --!
            WHEN OTHERS=>state <= s0;
            END CASE;
        END IF;
    END PROCESS;
    END one;
```

clk_self 子模块源码见例 8.14，引脚约束文件与例 9.7 相同。

将 LCD12864 液晶连接至 C4_MB 开发板的扩展接口，下载后观察液晶的实际显示效果。

9.6   VGA 显示器 ●●●●

本节采用 FPGA 器件实现 VGA 彩条信号和图像信号的显示。

9.6.1   VGA 显示原理与时序

1. VGA 显示的原理与模式

VGA（Video Graphics Array）是 IBM 在 1987 年推出的一种视频传输标准，并迅速在彩色显示领域得到广泛应用，后来其他厂商在 VGA 基础上加以扩充使其支持更高分辨率，这些扩充的模式称为 Super VGA，简称 SVGA。

2. D-SUB 接口

主机（如计算机）与显示设备间通过 VGA 接口（也称 D-SUB 接口）连接，主机的显示信息，通过显卡中的数字/模拟转换器转变为 R、G、B 三基色信号和行、场同步信号并通过 VGA 接口传输到显示设备中。VGA 接口是一个 15 针的梯形插头，传输的是模拟信号，其外形和信号定义如图 9.18 所示，共有 15 个针孔，分 3 排，每排 5 个，引脚号标识如图中所示，其中的 6、7、8、10 引脚为接地端；1、2、3 引脚分别接红、绿、蓝信号；13 引脚接行同步信号；14 引脚接场同步信号。

实际中一般只需控制三基色信号（R、G、B）、行同步（HS）和场同步信号（VS）这 5 个信号端即可。

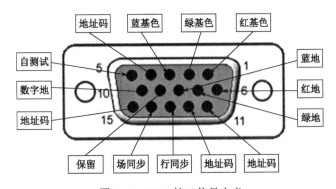

图 9.18   VGA 接口信号定义

3. C4_MB 开发板的 FPGA 与 VGA 接口电路

C4_MB 上的 VGA 接口通过 18 位信号线与 FPGA 连接,其连接电路如图 9.19 所示,从图中能看出,C4_MB 采用电阻网络实现简单的 D/A 转换,红、绿、蓝三基色信号分别 5、6、5 位,能实现 2^{16}(65536)种颜色的图像显示。另外,还包括行同步和场同步信号。

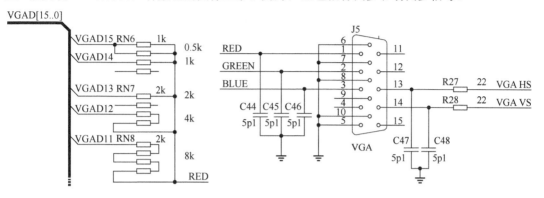

图 9.19 C4_MB 的 65536 色 VGA 接口与 FPGA 间连接电路

4. VGA 显示的时序

CRT(Cathode Ray Tube)显示器的原理是采用光栅扫描方式,即轰击荧光屏的电子束在 CRT 显示器上从左到右、从上到下做有规律的移动,其水平移动受水平同步信号 HSYNC 控制,垂直移动受垂直同步信号 VSYNC 控制。扫描方式多采用逐行扫描。完成一行扫描的时间称为水平扫描时间,其倒数称为行频率;完成一帧(整屏)扫描的时间称为垂直扫描时间,其倒数称为场频,又称刷新率。

VGA 显示的时序可以用图 9.20 表示,不管是行信号还是场信号,其一个周期都可以分为 4 个区间:

- 同步头区间 a;
- 同步头结束与有效视频信号开始之间的时间间隔,即后沿(Back porch)b;
- 有效视频显示区间 c;
- 有效视频显示结束与下一个同步头开始之间的时间间隔,即前沿(Front porch)d。

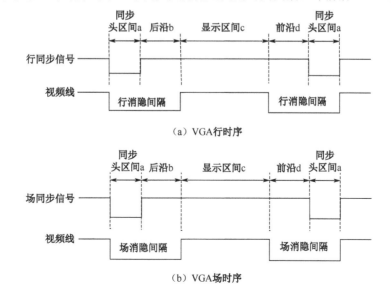

(a) VGA行时序

(b) VGA场时序

图 9.20 VGA 显示行场扫描时序

低电平有效信号指示了上一扫行的结束和新扫行的开始。随之而来的是行扫后沿，这期间的 RGB 输入是无效的，紧接着是行显示区间，这期间的 RGB 信号将在显示器上逐点显示出来。最后是持续特定时间的行显示前沿，这期间的 RGB 信号也是无效的。场同步信号的时序完全类似，只不过场同步脉冲指示某一帧的结束和下一帧的开始，消隐期长度的单位不再是像素，而是行数。

5．标准 VGA 显示模式与时序

本例实现标准 VGA 显示模式（640×480@60 Hz），故对此模式进行详细介绍。标准 VGA 模式要求的时钟频率如下：

- 时钟频率（Clock Frequency）：25.175 MHz（像素输出的频率）。
- 行频（Line Frequency）：31 469 Hz。
- 场频（Field Frequency）：59.94 Hz（每秒图像刷新频率）。

显示时，VGA 显示器从屏幕的左上角开始扫描，先水平扫完一行（640 个像素点）到达最右边，再回到最左边（期间 CRT 对电子束进行行消隐）换下一行，继续扫描，直到扫描到屏幕的最右下角（共 480 行），这样就扫描完了一帧图像。然后，再回到屏幕左上角（期间 CRT 对电子束进行场消隐），开始下一帧图像的扫描。在标准 VGA 模式（640×480@60 Hz）下，每秒必须扫描 60 帧，每一个像素点的扫描周期大约为 40 ns。

表 9.8 是标准 VGA 显示模式行、场扫描的时间参数，表中行的时间单位是像素（Pixels），而场的时间单位是行（Lines）。

表 9.8　标准 VGA 显示模式行、场扫描的时间参数

标准 VGA 模式		时 间 参 数			
640×480@60 Hz 像素时钟 25.175MHz		同步头段 a	后沿段 b	显示段 c	前沿段 d
	行（单位：像素，Pixels）	96	48	640	16
	场（单位：行，Lines）	2	31	480	11

9.6.2　VGA 彩条信号发生器

1．VGA 彩条信号发生器顶层设计

三基色信号 R、G、B 只用 1bit 表示可显示 8 种颜色，表 9.9 是这 8 色对应的编码。例 9.12 的彩条信号发生器可产生横彩条、竖彩条和棋盘格等方式的 VGA 彩条，例中的显示时序数据基于标准 VGA 显示模式（640×480@60 Hz）计算得出，系统时钟采用 25.175 MHz（本例实现采用 25.20 MHz）信号。

表 9.9　VGA 颜色编码

颜色	黑	蓝	绿	青	红	品	黄	白
R	0	0	0	0	1	1	1	1
G	0	0	1	1	0	0	1	1
B	0	1	0	1	0	1	0	1

【例 9.12】　VGA 彩条信号发生器（顶层代码）。

```
--key: 彩条选择信号，为 "00" 时显示竖彩条，为 "01" 时横彩条，其他情况显示棋盘格
LIBRARY IEEE;
USE IEEE.STD_LOGIC_1164.ALL;
USE IEEE.STD_LOGIC_UNSIGNED.ALL;
-----------------------------------------------------------------
```

```vhdl
ENTITY color IS
GENERIC( H_TA:   INTEGER:=96;
         H_TB:   INTEGER:=48;
         H_TC:   INTEGER:=640;
         H_TD:   INTEGER:=16;
         H_TOTAL:INTEGER:=800;              --=H_TA+H_TB+H_TC+H_TD;
         V_TA:   INTEGER:=2;
         V_TB:   INTEGER:=33;
         V_TC:   INTEGER:=480;
         V_TD:   INTEGER:=10;
         V_TOTAL:INTEGER:=525);             --=V_TA+V_TB+V_TC+V_TD);
PORT(clk50m:    IN    STD_LOGIC;           --输入时钟 50 MHz
     key:       IN    STD_LOGIC_VECTOR(1 DOWNTO 0);
     vga_hs:    BUFFER   STD_LOGIC;           --行同步信号
     vga_vs:    BUFFER   STD_LOGIC;           --场同步信号
     vga_r:OUT   STD_LOGIC_VECTOR(4 DOWNTO 0); --红色, 5 bit
     vga_g:OUT   STD_LOGIC_VECTOR(5 DOWNTO 0); --绿色, 6 bit
     vga_b:OUT   STD_LOGIC_VECTOR(4 DOWNTO 0)  --蓝色, 5 bit
       );
END color;
-------------------------------------------------------------------
ARCHITECTURE one OF color IS
SIGNAL vga_clk1:STD_LOGIC;
SIGNAL rgb,rgbx,rgby:STD_LOGIC_VECTOR(2 DOWNTO 0);
SIGNAL h_cont,v_cont:STD_LOGIC_VECTOR(9 DOWNTO 0);


COMPONENT vga_clk
PORT(inclk0: IN STD_LOGIC;
        c0: OUT STD_LOGIC);
END COMPONENT;
BEGIN
PROCESS(vga_clk1)                 --行计数
BEGIN
    IF(vga_clk1'event AND vga_clk1='1') THEN
    IF(h_cont=H_TOTAL-1) THEN h_cont<=(OTHERS=>'0');
    ELSE  h_cont<=h_cont+'1';
    END IF;
    END IF;
END PROCESS;
PROCESS(vga_hs)                   --场计数
BEGIN
    IF(vga_hs'event AND vga_hs='0') THEN
    IF(v_cont=V_TOTAL-1) THEN v_cont<=(OTHERS=>'0');
    ELSE  v_cont<=v_cont+'1';
    END IF;
    END IF;
END PROCESS;
```

```
    vga_hs<='1' WHEN h_cont > H_TA-1 ELSE          --产生行同步信号
          '0';
    vga_vs<='1' WHEN v_cont > V_TA-1 ELSE          --产生场同步信号
          '0';
    rgbx<="000" WHEN (h_cont<=H_TA+H_TB+80-1) ELSE    --黑
          "001" WHEN (h_cont<=H_TA+H_TB+160-1) ELSE   --蓝
          "010" WHEN (h_cont<=H_TA+H_TB+240-1) ELSE   --绿
          "011" WHEN (h_cont<=H_TA+H_TB+320-1) ELSE   --青
          "100" WHEN (h_cont<=H_TA+H_TB+400-1) ELSE   --红
          "101" WHEN (h_cont<=H_TA+H_TB+480-1) ELSE   --品
          "110" WHEN (h_cont<=H_TA+H_TB+560-1) ELSE   --黄
          "111" ;          --白
    rgby<="000" WHEN (v_cont<=V_TA+V_TB+60-1) ELSE    --横彩条
          "001" WHEN (v_cont<=V_TA+V_TB+120-1) ELSE
          "010" WHEN (v_cont<=V_TA+V_TB+180-1) ELSE
          "011" WHEN (v_cont<=V_TA+V_TB+240-1) ELSE
          "100" WHEN (v_cont<=V_TA+V_TB+300-1) ELSE
          "101" WHEN (v_cont<=V_TA+V_TB+360-1) ELSE
          "110" WHEN (v_cont<=V_TA+V_TB+420-1) ELSE
          "111";

PROCESS(key)
BEGIN
    CASE key IS                          --选择条纹类型
        WHEN "00"=> rgb<=rgbx;           --显示竖彩条
        WHEN "01"=> rgb<=rgby;           --显示横彩条
        WHEN "10"=> rgb<=(rgbx XOR rgby);   --显示棋盘格
        WHEN "11"=> rgb<=(rgbx XNOR rgby);  --显示棋盘格
    END CASE;
vga_r<=(rgb(2),rgb(2),rgb(2),rgb(2),rgb(2)); --并置
vga_g<=(OTHERS=>rgb(1));
vga_b<=rgb(0)&rgb(0)&rgb(0)&rgb(0)&rgb(0);
END PROCESS;

i1 : vga_clk PORT MAP (              --用 IP 核产生 25.2MHz 时钟
          inclk0 => clk50m,
          c0     =>vga_clk1
            );
    END one;
```

上面的程序中的 25.2MHz 时钟（vga_clk）采用 Quartus Prime 的锁相环 IP 核 altpll 来产生，其定制过程如下，主要介绍较为关键的步骤。

2. 用 IP 核 altpll 产生 25.2MHz 时钟信号

① 打开 IP Catalog，在 Basic Functions 目录下找到 altpll 宏模块，双击该模块，出现图 9.21 所示的 Save IP Variation 对话框，在其中将 altpll 模块命名为 vga_clk，选择其语言类型为 VHDL。

② 启动 MegaWizard Plug-In Manager，对 altpll 模块进行参数设置。图 9.22 所示是选择芯片和设置输入时钟的页面，芯片选择 Cyclone IV E 系列，输入时钟 inclk0 的频率设置为 50 MHz，其他选项保持默认状态。

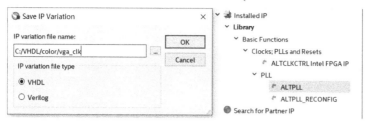

图 9.21 altpll 模块命名

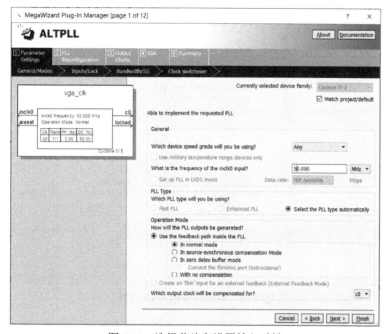

图 9.22 选择芯片和设置输入时钟

③ 图 9.23 所示是锁相环的端口设置页面，为了简便，没有勾选任何端口，因此，只有输入时钟端口（inclk0）和输出时钟端口（c0）。

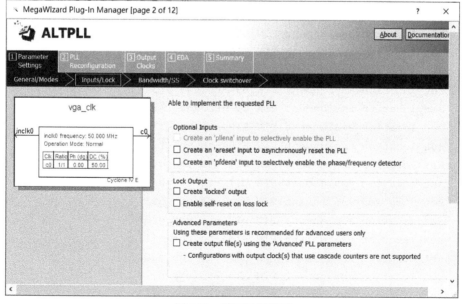

图 9.23 端口设置页面

④ 图 9.24 所示是输出时钟信号 c0 设置页面，对输出时钟信号 c0 进行设置。在 Enter output

clock frequency 后面输入所需得到的时钟频率，本例输入 25.200MHz，其他设置保持默认状态即可。

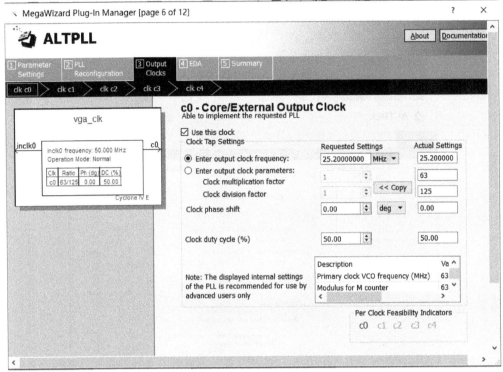

图 9.24   输出时钟信号 c0 设置

⑤ 其余设置页面连续单击 Next 按钮跳过即可，最后单击 Finish 按钮，完成定制。

⑥ 找到例化模板文件 vga_clk_inst.vhd，参考其内容例化刚定制的 pll 模块。

3. 引脚约束与编程下载

本例引脚约束文件内容如下：

```
set_location_assignment PIN_E1 -to clk50m
set_location_assignment PIN_C16 -to vga_hs
set_location_assignment PIN_D15 -to vga_vs
set_location_assignment PIN_C8 -to vga_r[4]
set_location_assignment PIN_A9 -to vga_r[3]
set_location_assignment PIN_B9 -to vga_r[2]
set_location_assignment PIN_A10 -to vga_r[1]
set_location_assignment PIN_B10 -to vga_r[0]
set_location_assignment PIN_A11 -to vga_g[5]
set_location_assignment PIN_B11 -to vga_g[4]
set_location_assignment PIN_A12 -to vga_g[3]
set_location_assignment PIN_B12 -to vga_g[2]
set_location_assignment PIN_A13 -to vga_g[1]
set_location_assignment PIN_B13 -to vga_g[0]
set_location_assignment PIN_A14 -to vga_b[4]
set_location_assignment PIN_B14 -to vga_b[3]
set_location_assignment PIN_A15 -to vga_b[2]
set_location_assignment PIN_B16 -to vga_b[1]
```

```
set_location_assignment PIN_C15 -to vga_b[0]
set_location_assignment PIN_E16 -to key[1]
set_location_assignment PIN_E15 -to key[0]
```

用 Quartus Prime 对本例进行综合，生成.sof 文件并在目标板上下载，将 VGA 显示器接到
C4_MB 的 VGA 接口，按动按键 KEY2、KEY1，变换彩条信号，其实际显示效果如图 9.25 所
示，图中分别是竖彩条和棋盘格。

图 9.25　VGA 彩条实际显示效果

9.6.3　VGA 图像显示与控制

如果 VGA 显示真彩色 BMP 图像，则需要 R、G、B 信号各 8 位（即 24 位）表示一个像素
值，多数情况下采用 32 位表示一个像素值，为了节省存储空间，可采用高彩图像，即每个像素
值由 16 位表示，R、G、B 信号分别使用 5 位、6 位、5 位，比真彩色图像数据量减少一半，同
时又能满足显示效果。

本例中每个图像像素点用 16bit 表示（R、G、B 信号均用 4 bit 表示），总共可表示 2^{12}（4096）
种颜色；显示图像的 R、G、B 数据预先存储在 FPGA 的片内 ROM 中，只要按照前面介绍的时
序，给 VGA 显示器上对应的点赋值，就可以显示出完整的图像。图 9.26 是 VGA 图像显示控制
的框图。

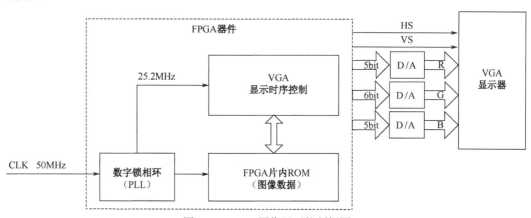

图 9.26　VGA 图像显示控制框图

1．VGA 图像数据的获取

本例显示的图像选择标准图像 LENA，文件格式为.jpg，图像数据由自己编写 MATLAB 程
序得到，其代码如例 9.13 所示，该程序将 lena.jpg 图像的尺寸压缩为 64×128 点，然后得到 64×128
个像素点的 R、G、B 三基色数据，并将数据写入 ROM 存储器初始化文件.mif 文件中。R、G、
B 三基色信号分别用 5 bit、6 bit、5 bit 来表示的 LENA 图像的显示效果，与用真彩显示的图像
效果比较，直观感受没有很大的区别，如图 9.27 所示。

图 9.27   R、G、B 三基色信号分别采用 5 bit、6 bit、5 bit 表示的 LENA 图像

【例 9.13】   把 lena.jpg 图像压缩为 64×128 点，得到 R、G、B 三基色数据并将数据写入.mif
文件。

```
clear;
InputPic=imread('C:\VHDL\vga\m\lena.jpg');
OutputPic='C:\VHDL\vga\m\lena';
% [width,leth,b]=size(Sp);
PicWidth=64;
PicHeight=128;
N=PicWidth*PicHeight;
NewPic1=imresize(InputPic,[PicHeight,PicWidth]);%转换为指定像素
NewPic2(:,:,1)=bitshift(NewPic1(:,:,1),-3);%取图像R高5位
NewPic2(:,:,2)=bitshift(NewPic1(:,:,2),-2);%取图像G高6位
NewPic2(:,:,3)=bitshift(NewPic1(:,:,3),-3);%取图像B高5位
NewPic2=uint16(NewPic2);
file=fopen([OutputPic,[num2str(PicWidth),num2str(PicHeight)],'.mif'],'wt');
    %写入mif文件文件头
fprintf(file, '%s\n','WIDTH=16;');%位宽
fprintf(file, '%s\n\n','DEPTH=16384;');%深度 128*128
fprintf(file, '%s\n','ADDRESS_RADIX=UNS;');%地址格式
fprintf(file, '%s\n\n','DATA_RADIX=UNS;');%数据格式
fprintf(file, '%s\t','CONTENT');%地址
fprintf(file, '%s\n','BEGIN');%
count=0;
for i=1:PicHeight %图像第i行
    for j=1:PicWidth%图像第j列
        addr=(i-1)*PicHeight+j-1;
        tmpNum=NewPic2(i,j,1)*2048+NewPic2(i,j,2)*32+NewPic2(i,j,3);
        fprintf(file, '\t%1d:%1d;\n', addr,tmpNum);
        count=count+1;
    end
end
fprintf(file, '%s\n','END;');%
fclose(file);
msgbox(num2str(count));
```

2．VGA 图像显示顶层源程序

显示模式采用标准 VGA 模式（640×480@60 Hz），图像大小为 64×128 点，例 9.14 是其

VHDL 源程序，程序中含图像位置移动控制部分，可控制图像在屏幕范围内成 45° 角移动，撞到边缘后变向，类似于屏保的显示效果。

【例 9.14】 VGA 图像显示与移动。

```
LIBRARY IEEE;
USE IEEE.STD_LOGIC_1164.ALL;
USE IEEE.STD_LOGIC_UNSIGNED.ALL;
-----------------------------------------------------------------
ENTITY vga IS
GENERIC( H_TA:   INTEGER:=96;
         H_TB:   INTEGER:=48;
         H_TC:   INTEGER:=640;
         H_TD:   INTEGER:=16;
         H_TOTAL:INTEGER:=800;    --H_TA+H_TB+H_TC+H_TD
         wide:   INTEGER:=64;
         heigh:  INTEGER:=128;
         V_TA:   INTEGER:=2;
         V_TB:   INTEGER:=33;
         V_TC:   INTEGER:=480;
         V_TD:   INTEGER:=10;
         V_TOTAL:INTEGER:=525);   --V_TA+V_TB+V_TC+V_TD
PORT(clk50m: IN     STD_LOGIC;    --50 MHz 时钟
    rst:    IN     STD_LOGIC;    --清零信号
    vga_hs: BUFFER STD_LOGIC;    --行同步信号
    vga_vs: BUFFER STD_LOGIC;    --场同步信号
    vga_r:  OUT STD_LOGIC_VECTOR(4 DOWNTO 0);   --红色, 5 bit
    vga_g:  OUT   STD_LOGIC_VECTOR(5 DOWNTO 0); --绿色, 6 bit
    vga_b:  OUT STD_LOGIC_VECTOR(4 DOWNTO 0)    --蓝色, 5 bit
    );
END vga;
-----------------------------------------------------------------
ARCHITECTURE one OF vga IS
SIGNAL vga_clk1:STD_LOGIC :='0';
SIGNAL h_cont,v_cont:STD_LOGIC_VECTOR(9 DOWNTO 0);
SIGNAL address:STD_LOGIC_VECTOR(12 DOWNTO 0);
SIGNAL q:STD_LOGIC_VECTOR(15 DOWNTO 0);
SIGNAL xpos,ypos:STD_LOGIC_VECTOR(9 DOWNTO 0);
SIGNAL ij:STD_LOGIC_VECTOR(1 DOWNTO 0):="00";


COMPONENT vga_clk
PORT(inclk0: IN STD_LOGIC;
        c0: OUT STD_LOGIC);
END COMPONENT;


COMPONENT vga_rom
PORT(address: IN STD_LOGIC_VECTOR (12 DOWNTO 0);
        clock : IN STD_LOGIC ;
```

```vhdl
                    q : OUT STD_LOGIC_VECTOR (15 DOWNTO 0));
    END COMPONENT;
    BEGIN

    PROCESS(vga_clk1)                --行计数
    BEGIN
        IF(vga_clk1'event AND vga_clk1='1') THEN
        IF(h_cont=H_TOTAL-1) THEN h_cont<=(OTHERS=>'0');
        ELSE  h_cont<=h_cont+'1';
        END IF;
        END IF;
    END PROCESS;
    PROCESS(vga_hs)                  --场计数
    BEGIN
        IF(vga_hs'event AND vga_hs='0') THEN
        IF(v_cont=V_TOTAL-1) THEN v_cont<=(OTHERS=>'0');
        ELSE   v_cont<=v_cont+'1';
        END IF;
        END IF;
    END PROCESS;

    vga_hs<='1' WHEN h_cont > H_TA-1 ELSE   --产生行同步信号
            '0';
    vga_vs<='1' WHEN v_cont > V_TA-1 ELSE   --产生场同步信号
            '0';

    PROCESS(vga_clk1)
    BEGIN
        IF(vga_clk1'event AND vga_clk1='1') THEN
            IF(rst='0') THEN  address<=(OTHERS=>'0');
            ELSE
                IF((h_cont<xpos+H_TA+heigh) AND (h_cont>=xpos+H_TA)
                    AND (v_cont<(ypos+V_TA+V_TB+V_TC+wide))
                    AND (v_cont>=(ypos+V_TA+V_TB+V_TC)))
                  THEN  address <= address+'1';
                   vga_r<=q(15 DOWNTO 11);
                   vga_g<=q(10 DOWNTO 5);
                   vga_b<=q(4 DOWNTO 0);
                ELSE
                   vga_r<=(OTHERS=>'0');
                   vga_g<=(OTHERS=>'0');
                   vga_b<=(OTHERS=>'0');
                END IF;
            END IF;
        END IF;
    END PROCESS;
```

```vhdl
PROCESS(vga_vs)
BEGIN
    IF(vga_vs'event AND vga_vs='1') THEN
        CASE ij IS
            WHEN "00"=>
                xpos<=xpos+'1';
                ypos<=ypos+'1';
                IF(ypos+wide=480) THEN  ij<="01";
                ELSIF(xpos+heigh=640) THEN  ij<="10";
                END IF;
            WHEN "01"=>
                xpos<=xpos+'1';
                ypos<=ypos-'1';
                IF(xpos+heigh=640) THEN  ij<="11";
                ELSIF(ypos=0) THEN  ij<="00";
                END IF;
            WHEN "10"=>
                xpos<=xpos-'1';
                ypos<=ypos+'1';
                if(xpos=0) THEN  ij<="00";
                elsif(ypos+wide=480) THEN  ij<="11";
                END IF;
            WHEN "11"=>
                xpos<=xpos-'1';
                ypos<=ypos-'1';
                IF(xpos=0) THEN  ij<="01";
                ELSIF(ypos=0) THEN  ij<="10";
                END IF;
            WHEN OTHERS=>NULL;
        END CASE;
    END IF;
END PROCESS;
i1 : vga_clk PORT MAP (   --用 IP 核产生 25.2MHz 时钟
        inclk0  => clk50m,
        c0  => vga_clk1);
i2: vga_rom PORT MAP(     --调用 ROM 宏功能模块
    address => address,
    clock => vga_clk1,
     q => q);
END one;
```

25.2MHz 时钟（vga_clk）采用 IP 核 altpll 产生，其过程前面已做了介绍，下面着重介绍 vga_rom 存储模块的定制过程。

3. ROM 模块的定制

LENA 图像的数据存储在 ROM 中，定制 ROM 模块的关键步骤如下。

① 在 Quartus Prime 主界面，打开 IP Catalog，在 Basic Functions 的 On Chip Memory 目录下找到 ROM:1-PORT 模块，双击该模块，出现 Save IP Variation 对话框，如图 9.28 所示，将

ROM 模块命名为 vga_rom，选择其语言类型为 VHDL。

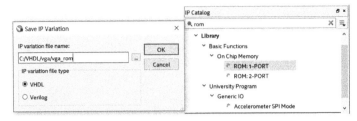

图 9.28   ROM 模块命名

② 图 9.29 所示是设置 ROM 数据宽度和深度的页面，选择数据宽度为 16，深度为 8192；选择实现 ROM 模块的结构为 Auto，同时选择读和写用同一个时钟信号。

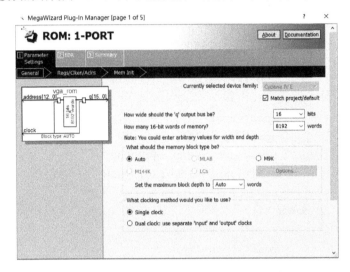

图 9.29   设置 ROM 模块的数据宽度和深度

③ 在图 9.30 所示的对话框中指定 ROM 模块的初始化数据文件，将存储 LENA 图像数据 lena16.mif 文件的路径指示给 ROM 模块，最后单击 Finish 按钮，完成定制过程。

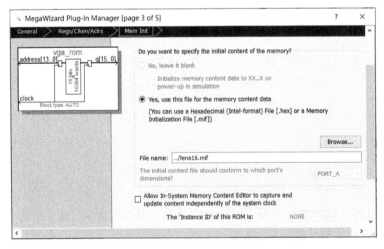

图 9.30   指定 ROM 的初始化数据文件

④ 找到例化模板文件 vga_rom_inst.vhd，参考其内容在顶层设计中例化刚定制的 vga_rom 模块。

4. 引脚锁定与下载

本例的引脚约束文件内容如下：

```
set_location_assignment PIN_E1 -to clk50m
set_location_assignment PIN_E15 -to rst
set_location_assignment PIN_C16 -to vga_hs
set_location_assignment PIN_D15 -to vga_vs
set_location_assignment PIN_C8 -to vga_r[4]
set_location_assignment PIN_A9 -to vga_r[3]
set_location_assignment PIN_B9 -to vga_r[2]
set_location_assignment PIN_A10 -to vga_r[1]
set_location_assignment PIN_B10 -to vga_r[0]
set_location_assignment PIN_A11 -to vga_g[5]
set_location_assignment PIN_B11 -to vga_g[4]
set_location_assignment PIN_A12 -to vga_g[3]
set_location_assignment PIN_B12 -to vga_g[2]
set_location_assignment PIN_A13 -to vga_g[1]
set_location_assignment PIN_B13 -to vga_g[0]
set_location_assignment PIN_A14 -to vga_b[4]
set_location_assignment PIN_B14 -to vga_b[3]
set_location_assignment PIN_A15 -to vga_b[2]
set_location_assignment PIN_B16 -to vga_b[1]
set_location_assignment PIN_C15 -to vga_b[0]
```

将 VGA 显示器接到 C4_MB 的 VGA 接口，用 Quartus Prime 对本例进行综合，然后在 C4_MB 开发板上下载，在显示器上观察图像的显示效果，可看到图像在屏幕范围内成 45° 角移动，撞到边缘后改变方向，类似于屏保的显示效果。

9.7　音乐演奏电路

在本节中，用 FPGA 器件驱动小扬声器构成一个乐曲演奏电路，演奏的乐曲选择"梁祝"片段，曲谱如下。

9.7.1　音乐演奏实现的方法

乐曲演奏的原理是：组成乐曲的每个音符的频率值（音调）及其持续的时间（音长）是乐曲能连续演奏所需的两个基本数据，因此只要控制输出到扬声器的激励信号的频率的大小和持续的时间，就可以使扬声器发出连续的乐曲声。首先来看一下怎样控制音调的高低变化。

1. 音调的控制

频率的大小决定了音调的高低。音乐的十二平均率规定：每两个八度音（如简谱中的中音 1 与高音 1）之间的频率相差 1 倍。在两个八度音之间，又可分为十二个半音，每两个半音的频

率比为 $\sqrt[12]{2}$ 。另外，音名 A（简谱中的低音 6）的频率为 440 Hz，音名 B 到 C 之间、E 到 F 之间为半音，其余为全音。由此，可以计算出简谱中从低音 1 至高音 1 之间每个音名对应的频率，如表 9.10 所示。

表 9.10   简谱中的音名与频率的关系

音　名	频　率/Hz	音　名	频　率/Hz	音　名	频　率/Hz
低音 1	261.6	中音 1	523.3	高音 1	1 046.5
低音 2	293.7	中音 2	587.3	高音 2	1 174.7
低音 3	329.6	中音 3	659.3	高音 3	1 318.5
低音 4	349.2	中音 4	698.5	高音 4	1 396.9
低音 5	392	中音 5	784	高音 5	1 568
低音 6	440	中音 6	880	高音 6	1 760
低音 7	493.9	中音 7	987.8	高音 7	1 975.5

所有不同频率的信号都是从同一个基准频率分频而得到的。由于音阶频率多为非整数，而分频系数又不能为小数，故必须将计算得到的分频数四舍五入取整。若基准频率过低，则由于分频比太小，四舍五入取整后的误差较大。若基准频率过高，虽然误差变小，但分频数将变大。实际的设计综合考虑这两方面的因素，在尽量减小频率误差的前提下取合适的基准频率。本例中选取 6 MHz 为基准频率。若无 6 MHz 的时钟频率，则可以先分频得到 6 MHz，或换一个新的基准频率。实际上只要各个音名间的相对频率关系不变，C 作 1 与 D 作 1 演奏出的音乐听起来都不会"走调"。

本例需要演奏的是梁祝乐曲，该乐曲各音阶频率及相应的分频比如表 9.11 所示。为了减小输出的偶次谐波分量，最后输出到扬声器的波形应为对称方波，因此在到达扬声器之前，有一个二分频的分频器。表 9.11 中的分频比就是从 6 MHz 频率二分频得到的 3 MHz 频率基础上计算得出的。如果用正弦波来代替方波来驱动扬声器将会有更好的效果。

从表 9.11 中可以看出，最大的分频系数为 9 102，故采用 14 位二进制计数器分频可满足需要。在表 9.11 中，除给出了分频比外，还给出了对应于各个音阶频率时计数器不同的预置数。对于不同的分频系数，只要加载不同的预置数即可。采用加载预置数实现分频的方法比采用反馈复零法节省资源，实现起来也容易一些。

表 9.11   各音阶频率对应的分频比及预置数

音　名	分频比	预置数	音　名	分频比	预置数
低音 3	9 102	7 281	中音 2	5 111	11 272
低音 5	7 653	8 730	中音 3	4 552	11 831
低音 6	6 818	9 565	中音 5	3 827	12 556
低音 7	6 073	10 310	中音 6	3 409	12 974
中音 1	5 736	10 647	高音 1	2 867	13 516

此外，对于乐曲中的休止符，只要将分频系数设为 0，即初始值为 $2^{14}-1=16\ 383$ 即可，此时扬声器将不会发声。

2. 音长的控制

音符的持续时间须根据乐曲的速度及每个音符的节拍数来确定。本例演奏的梁祝片段，最短的音符为四分音符，如果将全音符的持续时间设为 1 s，则只需要再提供一个 4 Hz 的时钟频率即可产生四分音符的时长。

9.7.2 实现与下载

图 9.31 所示是乐曲演奏电路的原理框图,其中,乐谱产生电路用来控制音乐的音调和音长。控制音调通过设置计数器的预置数来实现,预置不同的数值就可以使计数器产生不同频率的信号,从而产生不同的音调。控制音长是通过控制计数器预置数的停留时间来实现的,预置数停留的时间越长,则该音符演奏的时间越长。每个音符的演奏时间都是 0.25 s 的整数倍,对于节拍较长的音符,如二分音符,在记谱时将该音名连续记录两次即可。为了使演奏能循环进行,需要另外设置一个时长计数器,当乐曲演奏完成时,保证能自动从头开始演奏。乐曲演奏电路的 VHDL 描述见例 9.15。

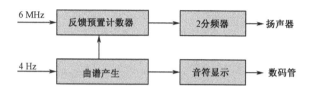

图 9.31 乐曲演奏电路原理框图

【例 9.15】 "梁祝"乐曲演奏电路。

```
LIBRARY IEEE;
USE IEEE.STD_LOGIC_1164.ALL;
USE IEEE.STD_LOGIC_UNSIGNED.ALL;

ENTITY song IS
PORT(clk50m: IN STD_LOGIC;          --50 MHz 时钟信号
spk: BUFFER STD_LOGIC);             --输出到扬声器
END song;

ARCHITECTURE one OF song IS
SIGNAL divider:STD_LOGIC_VECTOR(13 DOWNTO 0);  --计数值
SIGNAL origin:STD_LOGIC_VECTOR(13 DOWNTO 0);   --预置值
SIGNAL counter:integer range 0 to 138;         --时长计数
SIGNAL carry:STD_LOGIC;
SIGNAL clk6m,clk4hz:STD_LOGIC;
SIGNAL tone: STD_LOGIC_VECTOR(6 DOWNTO 0);

COMPONENT clk_self
 GENERIC (numb : INTEGER);
    PORT(clkin   : IN STD_LOGIC;          --输入时钟
          clk_self: OUT STD_LOGIC);       --输出时钟
END COMPONENT;

BEGIN
i1: clk_self                              --从 50MHz 得到 6MHz 时钟
    GENERIC MAP(numb =>4)                 --用类属映射语句进行参数传递
    PORT MAP (clkin=>clk50m,
     clk_self=>clk6m);
  i2: clk_self                            --从 50MHz 得到 4Hz 时钟
```

```
    GENERIC MAP(numb =>6_250_000)          --用类属映射语句进行参数传递
    PORT MAP (clkin=>clk50m,
   clk_self=>clk4hz);

PROCESS(clk6m)                             --通过置数，改变分频比
BEGIN
        IF(clk6m'event AND clk6m='1') THEN
            IF(divider="11111111111111") THEN
               carry<='1'; divider<=origin;
            ELSE divider<=divider+'1'; carry<='0';
            END IF;
        END IF;
END PROCESS;
PROCESS(carry)                             --输出时钟二分频
BEGIN
    IF(carry'event AND carry='1') THEN  spk<=NOT spk;
    END IF;
END PROCESS;
PROCESS(clk4hz)                            --时长计数，以实现循环演奏
BEGIN
    IF(clk4hz'event AND clk4hz='1') THEN
        IF(counter=138) THEN counter<=0;
        ELSE counter<=counter+1;
        END IF;
    END IF;
CASE counter IS
    WHEN 0=>tone<="0000011";  WHEN 1=>tone<="0000011";
    WHEN 2=>tone<="0000011";  WHEN 3=>tone<="0000011";
    WHEN 4=>tone<="0000101";  WHEN 5=>tone<="0000101";
    WHEN 6=>tone<="0000101";  WHEN 7=>tone<="0000110";
    WHEN 8=>tone<="0001000";  WHEN 9=>tone<="0001000";
    WHEN 10=>tone<="0001000"; WHEN 11=>tone<="0010000";
    WHEN 12=>tone<="0000110"; WHEN 13=>tone<="0001000";
    WHEN 14=>tone<="0000101"; WHEN 15=>tone<="0000101";
    WHEN 16=>tone<="0101000"; WHEN 17=>tone<="0101000";
    WHEN 18=>tone<="0101000"; WHEN 19=>tone<="1000000";
    WHEN 20=>tone<="0110000"; WHEN 21=>tone<="0101000";
    WHEN 22=>tone<="0011000"; WHEN 23=>tone<="0101000";
    WHEN 24=>tone<="0010000"; WHEN 25=>tone<="0010000";
    WHEN 26=>tone<="0010000"; WHEN 27=>tone<="0010000";
    WHEN 28=>tone<="0010000"; WHEN 29=>tone<="0010000";
    WHEN 30=>tone<="0010000"; WHEN 31=>tone<="0000000";
    WHEN 32=>tone<="0010000"; WHEN 33=>tone<="0010000";
    WHEN 34=>tone<="0010000"; WHEN 35=>tone<="0011000";
    WHEN 36=>tone<="0000111"; WHEN 37=>tone<="0000111";
    WHEN 38=>tone<="0000110"; WHEN 39=>tone<="0000110";
    WHEN 40=>tone<="0000101"; WHEN 41=>tone<="0000101";
```

```
WHEN 42=>tone<="0000101"; WHEN 43=>tone<="0000110";
WHEN 44=>tone<="0001000"; WHEN 45=>tone<="0001000";
WHEN 46=>tone<="0010000"; WHEN 47=>tone<="0010000";
WHEN 48=>tone<="0000011"; WHEN 49=>tone<="0000011";
WHEN 50=>tone<="0001000"; WHEN 51=>tone<="0001000";
WHEN 52=>tone<="0000110"; WHEN 53=>tone<="0000101";
WHEN 54=>tone<="0000110"; WHEN 55=>tone<="0001000";
WHEN 56=>tone<="0000101"; WHEN 57=>tone<="0000101";
WHEN 58=>tone<="0000101"; WHEN 59=>tone<="0000101";
WHEN 60=>tone<="0000101"; WHEN 61=>tone<="0000101";
WHEN 62=>tone<="0000101"; WHEN 63=>tone<="0000101";
WHEN 64=>tone<="0011000"; WHEN 65=>tone<="0011000";
WHEN 66=>tone<="0011000"; WHEN 67=>tone<="0101000";
WHEN 68=>tone<="0000111"; WHEN 69=>tone<="0000111";
WHEN 70=>tone<="0010000"; WHEN 71=>tone<="0010000";
WHEN 72=>tone<="0000110"; WHEN 73=>tone<="0001000";
WHEN 74=>tone<="0000101"; WHEN 75=>tone<="0000101";
WHEN 76=>tone<="0000101"; WHEN 77=>tone<="0000101";
WHEN 78=>tone<="0000101"; WHEN 79=>tone<="0000101";
WHEN 80=>tone<="0000011"; WHEN 81=>tone<="0000101";
WHEN 82=>tone<="0000011"; WHEN 83=>tone<="0000011";
WHEN 84=>tone<="0000101"; WHEN 85=>tone<="0000110";
WHEN 86=>tone<="0000111"; WHEN 87=>tone<="0010000";
WHEN 88=>tone<="0000110"; WHEN 89=>tone<="0000110";
WHEN 90=>tone<="0000110"; WHEN 91=>tone<="0000110";
WHEN 92=>tone<="0000110"; WHEN 93=>tone<="0000110";
WHEN 94=>tone<="0000101"; WHEN 95=>tone<="0000110";
WHEN 96=>tone<="0001000"; WHEN 97=>tone<="0001000";
WHEN 98=>tone<="0001000"; WHEN 99=>tone<="0010000";
WHEN 100=>tone<="0101000"; WHEN 101=>tone<="0101000";
WHEN 102=>tone<="0101000"; WHEN 103=>tone<="0011000";
WHEN 104=>tone<="0010000"; WHEN 105=>tone<="0010000";
WHEN 106=>tone<="0011000"; WHEN 107=>tone<="0010000";
WHEN 108=>tone<="0001000"; WHEN 109=>tone<="0001000";
WHEN 110=>tone<="0000110"; WHEN 111=>tone<="0000101";
WHEN 112=>tone<="0000011"; WHEN 113=>tone<="0000011";
WHEN 114=>tone<="0000011"; WHEN 115=>tone<="0000011";
WHEN 116=>tone<="0001000"; WHEN 117=>tone<="0001000";
WHEN 118=>tone<="0001000"; WHEN 119=>tone<="0001000";
WHEN 120=>tone<="0000110"; WHEN 121=>tone<="0001000";
WHEN 122=>tone<="0000110"; WHEN 123=>tone<="0000101";
WHEN 124=>tone<="0000011"; WHEN 125=>tone<="0000101";
WHEN 126=>tone<="0000110"; WHEN 127=>tone<="0001000";
WHEN 128=>tone<="0000101"; WHEN 129=>tone<="0000101";
WHEN 130=>tone<="0000101"; WHEN 131=>tone<="0000101";
WHEN 132=>tone<="0000101"; WHEN 133=>tone<="0000101";
WHEN 134=>tone<="0000101"; WHEN 135=>tone<="0000101";
```

```
            WHEN 136=>tone<="0000000"; WHEN 137=>tone<="0000000";
            WHEN others=>tone<="0000000";
        END CASE;

        CASE tone IS                            --产生置数
            WHEN "0000011"=>origin<="01110001110001"; --7281
            WHEN "0000101"=>origin<="10001000011010"; --8730
            WHEN "0000110"=>origin<="10010101011101"; --9565
            WHEN "0000111"=>origin<="10100001000110"; --10310
            WHEN "0001000"=>origin<="10100110010111"; --10647
            WHEN "0010000"=>origin<="10110000001000"; --11272
            WHEN "0011000"=>origin<="10111000110111"; --11831
            WHEN "0101000"=>origin<="11000100001100"; --12556
            WHEN "0110000"=>origin<="11001010101110"; --12974
            WHEN "1000000"=>origin<="11010011001100"; --13516
            WHEN others=>  origin<="11111111111111"; --16383
        END CASE;
    END PROCESS;
END one;
```

clk_self 子模块源码见例 8.14，本例的引脚锁定的文件内容如下：

```
set_location_assignment PIN_E1 -to clk50m
set_location_assignment PIN_J1 -to spk
set_instance_assignment -name IO_STANDARD "3.3-V LVCMOS" -to clk50m
set_instance_assignment -name IO_STANDARD "3.3-V LVCMOS" -to spk
```

上面的程序编译后，基于 C4_MB 开发板进行验证，spk 端口接到 C4_MB 的 J1 引脚，此引脚外接有蜂鸣器，下载后可听到乐曲演奏的声音。本例还可加更多效果，比如将演奏发音相对应的简谱输出通过数码管或者字符液晶显示出来，实现演奏的动态显示。

习　题　9

9.1　流水线设计技术为什么能提高数字系统的工作频率？

9.2　设计一个加法器，实现 sum=a0+a1+a2+a3，a0，a1，a2，a3 宽度都是 8 位。如用下面两种方法实现，说明哪种方法更好一些。

① sum=((a0+a1)+a2)+a3

② sum=(a0+a1)+(a2+a3)

9.3　用流水线技术对上例中的 sum=((a0+a1)+a2)+a3 的实现方式进行优化，对比最高工作频率。

9.4　设计一个 16 位移位相加乘法器，其设计思路是：乘法通过逐项移位相加来实现，根据乘数的每一位是否为 "1" 进行计算，若为 "1" 则将被乘数移位相加。

9.5　设计一个图像显示控制器，自选一幅图像存储在 FPGA 中并显示在 VGA 显示器上，可增加必要的动画显示效果。

9.6　设计模拟乒乓球游戏：

① 每局比赛开始之前，裁判按动每局开始发球开关，决定由其中一方首先发球，乒乓球光点即出现在发球者一方的球拍上，电路处于待发球状态。

② A 方与 B 方各持一个按钮开关，作为击球用的球拍，有若干个光点作为乒乓球运动的轨迹。球拍按钮开关在球的一个来回中，只有第一次按动才起作用，若再次按动或持续按下不松开，将无作用。在击

球时，只有在球的光点移至击球者一方的位置时，第一次按动击球按钮，击球才有效。击球无效时，电路处于待发球状态，裁判可判由哪方发球。

以上两个设计要求可由一人完成。另外可设计自动判发球、自动判球记分电路，可由另一人完成。自动判发球、自动判球记分电路的设计要求如下：

① 自动判球几分。只要一方失球，对方记分牌上则自动加 1 分，在比分未达到 20:20 之前，当一方记分达到 21 分时，即告胜利，该局比赛结束；若比分达到 20:20 以后，只有一方净胜 2 分时，方告胜利。

② 自动判发球。每球比赛结束，机器自动置电路于下一球的待发球状态。每方连续发球 5 次后，自动交换发球。当比分达到 20:20 以后，将每次轮换发球，直至比赛结束。

9.7　设计一个功能类似 8255 芯片的电路。

9.8　设计一个 8 位频率计，所测信号频率的范围为 1~99 999 999 Hz，并将被测信号的频率在 8 个数码管上显示出来（或者用字符型液晶进行显示）。

9.9　设计一个 8 层楼房的无人管理全自动电梯控制逻辑电路，应具有如下功能：

① 每层楼电梯门口均设有上楼和下楼的请求开关，电梯内设有供进入电梯的乘客选择要求达到层次（1~8 层）的停站请求开关。

② 应设有表示电梯目前正处在上升还是下降阶段及电梯正位于哪一层楼的指示装置。

③ 能记忆电梯内外的所有请求信号，并按照电梯的运行规则对信号分批进行响应。每个请求信号一直保留到执行后才撤除。

④ 电梯运行规则如下：

● 电梯处于上升阶段时，只响应电梯所在位置以上层次的上楼请求信号，依层次次序逐个执行，直至最后一个请求执行完毕。然后电梯便直接升到有下楼请求的最高一层楼接客，开始执行下楼请求。

● 电梯处于下降阶段时，只响应电梯所在位置以下层次的下楼请求信号，依层次次序逐个执行，直至最后一个请求执行完毕。然后电梯便直接降到有上楼请求的最低一层楼接客，开始执行上楼请求。

● 一旦电梯执行完全部请求信号后，应停留在原来层次等待，有新的请求信号时，再进入运行。

⑤ 电梯以每秒升（降）一层楼的速度运行。到达某层楼位置，指示该层次的灯点亮，一直保持到电梯达到新的一层时，该层指示灯才熄灭。电梯达到有请求的层次停下时，该层次的指示灯即亮。经过约 0.5 秒，电梯门自动打开（开门指示灯点亮）。开门 5 秒后，电梯门自动关闭（开门指示灯灭）。电梯继续运行，到新层次后，原层次指示灯才熄灭。开门时间还可通过手动按钮开关任意延长或缩短。

⑥ 开机（接通电源）时，电路应处于起始状态，此时电梯停留在一楼，上、下楼请求全部清除。

9.10　设计保密数字电子锁。要求：

① 电子锁开锁密码为 8 位二进制码，用开关输入开锁密码。

② 开锁密码是有序的，若不按顺序输入密码，即发出报警信号。

③ 设计报警电路，用灯光或音响报警。

第 |10| 章

VHDL 的 Test Bench 仿真

10.1 VHDL 仿真概述 ●●●

仿真（Simulation）也称为模拟，是对所设计电路的功能进行验证，设计者可以对整个系统或者各个模块进行仿真，即用计算机软件验证电路功能是否正确，各个部分的时序是否准确和符合要求。如果仿真时发现问题，可以随时修改，从而避免设计的错误。高级的仿真软件还可对设计的性能进行评估。越大规模的设计越需要进行仿真，否则设计的正确性无从得到验证，可以说仿真是 VHDL 数字电路设计不可或缺的重要部分。

目前，基于 FPGA/CPLD 的设计越来越复杂，设计的仿真验证比从前显得更加重要。在一个使用 IP 核的百万级 SoC 设计中，花费在仿真验证上的时间将占整个设计周期的 70%以上，测试平台的代码数量将占整个设计代码总量的 80%左右。

由于 EDA 技术的发展，已经不用经典的实验板来仿真大规模复杂电路，而是利用计算机进行仿真，电路模型不用实际元件而用表示电路结构和行为的数据来表示。在输入端加入输入数据（称为测试矢量），在输出端得到输出数据，比较输出数据是否达到设计目标，就能完成仿真的目的。控制仿真过程需要有控制命令，包括仿真时间、仿真断点、仿真结果输出等。控制命令可以写入到一个文件中顺序执行，称为过程式方式，也可以通过用户随机输入控制命令，管理仿真过程，称为交互式仿真。

仿真分为功能仿真和时序仿真。

1．功能仿真

不考虑信号时延特性的仿真，称为功能仿真，又叫前仿真。对于功能仿真而言，仿真器并不会考虑实际逻辑门和传输所造成的门延迟及传输延迟。取而代之的是，使用单一延迟的数学模型来粗略估计被测电路的逻辑行为，虽然如此无法获得精确的结果，但其所提供的信息已足够工程师用来针对电路功能的设计进行除错。为了能顺利完成仿真，还需要准备一份称之为测试平台的 HDL 描述文档，在这份文档中，必须尽可能细致地描述所有可能影响设计功能的输入信号组合，以便激发出错误的设计描述的位置。功能仿真的速度通常比较快。

2．时序仿真

时序仿真又称为后仿真，它是在选择了对应的 FPGA 器件并完成了布局布线后进行的包含时延特性的仿真。不同的 FPGA 器件，其内部时延是不一样的，不同的布局布线方案也会影响内部时延。因此，在设计实现之后进行时序仿真、评估设计性能是非常有必要的。有时功能仿真正确的，设计时序仿真却不一定正确，这说明设计的基本功能是可行的，但还需要调整一些影响时序的细节，使时序仿真也达到设计要求。在这个阶段，经过布线之后的电路，除了需要重复验证是否仍符合原始功能设计之外，还要考虑在实体的门延迟和连线延迟条件下，电路能否正常工作。此时，若有错误发生，将需要回到最原始的步骤：修改 HDL 设计描述，重新做一次仿真的流程。时序仿真的耗时通常比功能仿真的耗时多。

10.2　VHDL 测试平台 ●●●

测试平台（Test Bench 或 Test Fixture）是为检验或仿真一个设计文件而搭建的一个平台，测试平台通过施加激励信号到被测设计模型，观察其输出响应，从而判断被测设计模型的逻辑功能和时序关系是否正确，确保其中没有功能和时序缺陷。测试平台的关键部分是能验证特定功能的激励。

测试平台（Test Bench）如图 10.1 所示。从图中可以看出，测试模块向被测设计模型施加激励信号，被测设计模型在激励信号的驱动下产生输出。测试模块将被测设计模型产生的输出信息按照规定的格式以文本或图形的方式显示出来，供设计者验证。

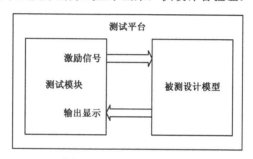

图 10.1　测试平台示意图

10.2.1　用 VHDL 描述仿真激励信号

1．测试模块的实体描述

在测试模块的实体中可以省略有关端口的描述。比如下面的一个实体描述，实体的名称为"test"，实体中无端口信号列表，这也是测试模块实体描述的常用做法。

```
ENTITY test IS
END test;
```

2．用 VHDL 产生仿真激励信号

例 10.1 产生一个复位信号，其波形如图 10.2 所示，从 0 时刻开始 50 ns 后 reset 信号变为高电平，保持 50 ns 后回到低电平。用 ModelSim 仿真得到的波形如图 10.3 所示。

【例 10.1】　复位信号的产生程序。

```
ENTITY reset_signal IS
END ENTITY;
ARCHITECTURE arch OF reset_signal IS
    SIGNAL reset: BIT;
BEGIN
    reset<='0','1' AFTER 50ns,'0' AFTER 100ns;
END arch;
```

图 10.2   复位信号波形

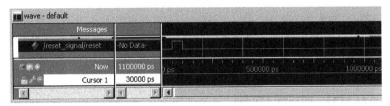

图 10.3   例 10.1ModelSim 仿真波形

下面的例子产生一个占空比为 50%、周期为 80 ns 的时钟信号，其波形示意图见图 10.4。该例用 ModelSim 运行得到的波形如图 10.5 所示。

【例 10.2】   占空比为 50%的时钟信号产生程序。

```
ENTITY clk_signal IS
END ENTITY;
ARCHITECTURE arch OF clk_signal IS
   SIGNAL clk: BIT;
BEGIN
    clk<=NOT clk AFTER 40ns;
END arch;
```

图 10.4   占空比为 50%的时钟信号示意图

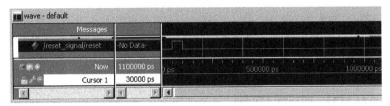

图 10.5   例 10.2 ModelSim 仿真波形

如果要产生占空比不是 50%的时钟信号（其波形示意图见图 10.6），可以参照下面的程序进行设计，会产生如图 10.7 所示的占空比为 1/3 的时钟信号。

【例 10.3】   占空比为 1/3 的时钟信号产生程序。

```
LIBRARY IEEE;
USE IEEE.STD_LOGIC_1164.ALL;
ENTITY clk_gene IS
    END clk_gene;
ARCHITECTURE one OF clk_gene IS
  SIGNAL clk: STD_LOGIC;
  CONSTANT clk_period: TIME := 30ns;
BEGIN
    PROCESS
    BEGIN
        clk<='1';  WAIT FOR clk_period/3;
```

```
                clk<='0';  WAIT FOR 2*clk_period/3;
        END PROCESS;
END one;
```

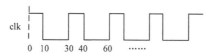

图 10.6 占空比为 1/3 的时钟信号示意图

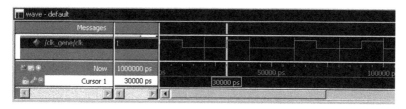

图 10.7 例 10.3 ModelSim 仿真波形

例 10.4 产生一个 3 位宽的信号，每 200 ns 改变一次输出。

【例 10.4】 一般的激励信号的例子。

```
LIBRARY IEEE;
USE IEEE.std_logic_1164.all;
ENTITY general_signal IS
END general_signal;
ARCHITECTURE arch OF general_signal IS
SIGNAL test_in : STD_LOGIC_VECTOR (2 DOWNTO 0);
PROCESS
    BEGIN
        test_in <="000";   WAIT FOR 200ns;
        test_in <="001";   WAIT FOR 200ns;
        test_in <="010";   WAIT FOR 200ns;
        test_in <="011";   WAIT FOR 200ns;
        test_in <="100";   WAIT FOR 200ns;
        test_in <="101";   WAIT FOR 200ns;
        test_in <="110";   WAIT FOR 200ns;
        test_in <="111";   WAIT FOR 200ns;
    END PROCESS;
END arch;
```

例 10.4 在 ModelSim 中仿真的波形如图 10.8 所示。

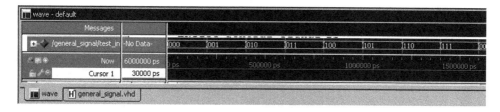

图 10.8 例 10.4 ModelSim 仿真波形

例 10.5 产生一个较为复杂的周期脉冲信号（其 1 个周期的波形图如图 10.9 所示），程序中使用了 1 个时钟，也可以如例 10.4 那样用 "WAIT FOR xxns" 设定波形的持续时间。在 Quartus II 中仿真产生的波形如图 10.10 所示。

【例 10.5】　周期脉冲信号。

```vhdl
LIBRARY IEEE;
USE IEEE.std_logic_1164.all;
ENTITY wave_gen1 IS
END wave_gen1;
ARCHITECTURE arch OF wave_gen1 IS
CONSTANT cycle: TIME := 40 ns;
SIGNAL clk : STD_LOGIC;
SIGNAL wave : STD_LOGIC;
SIGNAL count:   INTEGER RANGE 0 TO 7;
BEGIN
always : PROCESS
BEGIN
clk <='1';  WAIT FOR cycle/2;
clk <='0';  WAIT FOR cycle/2;
END PROCESS always;
PROCESS
    BEGIN
        WAIT UNTIL (clk'EVENT AND clk='1');
        CASE count IS
            WHEN 0 => wave<='0';
            WHEN 1 => wave<='1';
            WHEN 2 => wave<='0';
            WHEN 3 => wave<='1';
            WHEN 4 => wave<='1';
            WHEN 5 => wave<='1';
            WHEN 6 => wave<='0';
            WHEN 7 => wave<='0';
            END CASE;
            count<=count+1;
    END PROCESS;
END arch;
```

图 10.9　周期脉冲信号 1 个周期的波形图

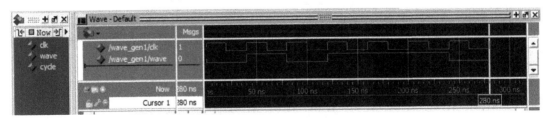

图 10.10　周期脉冲信号的仿真波形

10.2.2 用 TEXTIO 进行仿真

1. TEXTIO 文件产生激励的方法

TEXTIO 是 VHDL 标准库 STD 中的一个程序包（Package）。在该程序包中定义了 3 个类型（LINE、TEXT 和 SIDE），以及 1 个子类型（WIDTH）。此外，该包中还定义了一些访问文件所需的过程（Procedure）。

TEXTIO 提供了 VHDL 仿真时与磁盘文件的交互。在验证一个 VHDL 设计时，可以将所有的输入保存在一个文本文件中，将计算的结果保存在另外的文件中。在 VHDL 仿真时，可以直接读取输入文件作为设计的输入，并自动将结果与事先保存的文件相比较，给出一定的信息来确定结果的正确与否。TEXTIO 主要用于仿真，综合工具并不支持 TEXTIO 文件。

想要使用 TEXTIO 中的函数，必须在源文件的开头做如下声明：

```
USE STD.TEXTIO.ALL;
```

VHDL'87 调用文件的语法：

```
FILE input_dat_file : TEXT IS IN "file_path/file_name";
```

其中，"input_dat_file" 为输入数据文件的调用命名；"file_path/file_name" 是文件存放的路径（包括文件名），可以是绝对路径，也可以是相对路径。

在最新的 VHDL'02 标准中，调用文件的语法发生了变化：

```
FILE input_dat_file : TEXT OPEN READ_MODE IS "file_path/file_name";
```

下面举例说明 TEXTIO 文件产生激励信号的方法，在例 10.6 中定义了一个带复位和使能的二进制计数器。

【例 10.6】 带复位和使能的二进制计数器。

```
LIBRARY IEEE;
USE IEEE.STD_LOGIC_1164.ALL;
USE IEEE.NUMERIC_STD.ALL;
ENTITY binary_counter IS
    GENERIC(MIN_COUNT : NATURAL:=0;
        MAX_COUNT : NATURAL := 255);
    PORT(clk,reset,enable: IN STD_LOGIC;
            q : OUT INTEGER RANGE MIN_COUNT TO MAX_COUNT);
END ENTITY;
ARCHITECTURE rtl OF binary_counter IS
BEGIN
    PROCESS(clk)
        VARIABLE cnt: INTEGER RANGE MIN_COUNT TO MAX_COUNT;
    BEGIN
        IF(RISING_EDGE(clk)) THEN
            IF reset='1' THEN    cnt:=0;      --计数器复位为零
            ELSIF enable='1' THEN
                cnt:=cnt+1;                  --当有使能信号时计数加 1
            END IF;
        END IF;
        q<=cnt;                              --输出计数
    END PROCESS;
END rtl;
```

对上面的计数器编写测试程序如下。

【例 10.7】　二进制计数器的测试程序。

```vhdl
LIBRARY IEEE;
USE IEEE.STD_LOGIC_1164.ALL;
USE IEEE.NUMERIC_STD.ALL;
USE STD.TEXTIO.ALL;
USE IEEE.STD_LOGIC_TEXTIO.ALL;                    --TEXTIO
ENTITY tb_binary_counter IS
END tb_binary_counter;
ARCHITECTURE sim_tb OF tb_binary_counter IS
COMPONENT binary_counter IS
    PORT(clk,reset,enable  : IN STD_LOGIC;
           q : OUT INTEGER);
END  COMPONENT binary_counter;
FILE vector:TEXT OPEN READ_MODE IS "vectors";  --调用数据文件 VHDL'02
SIGNAL tb_clk   : STD_LOGIC :='0';
SIGNAL tb_reset : STD_LOGIC :='0';
SIGNAL tb_en    : STD_LOGIC :='0';
SIGNAL tb_q     : INTEGER RANGE 0 TO 255;
CONSTANT CLK_PERIOD : TIME := 20 ns;
BEGIN
    uut: binary_counter PORT MAP(
    clk=>tb_clk, reset=>tb_reset,enable=>tb_en,q=>tb_q);
    reading: PROCESS
        VARIABLE li: LINE;
        VARIABLE clk_v,reset_v,en_v: STD_LOGIC;
        BEGIN
            WHILE NOT endfile(vector) LOOP
                READLINE(vector,li);
                READ(li,clk_v);
                READ(li,reset_v);
                READ(li,en_v);
                tb_clk<=clk_v;
                tb_reset<=reset_v;
                tb_en<=en_v;
                WAIT FOR CLK_PERIOD/2;
            END LOOP;
        END PROCESS reading;
END architecture sim_tb;
```

仿真输入数据要求按行存储于一个文件中，在仿真时，根据定时要求按行读出，并赋值给相应的输入信号。下面是上述测试平台调用的数据文件"vectors"中的一段，其中每行有 3 位数据，每一列从上到下代表了一个输入信号：

clk	reset	enable (本行不在数据文件中)
1	0	1
1	1	1
0	1	1
0	1	1

```
1          1          1
1          0          1
0          0          1
0          0          1
    ...        ...
1          0          1
1          0          1
0          0          1
0          0          1
    ...        ...
```

在 ModelSim 中的仿真波形如图 10.11 所示。

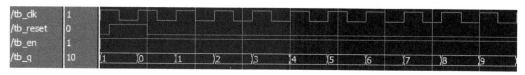

图 10.11　ModelSim 仿真波形

2. 输出错误信息

在仿真的过程中可以对波形和逻辑关系进行检查，如果不满足设计的要求，应输出相应的错误信息，这有利于设计人员发现和排查错误。在 VHDL 中可使用 ASSERT（断言）语句检查错误并输出错误信息。

ASSERT 语句的语法格式如下：

```
ASSERT  判断条件
 [REPORT  错误信息]
  [SEVERITY  出错级别];
```

判断条件是指检查的对象，一般用逻辑表达式描述，如果满足判断出错的条件，就会输出错误信息和错误级别；错误信息给出出错的内容或原因；出错级别在 VHDL 中有 NOTE、WARNING、ERROR 和 FAILURE 四个级别。

比如，在下面的例子中使用了 ASSERT 语句，对奇偶检测的结果进行了检查和验证：

```
PROCESS
    VARIABLE error_status: BOOLEAN;
    BEGIN
      WAIT ON test_in;
      WAIT FOR 100ns;
      IF((test_in="000" and test_out='1') or
         (test_in="001" and test_out='0') or
         (test_in="010" and test_out='0') or
         (test_in="011" and test_out='1') or
         (test_in="100" and test_out='0') or
         (test_in="101" and test_out='1') or
         (test_in="110" and test_out='1') or
         (test_in="111" and test_out='0'))
      THEN    error_status := FALSE;
      ELSE    error_status := TRUE;
      END IF;
      ASSERT NOT error_status            --错误报告
```

```
                    REPORT "TEST FAILED!"
                    SEVERITY note;
        END PROCESS;
```

程序在仿真时把错误的状态通过"error_status"这个布尔变量记录下来，然后通过 ASSERT 语句检查"NOT error_status"这个条件，如果出现错误就会输出"TEST FAILED"的信息，出错的级别定义为"note"。设计者在仿真后可以通过这些出错的信息，判断出错的内容和原因，进而有针对性地修改程序。

10.3　ModelSim SE 仿真实例 ●◉◌

ModelSim 是 Mentor 的子公司 Model Technology 的一个出色的 VHDL/Verilog 混合仿真器，属于编译型仿真器（进行仿真前须对 HDL 代码进行编译），仿真速度快，功能强。

ModelSim 分几种不同的版本：SE、PE 和 OEM，其中，集成在 Intel FPGA、Xilinx、Actel、Atmel 以及 Lattice 等 FPGA 厂商设计工具中的均是其 OEM 版本。比如，为 Altera 提供的 OEM 版本是 ModelSim-Altera，为 Xilinx 提供的版本为 ModelSim XE。ModelSim SE 版本为更高级的版本，在功能、性能和仿真速度等方面比 OEM 版本强一些，还支持 PC、UNIX、Liunx 混合平台。本例用 ModelSim SE 版本进行仿真。

用 ModelSim SE 进行仿真的步骤如表 10.4 所示，包括每个步骤对应的仿真命令、图形界面菜单和工具栏按钮。

表 10.4　ModelSim SE 仿真的步骤与对应的命令和菜单

步　骤	主要的仿真命令	图形界面菜单	工具栏按钮
步骤 1：映射设计库	vlib \<library_name> vmap work \<library_name>	① File→New→Project ② 输入库名称 ③ 添加设计文件到工程	无
步骤 2：编译	vcom file1.vhd file2.vhd ... (VHDL) vlog file1.v file2.v ... (Verilog)	Compile→Compile 或 Compile All	编译按钮
步骤 3：加载设计到仿真器	vsim \<top> 或 vsim \<opt_name>	① Simulate > Start Simulation ② 单击选择设计顶层模块 ③ 单击"OK"按钮	仿真按钮
步骤 4：开始仿真	run step	Simulate > Run	Run，Run continue，Run -all
步骤 5：调试	常用的调试命令： bp describe drivers examine force log show	无	无

本节通过一个模 24 BCD 码加法计数器的例子，介绍 ModelSim SE 软件的仿真过程和使用方法，分别采用图形界面仿真方式、命令行仿真方式和批处理方式进行仿真，以及与 Quartus Prime 结合实现时序仿真。例 10.8 是带异步复位同步置数的模 24 BCD 码加法计数器代码，其

Test Bench 激励脚本见例 10.9。

【例 10.8】 带异步复位同步置数的模 24 BCD 码加法计数器。

```
LIBRARY IEEE;
USE IEEE.STD_LOGIC_1164.ALL;
USE IEEE.STD_LOGIC_UNSIGNED.ALL;
ENTITY cnt24bcd IS
PORT(clk:IN STD_LOGIC;                        --时钟
   en:IN STD_LOGIC;                           --使能端
   clr:IN STD_LOGIC;                          --清零端，高电平有效
   ld:IN STD_LOGIC;                           --置数端，高电平有效
  d:IN STD_LOGIC_VECTOR(7 DOWNTO 0);          --置数数据
  cout:OUT STD_LOGIC;                         --进位输出
 qh:OUT STD_LOGIC_VECTOR(3 DOWNTO 0);         --十位
 ql:OUT STD_LOGIC_VECTOR(3 DOWNTO 0));        --个位
END  cnt24bcd;


ARCHITECTURE one OF cnt24bcd IS
SIGNAL temp:STD_LOGIC_VECTOR(7 DOWNTO 0);
BEGIN
cout<='1' WHEN(temp=X"23" AND en='1')  ELSE '0';
PROCESS(clk,clr)
BEGIN
  IF (clr='1')THEN   temp<="00000000";
  ELSE
    IF(clk'EVENT AND clk='1')  THEN
    IF(ld='1') THEN  temp<=d;
    ELSIF(en='1') THEN
    IF (temp(3 DOWNTO 0)=3 and temp(7 DOWNTO 4)=2) or temp(3 DOWNTO 0)=9
           THEN temp(3 DOWNTO 0)<="0000";
     IF temp(7 DOWNTO 4)=2 THEN  temp(7 DOWNTO 4)<="0000";
        ELSE  temp(7 DOWNTO 4)<= temp(7 DOWNTO 4)+'1';
     END IF;
     ELSE  temp(3 DOWNTO 0)<= temp(3 DOWNTO 0)+'1';
    END IF;  END IF;  END IF;
END IF;
END PROCESS;
qh<=temp(7 DOWNTO 4);
ql<=temp(3 DOWNTO 0);
END one;
```

【例 10.9】 模 24 BCD 码加法计数器的 Test Bench 脚本。

```
LIBRARY ieee;
USE ieee.std_logic_1164.all;

ENTITY cnt24_ts IS
END cnt24_ts;
ARCHITECTURE one OF cnt24_ts IS
CONSTANT cycle: TIME := 40 ns;
SIGNAL clk : STD_LOGIC;
SIGNAL clr : STD_LOGIC;
SIGNAL cout : STD_LOGIC;
SIGNAL d : STD_LOGIC_VECTOR(7 DOWNTO 0);
SIGNAL en : STD_LOGIC;
```

```
SIGNAL ld : STD_LOGIC;
SIGNAL qh : STD_LOGIC_VECTOR(3 DOWNTO 0);
SIGNAL ql : STD_LOGIC_VECTOR(3 DOWNTO 0);
COMPONENT cnt24bcd
PORT (clk : IN STD_LOGIC;
clr : IN STD_LOGIC;
cout : OUT STD_LOGIC;
d : IN STD_LOGIC_VECTOR(7 DOWNTO 0);
en : IN STD_LOGIC;
ld : IN STD_LOGIC;
qh : OUT STD_LOGIC_VECTOR(3 DOWNTO 0);
ql : OUT STD_LOGIC_VECTOR(3 DOWNTO 0));
END COMPONENT;
BEGIN
    i1 : cnt24bcd        --被测试模块例化
    PORT MAP (
    clk => clk,
    clr => clr,
    cout => cout,
    d => d,
    en => en,
    ld => ld,
    qh => qh,
    ql => ql);
init : PROCESS
BEGIN
clr<='1';ld<='0';en<='0';
WAIT FOR cycle*2;  clr<='0';
WAIT FOR cycle*2;  en<='1';
WAIT FOR cycle*32; d<="00011000";
WAIT FOR cycle*2;  ld<='1';
WAIT FOR cycle*4;  ld<='0';
WAIT;
END PROCESS init;
always : PROCESS
BEGIN
clk <='1';  WAIT FOR cycle/2;          --产生 clk 时钟
clk <='0';  WAIT FOR cycle/2;
END PROCESS always;
END one;
```

10.3.1　图形界面仿真方式

通过 ModelSim SE 的图形界面仿真，使用者不需要记忆命令语句，所有流程都可通过鼠标单击窗口用交互的方式完成。

① 启动 ModelSim SE 软件，进入如图 10.12 所示的工作界面。

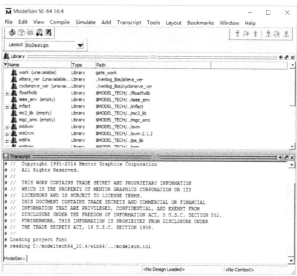

图 10.12　ModelSim SE 的启动界面和工作界面

② 选择菜单 File→Change Directory，在弹出的 Choose directory 对话框中转换工作目录路径，本例设为 C:/VHDL/cnt24，单击确定按钮完成工作目录的转换。

③ 新建仿真工程项目，填加仿真文件：新建一个工程文件（Project File），选择菜单 File→New→Project...，弹出如图 10.13 所示的对话框，在对话框中输入新建工程文件的名称（本例为 cnttp）及所在的文件夹，单击 OK 按钮完成新工程项目的创建。此时会弹出如图 10.14 所示的对话框，提示添加仿真文件到当前项目，如果仿真文件已存在，则选择 Add Existing File 选项，将已存在的文件加入当前工程，如图 10.15 所示；如果仿真文件不存在，则选择 Create New File 选项，新建一个仿真文件，如图 10.16 所示，在对话框中填写文件名为 cnt24_ts.vhd，选择文件的类型（Add file as type）为 VHDL，单击 OK 按钮，此时，Project 页面中会出现 cnt24_ts.vhd 的图标，双击图标，在右边的空白处填写文件的内容，把例 10.9 的代码输入，如图 10.17 所示。

图 10.13　新建工程项目

图 10.14　添加仿真文件

图 10.15　将已存在的文件添加至工程中

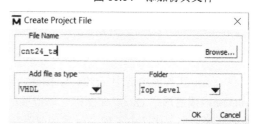

图 10.16　新建仿真文件

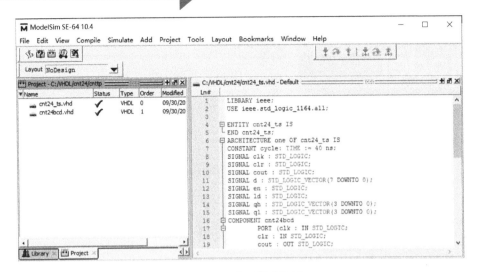

图 10.17　编译激励代码

④ 编译仿真文件和设计文件到 work 工作库：ModelSim SE 是编译型仿真器，所以在仿真前必须对 HDL 源代码和库文件进行编译，并加载到 work 工作库。

在图 10.17 的 Project 页面中选中 cnt24_ts.vhd 图标，单击鼠标右键，在出现的菜单中选择 Compile→Compile All，ModelSim SE 软件会对 cnt24_ts.vhd 和 cnt24bcd.vhd 文件进行编译，同时在命令窗口中会报告编译信息。如果编译通过，则会在 cnt24_ts.vhd 图标旁显示 √，否则会显示×，并在命令行中出现错误信息提示，双击错误信息可自动定位到 HDL 源码中的错误出处，对其修改，重新编译，直到通过为止。

⑤ 加载设计：编译完成后，选择 Library 标签页，如图 10.18 所示，会发现在 work 工作库中已出现了 cnt24_ts 和 cnt24bcd 的图标，这是刚才编译的结果。

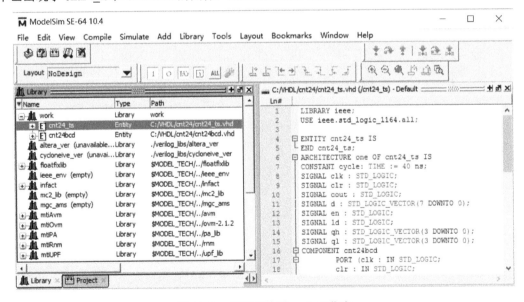

图 10.18　编译文件到 work 工作库

在 work 工作库中选中 cnt24_ts 图标，双击，完成装载；也可以选择菜单 simulate→start simulation，或者选中 cnt24_ts 图标，单击鼠标右键，在出现的菜单中选择 Simulate，完成激励模块的装载，当工作区中出现 Sim 页面时，说明装载成功。

⑥ 加载信号到 Wave 窗口中：设计加载成功后，ModelSim SE 会进入如图 10.19 所示的界面，有对象窗口（Objects）、波形窗口（Wave）等（如果 Wave 窗口没有打开，可选择菜单 View

→Wave 打开 Wave 窗口；同样选择菜单 View→Objects，可打开 Objects 窗口）。

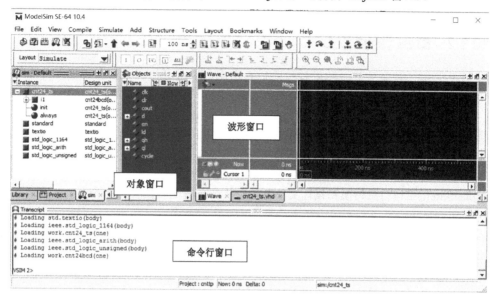

图 10.19　将 Objects 窗口中信号加载至 Wave 窗口

将 Objects 窗口中出现的信号用鼠标左键拖到 Wave 窗口中（不想观察的信号，则不需要拖）；如果要观察全部信号，可以在 sim 页中选中 cnt24_ts 图标，单击鼠标右键，在出现的菜单中选择 Add Wave，可将 Objects 窗口中信号全部加载至 Wave 窗口中。

对拖进来的信号的属性可做必要的设置，比如将信号 qh、ql 的进制选为 Unsigned（无符号十进制数），便于观察。

⑦ 查看波形图或者和文本输出：在图 10.19 中选择菜单 Simulate→Run→Run All，或者单击调试工具栏中的 🔳 按钮，启动仿真。如果要单步执行则单击 🔳 按钮（或者选择菜单 Simulate →Run→Run –Next）。仿真后的输出波形如图 10.20 所示（图中的 qh、ql 均为无符号十进制数显示），命令行窗口（Transcript）中也会显示文本方式的结果，从输出波形可以分析得出，模 24 BCD 码加法计数器的功能是正确的，其同步置数、异步复位、计数等功能均正常，同时可看出刚才的仿真为功能仿真。

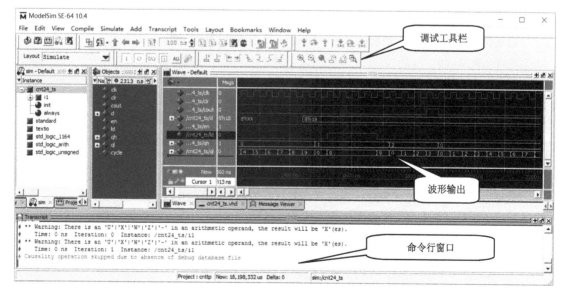

图 10.20　查看功能仿真波形图（ModelSim SE）

在仿真调试完成后如想退出仿真，只需在主窗口中选择菜单 Simulate→End Simulation 即可。

10.3.2　命令行仿真方式

用 ModelSim SE 命令行方式进行功能仿真操作：ModelSim SE 还可以通过命令行的方式进行仿真。命令行方式为仿真提供了更多、更灵活的控制，其中所有的仿真命令都是 Tcl 命令，把这些命令写入到*.do 文件形成一个宏脚本，在 ModelSim SE 中执行此脚本，就可按照批处理的方式执行一次仿真，大大提高了仿真的效率，在设计者操作比较熟练时建议采用此种仿真方式。

① 转换工作目录：在图 10.20 的 ModelSim SE 的命令行窗口中，输入下面的命令并按回车键将 ModelSim 的工作目录转换到设计文件所在的目录，cd 是转换目录的命令。

```
cd C:/VHDL/cnt24
```

② 建立仿真工程项目：采取与前面同样的步骤，建立仿真工程项目（Project File），建立并填加激励文件（cnt24_ts.vhd）和设计文件（cnt24bcd.vhd）。

③ 编译激励文件和设计文件到工作库：输入下面的命令并按回车键，把测试文件（cnt24_ts.vhd）和设计文件（cnt24bcd.vhd）编译到 work 库中，vlog 是对 VHDL 源文件进行编译的命令。

```
vcom -work work cnt24_ts.vhd cnt24bcd.vhd
```

④ 加载设计：加载设计需要执行下面的命令并按回车键，其中 vsim 是加载仿真设计的命令，"-t ns" 表示仿真的时间分辨率，work.cnt24_ts 是仿真对象。

```
vsim -t ns work.cnt24_ts
```

如果设计中使用了 Altera 的宏模块，则可以在加载时将宏模块库一并加入，比如下面的命令，其中的 altera_mf 和 lpm 是 Altera 两个常用的预编译库。

```
vsim -t ns -L altera_mf -L lpm work.cnt24_ts
```

⑤ 启动仿真：开始仿真可执行下面的命令，add wave 是将要观察的信号添加到仿真波形中：

```
add wave clk
add wave clr
```

如果添加所有的信号到波形图中观察可输入如下的命令：

```
add wave *
```

启动仿真用 run 命令，后面的 4 us、1000 ns 是仿真的时间长度：

```
run 4 us
run 1000 ns
```

⑥ 批处理方式仿真：还可以把上面用到的命令集合到.do 文件中，文件的生成可采用在 ModelSim SE 中用菜单 File→New→Source→Do，也可以用其他文本编辑器编辑生成，本例中生成的.do 文件命名为 cnt24com.do，存盘放置在设计文件所在的目录下，然后在 ModelSim SE 命令行中输入：

```
do C:/VHDL/cnt24/cnt24com
```

就可以用批处理的方式完成一次仿真，其执行的结果如图 10.21 所示，同时会在波形窗口中显示输出波形，与采用图形界面仿真方式并无区别。

本例中 cnt24com.do 文件的内容如下所示：

```
cd C:/VHDL/cnt24
vcom -work work cnt24_ts.vhd cnt24bcd.vhd
vsim -t ns work.cnt24_ts
```

```
add wave *
run 4 us
```

图 10.21　用批处理的方式完成一次仿真

10.3.3　ModelSim SE 时序仿真

上面进行的是功能仿真，如果要进行时序仿真，必须先对设计文件指定芯片并编译（比如用 Quartus Prime）生成网表文件和时延文件，再调用 ModelSim SE 进行时序仿真。

① 建立 Quartus Prime 和 Modelsim SE 之间的链接。在 Quartus Prime 主界面执行 Tools→Options…命令，弹出 Options 对话框，在 Options 选项卡中选中 EDA Tool Options，在该选项卡的 ModelSim 栏目中指定 ModelSim SE 10.4 的安装路径，本例中为 C:\modeltech64_10.4\win64，如图 10.22 所示。

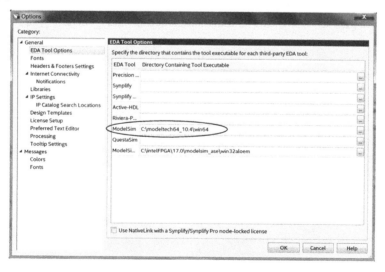

图 10.22　建立 Quartus Prime 和 Modelsim SE 的链接

② 在 Quartus Prime 中针对仿真进行设置。选择菜单 Assignments→Settings，弹出 Settings 对话框，选中 EDA Tool Settings 项，单击 Simulation，出现如图 10.23 所示的 Simulation 窗口，对其进行设置，其中，在 Tool name 中选择 ModelSim，同时使能 Run gate-level simulation automatically after compilation，即工程编译成功后自动启动 Modelsim 运行门级仿真；在 Format for output netlist 中选择 VHDL；在 Output directory 处指定网表文件的输出路径，即.vho（或.vo）文件存放的路径为目录 C:\VHDL\cnt24\simulation\modelsim。

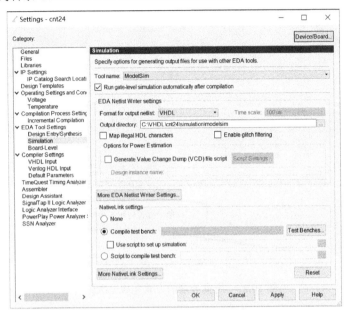

图 10.23   设置仿真文件的格式和目录

③ 假定 Test Bench 激励文件（cnt24_ts.vhd）和设计文件（cnt24bcd.vhd）已经输入并存在当前目录中。还需对 Test Bench 做进一步的设置，在图 10.23 所示的界面中，使能 Compile test bench 栏，并单击右边的 Test Benches 按钮，出现 Test Benches 对话框，单击其中的 New 按钮，出现 New Test Bench Settings 对话框，如图 10.24 所示，在其中填写 Test bench name 为 cnt24_ts，同时，Top level module in test bench 也填写为 cnt24_ts；使能 Use test bench to perform VHDL timing simulation，在 Design instance name in test bench 栏中填写 i1，End simulation at 选择 4 us；Test bench and simulation files 选择 C:\VHDL\cnt24\simulation\modelsim\cnt24_ts.vhd，并将其加载（Add）。

图 10.24   对 Test Bench 进一步设置

④ 设置好上面的各项后,在 Quartus Prime 软件中,建立工程,添加设计文件(cnt24bcd.vhd),锁定芯片(比如 EP4CE115F29C7),启动编译,编译的过程中,Quartus Prime 会自动启动 ModelSim SE,产生输出波形,如图 10.25 所示,可以看出,计数器输出的延时大约 7 ns 左右。

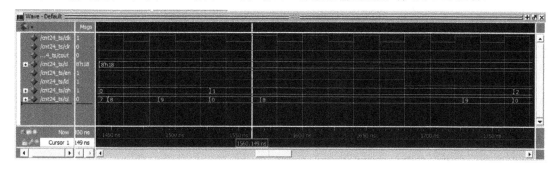

图 10.25　时序仿真波形图（ModelSim SE）

退出 ModelSim SE 后,Quartus Prime 才完成全部编译。采用上述的步骤进行时序仿真,ModelSim SE 会自动加载仿真所需元件库,省掉了手工加载的烦琐。

习 题 10

10.1　什么是仿真?仿真一般分为哪几种?

10.2　什么是测试平台?测试平台有哪几个组成部分?

10.3　写出产生占空比为 1/4 的时钟信号的 VHDL 程序。

10.4　写出 VHDL'02 中 TEXTIO 调用一个文件的 VHDL 语句。

10.5　写出 ModelSim 仿真的 5 个步骤。

10.6　试写出 ModelSim 仿真加载设计的命令行语句。

10.7　编写一个时钟波形产生器,产生正脉冲宽度为 15 ns、负脉冲宽度为 10 ns 的时钟波形。

10.8　先编写一个模 10 计数器程序（含异步复位端）,再编写一个测试程序,并用 ModelSim 软件对其进行仿真。

10.9　编写奇偶检测电路,输入码字位宽为 3,用 ModelSim SE 对奇偶检测电路进行仿真。

参考设计：例 10.10 是奇偶检测电路参考设计,其 Test Bench 激励脚本见例 10.11。

【例 10.10】　奇偶检测电路的 VHDL 源代码。

```
LIBRARY IEEE;
USE IEEE.STD_LOGIC_1164.ALL;
ENTITY even_det IS
    PORT(a : IN STD_LOGIC_VECTOR(2 DOWNTO 0);
     even : OUT STD_LOGIC);
END ENTITY;
ARCHITECTURE rtl OF even_det IS
BEGIN
    PROCESS (a)
    VARIABLE sum,r: INTEGER;
    BEGIN
        sum:=0;
        FOR i IN 2 DOWNTO 0 LOOP
            IF a(i)='1' THEN sum:=sum+1;
            END IF;
```

```
            END LOOP;
            r:=sum mod 2;
            IF(r=0) THEN even<='1';
                ELSE even<='0';
            END IF;
        END PROCESS;
END rtl;
```

【例 10.11】　奇偶检测电路 Test Bench 测试脚本。

```
LIBRARY IEEE;
USE IEEE.STD_LOGIC_1164.ALL;
ENTITY even_ts IS
END even_ts;
ARCHITECTURE tb_arch OF even_ts IS
    COMPONENT even_det
        PORT(a : IN STD_LOGIC_VECTOR(2 DOWNTO 0);
            even : OUT STD_LOGIC);
    END COMPONENT;
    SIGNAL test_in: STD_LOGIC_VECTOR(2 DOWNTO 0);
    SIGNAL test_out: STD_LOGIC;
    BEGIN
        i1: even_det  PORT MAP(a=>test_in,even=>test_out);
    PROCESS
    BEGIN   test_in<="000";
        WAIT FOR 200ns;      test_in <="001";
        WAIT FOR 200ns;      test_in <="010";
        WAIT FOR 200ns;      test_in <="011";
        WAIT FOR 200ns;      test_in <="100";
        WAIT FOR 200ns;      test_in <="101";
        WAIT FOR 200ns;      test_in <="110";
        WAIT FOR 200ns;      test_in <="111";
        WAIT FOR 200ns;
    END PROCESS;
    -- 验证器
    PROCESS
        VARIABLE error_status: BOOLEAN;
    BEGIN
        WAIT ON test_in;
        WAIT FOR 100ns;
        IF((test_in ="000" and test_out ='1') or
            (test_in ="001" and test_out ='0') or
            (test_in ="010" and test_out ='0') or
            (test_in ="011" and test_out ='1') or
            (test_in ="100" and test_out ='0') or
            (test_in ="101" and test_out ='1') or
            (test_in ="110" and test_out ='1') or
            (test_in ="111" and test_out ='0'))
                THEN    error_status :=FALSE;
```

```
        ELSE    error_status :=TRUE;
    END IF;

    ASSERT NOT error_status                --错误报告
        REPORT "TEST FAILED!"
        SEVERITY note;
  END PROCESS;
END tb_arch;
```

可采用批处理的方式执行仿真，编写.do 文件，.do 文件的内容如下所示，命名为 evencom.do（执行批处理前，应打开工程）。

```
vcom -work work even_ts.vhd even_det.vhd
vsim -t ns work.even_ts
add wave *
run 1800 ns
```

在 ModelSim SE 命令行中输入：

```
do C:/VHDL/even/evencom
```

启动批处理仿真方式，观察仿真结果，图 10.26 所示是奇偶检测电路的仿真波形。

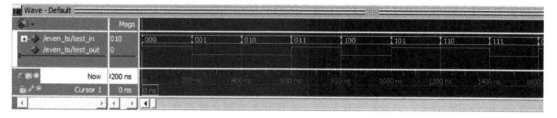

图 10.26　奇偶检测电路的仿真波形（ModelSim SE）

第 |11| 章

VHDL 设计实例

本章讨论算法以及复杂逻辑的实现方法，并以 m 序列产生器、Gold 码产生器等设计为例，介绍在数字通信和总线接口等领域常用数字模块的设计实现方法。

11.1　m 序列产生器 ●●●

　　m 序列是最大长度线性反馈移位寄存器序列的简称，m 序列有很多优良的特性，例如它同时具有随机性和规律性，好的自相关性等。m 序列的应用非常广泛，比如用在扩频 CDMA（码分多址）通信系统中，CDMA 系统中一般采用伪随机序列（即 PN 码）做为扩频序列，PN 码的选择直接影响 CDMA 系统的容量、抗干扰能力、接入和切换速度等性能，而 m 序列做为一种基本的伪随机序列，具有很强的系统性、规律性和自相关性，可以用做 PN 码，比如 IS—95 标准中使用的 PN 序列就是 m 序列，利用它的不同相位来区分不同的用户。CDMA 系统主要采用两种长度的 m 序列：一种是周期为 $2^{15}-1$ 的 m 序列，又称短 PN 序列；另一种是周期为 $2^{42}-1$ 的 m 序列，又称为长 PN 码序列。

　　同时 m 序列还是构成其他序列的基础，如在 WCDMA 中采用的 GOLD 码就是 2 个 m 序列模 2 相加形成的。此外，m 序列在雷达、遥控遥测、通信加密、无线电测量等领域也有着广泛的应用。

　　1. M 序列的原理与性质

　　图 11.1 表示的是由 n 级线性反馈移位寄存器（Linear Feedback Shift Register，LFSR）构成的码序列发生器，n 级线性反馈移位寄存器可产生序列周期最长为 2n-1。图中 $C_0, C_1, \cdots, C_n$ 均为反馈线，其中 C_0 和 C_n 肯定为 1，即参与反馈。而反馈系数 $C_1, C_2, \cdots, C_{n-1}$ 若为 1，表示参与反馈；若为 0，表示不参与反馈。一个线性反馈移位寄存器能否产生 m 序列，决定于它的反馈系数，表 11.1 中列出了部分 m 序列的反馈系数 C_i，按 6 照表中的系数来构造移位寄存器，就能产生相应的 m 序列。

　　根据表 11.1 中的八进制的反馈系数，可以确定 m 序列发生器的结构。以 7 级 m 序列反馈系数 $C_i=(211)_8$ 为例，首先将八进制的系数转化为二进制的系数即 $C_i=(010001001)_2$，可得到各级反馈系数分别为：$C_0=1$、$C_1=0$、$C_2=0$、$C_3=0$、$C_4=1$、$C_5=0$、$C_6=0$、$C_7=1$，由此就可以构造出相应的 m 序列发生器。C_i 的取值决定移位寄存器的反馈连接和序列的结构，可用其序列多项式（特征方程）表示为：$f(x) = c_0 + c_1 x + c_2 x^2 + \cdots + c_n x^n$，该式又称为序列生成多项式，上面反馈系

数 $C_i=(211)_8$ 的 m 序列的生成多项式可表示为： $f(x)=1+x^4+x^7$。

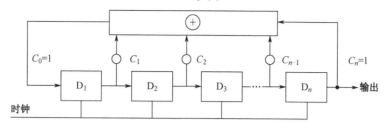

图 11.1 n 级线性反馈移位寄存器模型

反馈系数一旦确定，所产生的序列就确定了，当移位寄存器的初始状态不同时，所产生的周期序列的初始相位不同，也就是观察的初始值不同，但仍是同一周期序列。

表 11.1 部分 m 序列的反馈系数表

级数 n	周期 P	反馈系数 C_i（八进制）
3	7	13
4	15	23
5	31	45，67，75
6	63	103，147，155
7	127	203，211，217，235，277，313，325，345，367
8	255	435，453，537，543，545，551，703，747
9	511	1021，1055，1131，1157，1167，1175
10	1023	2011，2033，2157，2443，2745，3471
11	2047	4005，4445，5023，5263，6211，7363
12	4095	10123，11417，12515，13505，14127，15053
13	8191	20033，23261，24633，30741，32535，37505
14	16383	42103，51761，55753，60153，71147，67401
15	32765	100003，110013，120265，133663，142305

需要说明的是，表 11.1 中列出的是部分 m 序列的反馈系数，将表中的反馈系数进行比特反转，即进行镜像，也可得到相应的 m 序列。例如，取 $C_i=(23)_8=(10011)_2$，进行比特反转之后为 $(11001)_2=(31)_8$，所以 4 级的 m 序列共有 2 个。其他级数 m 序列的反馈系数也具有相同的特性。

2．用原理图方式产生 m 序列

下面以 $n=5$、周期为 $2^5-1=31$ 的 m 序列的产生为例，介绍 m 序列的设计方法。

查表 11.1 可得，表中 $n=5$，反馈系数 $C_i=(45)_8$，将其变为二进制数为 $(100101)_2$，即相应的反馈系数依次为 $C_0=1$，$C_1=0$，$C_2=0$，$C_3=1$，$C_4=0$，$C_5=1$。生成多项式可表示为： $f(x)=1+x^3+x^5$，根据上面的反馈系数，画出 $n=5$ 的 m 序列发生器的电路原理图如图 11.2 所示。根据图 11.2 所示电路，给定一种移位寄存器的初始状态，即可产生相应的码序列，初始状态不能为 00000，因为全零状态为非法状态，一旦进入该状态，系统就陷入死循环，为了防止全零状态，需要为其设置一个非零初始态，比如设置为 00001。

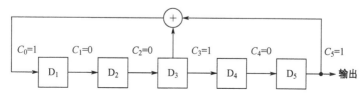

图 11.2 n 为 5 的 m 序列发生器的电路原理图

根据上面的 m 序列发生器原理图，采用原理图设计方式，可以非常容易地实现，比如在 Quartus II 环境下，只需调用 DFF（D 触发器）和 XOR（两输入异或门）即可构成，如图 11.3 所示，图中的 clr 是复位端，用于在系统初始化时，将 5 个 D 触发器的初始态设置为 00001，以防止进入全零状态，所以该电路在上电工作时，应给 clr 复位端一个 0 信号。

图 11.3 所示的 n 为 5、反馈系数 $C_i=(45)_8$ 的 m 序列发生器的功能仿真波形图如图 11.4 所示，通过波形图可看到 D_5 输出的码序列为 1000010010110011111000110111010…，码序列周期长度 $P=31$，5 个 D 触发器的状态变化如下：

$$00001 \rightarrow 10000 \rightarrow 01000 \rightarrow 00100 \rightarrow 10010 \rightarrow 01001 \rightarrow 10100 \rightarrow 11010 \rightarrow 01101 \rightarrow 00110 \rightarrow 10011 \rightarrow$$
$$11001 \rightarrow 11100 \rightarrow 11110 \rightarrow 11111 \rightarrow 01111 \rightarrow 00111 \rightarrow 00011 \rightarrow 10001 \rightarrow 11000 \rightarrow 01100 \rightarrow 10110 \rightarrow 11011$$
$$\rightarrow 11101 \rightarrow 01110 \rightarrow 10111 \rightarrow 01011 \rightarrow 10101 \rightarrow 01010 \rightarrow 00101 \rightarrow 00010 \rightarrow 00001 \rightarrow \cdots$$

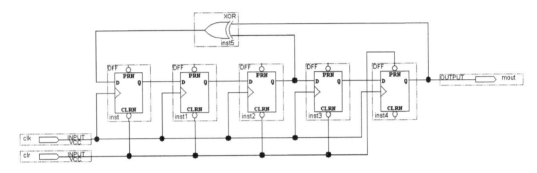

图 11.3　n 为 5 反馈系数 $C_i=(45)_8$ 的 m 序列发生器的原理图

如果电路反馈逻辑关系不变，换另一个初始状态，则产生的序列仍为 m 序列，只是起始位置（初始相位）不同而已。例如，初始状态为"10000"的输出序列是初始状态为"00001"的输出序列循环右移 1 位而已。

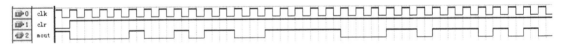

图 11.4　n 为 5 反馈系数 $C_i=(45)_8$ 的 m 序列发生器功能仿真波形图

另外，移位寄存器级数 n 相同，反馈逻辑不同，产生的 m 序列就不同，例如，5 级移位寄存器（$n=5$），其反馈系数 C_i 除 $(45)_8$ 外，还可以是 $(67)_8$ 和 $(75)_8$。

3. 用 VHDL 实现 m 序列

采用 VHDL 也可以很容易地描述 m 序列产生器，比如图 11.3 所示的 n 为 5、反馈系数 $C_i=(45)_8$ 的 m 序列发生器可用 VHDL 描述如下。

【例 11.1】　n 为 5 反馈系数 $C_i=(45)_8$ 的 m 序列发生器。

```vhdl
-- the generation poly is 1+x**3+x**5
LIBRARY IEEE;
USE IEEE.STD_LOGIC_1164.ALL;
USE IEEE.STD_LOGIC_ARITH.ALL;
USE IEEE.STD_LOGIC_UNSIGNED.ALL;

ENTITY m_sequence IS
 PORT(clr : IN STD_LOGIC;                  --复位信号
      clk : IN STD_LOGIC;                  --时钟信号
    m_out: OUT STD_LOGIC);                 --M序列输出信号
END m_sequence;
```

```
ARCHITECTURE rtl OF m_sequence IS
SIGNAL shift_reg : STD_LOGIC_VECTOR(0 TO 4);      --5 级移位寄存器
BEGIN
PROCESS(clr,clk)
BEGIN
    IF(clr='0') THEN shift_reg <="00001";          --异步复位
    ELSE IF(clk'EVENT AND clk='1') THEN
    shift_reg(0) <= shift_reg(2) XOR shift_reg(4);
    shift_reg(1 TO 4)<=shift_reg(0 TO 3);
    m_out <= shift_reg(4);
    END IF; END IF;
END PROCESS;
END rtl;
```

例 11.1 的功能仿真波形与图 11.4 完全一致。

4. 反馈系数可设置的 m 序列

查表 11.1 可得，级数为 5 的 m 序列，反馈系数还有$(45)_8$、$(67)_8$、$(75)_8$ 等，在下面的例子中，通过 sel 设置端可以选择反馈系数，并分别产生相应的 m 序列。

【例 11.2】 n 为 5 反馈系数 C_i 分别为$(45)_8$、$(67)_8$、$(75)_8$ 的 m 序列发生器

```
LIBRARY IEEE;
USE IEEE.STD_LOGIC_1164.ALL;
USE IEEE.STD_LOGIC_ARITH.ALL;
USE IEEE.STD_LOGIC_UNSIGNED.ALL;

ENTITY m_seq5 IS
 PORT(clr : IN STD_LOGIC;                     --复位信号
    clk : IN STD_LOGIC;                       --时钟信号
    sel : IN STD_LOGIC_VECTOR(1 DOWNTO 0); --设置端，用于选择反馈系数
    m_out: OUT STD_LOGIC);                    --M 序列输出信号
END m_seq5;

ARCHITECTURE rtl OF m_seq5 IS
SIGNAL shift_reg : STD_LOGIC_VECTOR(0 TO 4); --5 级移位寄存器
BEGIN
PROCESS(clr,clk)
BEGIN
  IF(clr='0') THEN shift_reg<="00001";        --异步复位
  ELSE IF(clk'EVENT AND clk='1') THEN
  CASE sel IS
  WHEN "00" =>                                --反馈系数 Ci 为(45)8
  shift_reg(0)<=shift_reg(2) XOR shift_reg(4);
  shift_reg(1 TO 4)<=shift_reg(0 TO 3);
  WHEN "01" =>                                --反馈系数 Ci 为(67)8
  shift_reg(0)<=shift_reg(0) XOR shift_reg(2) XOR shift_reg(3)
  XOR shift_reg(4);
  shift_reg(1 TO 4)<=shift_reg(0 TO 3);
  WHEN "10" =>                                --反馈系数 Ci 为(75)8
  shift_reg(0)<=shift_reg(0) XOR shift_reg(1) XOR shift_reg(2)
```

```
    XOR shift_reg(4);
    ift_reg(1 TO 4)<=shift_reg(0 TO 3);
    WHEN others=> shift_reg<="XXXXX";
    END CASE;
    m_out<=shift_reg(4);
  END IF; END IF;
  END PROCESS;
  END rtl;
```

例 11.2 的功能仿真波形如图 11.5 所示，其中图（a）是当 sel 为 1、反馈系数 $C_i = (67)_8$ 时的功能仿真波形图，可看到此时输出的 m 序列一个周期为 10000111001101111101 00010010101，图 11.5（b）是当 sel 为 2、反馈系数 $C_i = (75)_8$ 时的功能仿真波形图，可看到此时输出的 m 序列一个周期为 10000110010011111011 10001010110。

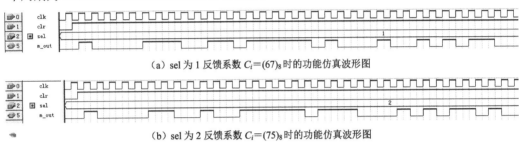

（a）sel 为 1 反馈系数 $C_i = (67)_8$ 时的功能仿真波形图

（b）sel 为 2 反馈系数 $C_i = (75)_8$ 时的功能仿真波形图

图 11.5　n 为 5 反馈系数可设置的 m 序列发生器功能仿真波形图

11.2　Gold 码 ●●●

　　m 序列是一种系统性、规律性很强的平衡码序列，它的自相关特性很好，但其互相关特性并不都令人满意，只有优选对之间的互相关特性较好，因而这对于扩频 CDMA 系统而言，可用作地址码的序列数目就太少了。由于 m 序列良好的伪随机性，为其他序列的生成奠定了基础，Gold 码就是选用两个互为优选对的 m 序列模二加而形成的。

　　1. Gold 码的原理与性质

　　Gold 码是 Gold 于 1967 年提出的，它是用一对优选的周期和速率均相同的 m 序列模二加后得到的。

　　两个 m 序列发生器的级数相同，即 $n_1 = n_2 = n$。如果两个 m 序列相对相移不同，所得到的是不同的 Gold 码序列。对 n 级 m 序列，共有 $2^n - 1$ 个不同相位，所以通过模二加后可得到 $2^n - 1$ 个 Gold 码序列，这些码序列的周期均为 $2^n - 1$。

　　随着级数 n 的增加，Gold 码序列的数量远超过同级数的 m 序列的数量，且 Gold 码序列具有良好的自相关特性和互相关特性，因此，Gold 码得到了广泛的应用。产生 Gold 码序列的结构形式有两种，一种是将两个 n 级 m 序列发生器并联，另一种是将两个 m 序列发生器串联成级数为 $2n$ 的线性移位寄存器，这两种结构如图 11.6 所示。

图 11.6　Gold 码框图

应该说 Gold 序列扩频与 m 序列扩频的本质区别仅仅在于扩频码的不同，在前面已经提到，虽然 m 序列有优良的自相关特性，但是使用 m 序列作 CDMA 通信的地址码时，其主要问题是由 m 序列组成的互相关特性好的互为优选的序列集很少，对于多址应用来说，可用的地址数太少了。而 Gold 序列具有良好的自、互相关特性，且地址数远远大于 m 序列的地址数，结构简单，易于实现，在工程上特别是第三代移动通信系统中得到了广泛的应用。

Gold 序列是 m 序列的复合码，它由两个码长相等、码时钟速率相同的 m 序列优选对模二加构成。其中，m 序列优选对是指在 m 序列集中，其互相关函数最大值的绝对值最接近或达到互相关值下限（最小值）的一对 m 序列。这里我们定义优选对为：设 A 是对应于 n 级本原多项式 $f(x)$ 所产生的 m 序列，B 是对应于 n 级本原多项式 $g(x)$ 所产生的 m 序列，当他们的互相关函数满足：

$$|R_{a,b}(k)| = \begin{cases} 2^{\frac{n+1}{2}} + 1, & n\text{为奇数} \\ 2^{\frac{n+2}{2}} + 1, & n\text{为偶数，} n\text{不是4的整数倍数} \end{cases} \qquad (11\text{-}1)$$

则 $f(x)$ 和 $g(x)$ 产生的 m 序列 A 和 B 构成一对优选对。

在 Gold 序列的构造中，每改变两个 m 序列相对位移就可得到一个新的 Gold 序列。当相对位移 2^n-1 比特时，就可得到一族（2^n-1）个 Gold 序列。再加上两个 m 序列，共有（2^n+1）个 Gold 序列。由优选对模二和产生的 Gold 族 2^n-1 个序列已不再是 m 序列，也不具有 m 序列的游程特性。但 Gold 码族中任意两序列之间互相关函数都满足式（11-1）。由于 Gold 码的这一特性，使得码族中任一码序列都可作为地址码，其地址数大大超过了用 m 序列作地址码的数量，所以 Gold 序列在多址技术中得到了广泛的应用。

2．用原理图方式产生 Gold 码

根据上面的 Gold 序列发生器的原理，在 Quartus II 环境下，首先采用原理图方式实现，如图 11.7 所示，调用 D 触发器和异或门构成，图中的 clr 是复位端，用于将 D 触发器的初始状态设置为 00001，以防止进入全零状态，电路工作时，应给 clr 复位端一个 0 信号。此电路的功能仿真波形如图 11.8 所示。

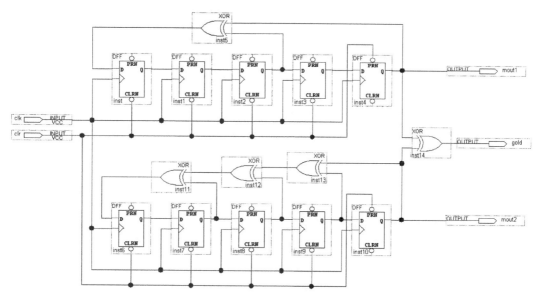

图 11.7　gold 码序列发生器原理图

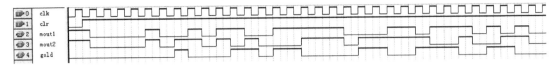

图 11.8　电路仿真波形图

3．用 VHDL 实现 Gold 码

用 VHDL 也不难实现 gold 码序列发生器，如例 11.3 所示。其功能仿真波形如图 11.9 所示，比较图 11.8 和图 11.9 可知，原理图方式和 VHDL 描述实现的功能是完全相同的，gold 码序列一个周期为 00000001000110110000110011100011。

【例 11.3】　n 为 5 反馈系数 C_i 分别为 $(45)_8$ 和 $(57)_8$ 的 gold 码序列发生器。

```vhdl
LIBRARY IEEE;
USE IEEE.STD_LOGIC_1164.ALL;
USE IEEE.STD_LOGIC_ARITH.ALL;
USE IEEE.STD_LOGIC_UNSIGNED.ALL;

ENTITY gold IS
 PORT(clr : IN STD_LOGIC;          --复位信号
      clk : IN STD_LOGIC;          --时钟信号
      gold_out: OUT STD_LOGIC);    --M序列输出信号
END gold;

ARCHITECTURE rtl OF gold IS
SIGNAL shift_reg1 : STD_LOGIC_VECTOR(0 TO 4);    --5级移位寄存器
SIGNAL shift_reg2 : STD_LOGIC_VECTOR(0 TO 4);    --5级移位寄存器
BEGIN
PROCESS(clr,clk)
BEGIN
   IF(clr='0') THEN
   shift_reg1 <="00001"; shift_reg2 <="00001";   --异步复位
   ELSE IF(clk'EVENT AND clk='1') THEN
   shift_reg1(0) <= shift_reg1(2) XOR shift_reg1(4);
                    --反馈系数Ci为(45)8
   shift_reg1(1 TO 4) <= shift_reg1(0 TO 3);
   shift_reg2(0) <= shift_reg2(1) XOR shift_reg2(2) XOR
   shift_reg2(3) XOR shift_reg2(4);
        --反馈系数Ci为(57)8
   shift_reg2(1 TO 4) <= shift_reg2(0 TO 3);
END IF; END IF;
END PROCESS;
gold_out<=shift_reg1(4) XOR shift_reg2(4); --两个m序列异或
END rtl;
```

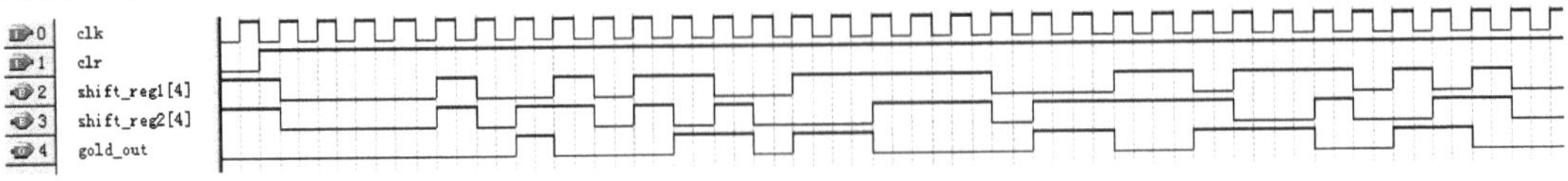

图 11.9　VHDL 仿真波形图

11.3 数字过零检测和等精度频率测量 ●●⚬

要测量正弦波的频率，先要将它整形为窄脉冲信号，以便进行可靠的计数，本节将介绍一种全数字化的脉冲形成方法——数字过零检测法，采用这种方法不需要外部模拟脉冲形成电路，直接在 AD 采样之后利用正弦数字波形的过零点特征形成脉冲，然后在一定的基准时间内测量被测的脉冲个数。传统的直接频率测量法的测量精度随着被测信号频率变化而变化，在使用中存在问题，而等精度频率测量使基准时间长度为整数个被测脉冲，能在整个频率测量范围内保持恒定的精度。数字过零检测法和等精度频率测量结合在一起就构成了一个片上频率测量系统。本小节将给出两个模块实现方法和 VHDL 源程序，并把二者连接起来形成一个完整的实例。

11.3.1 数字过零检测

数字过零检测法首先对 AD 采样的数据点进行最大值和最小值搜索，经过一段时间的搜索找到最大值和最小值，两个值相加得到零点值，然后用零点值与后续的数据点按时间顺序进行比较，当发现前后两个值，前一大于零点值，而后一个大于零点值，便产生一个过零脉冲，其中搜索求零点值的过程是循环不断进行的，以保证零点值的准实时刷新。实现数字过零检测的 VHDL 程序如例 11.4 所示。

【例 11.4】 数字过零检测法 VHDL 源代码。

```
LIBRARY IEEE;
USE IEEE.STD_LOGIC_1164.ALL;
USE IEEE.NUMERIC_STD.ALL;
----------------------------------------------------------------
ENTITY cross_zero_cal IS
    GENERIC(AVG_TIME : NATURAL := 10000;
        DATA_WIDTH : NATURAL := 14;
        MIN_COUNT : NATURAL := 0;
        MAX_COUNT : NATURAL := 1000000);
    PORT(clk      : IN STD_LOGIC;
        reset     : IN STD_LOGIC;
        enable    : IN STD_LOGIC;
        sine_in   : IN SIGNED ((DATA_WIDTH-1) DOWNTO 0);
        pulse_out : OUT STD_LOGIC;
        clr_out   : OUT STD_LOGIC;
        ctrl_out  : OUT STD_LOGIC);
END ENTITY;
----------------------------------------------------------------
ARCHITECTURE rtl OF cross_zero_cal IS
SIGNAL max_d, max_temp :    SIGNED ((DATA_WIDTH-1) DOWNTO 0);
SIGNAL min_d, min_temp :    SIGNED ((DATA_WIDTH-1) DOWNTO 0);
SIGNAL zero            :    SIGNED ((DATA_WIDTH-1) DOWNTO 0);
SIGNAL prev, aft       :    SIGNED ((DATA_WIDTH-1) DOWNTO 0);
BEGIN
    -- 搜索零点
    searching: PROCESS (clk)
        VARIABLE  cnt :    integer RANGE MIN_COUNT TO MAX_COUNT;
    BEGIN
        IF (RISING_EDGE(clk)) THEN
            IF reset = '1' THEN
```

```
                    max_d <= "00000000000000";  min_d <= "00000000000000";
                    cnt := 0;    clr_out <= '0';
             ELSIF enable = '1' THEN
                    cnt := cnt + 1;
             IF (cnt = AVG_TIME-1) THEN
                    max_d <= max_temp;  min_d <= min_temp;
                    max_temp <= "00000000000000";
                    min_temp <= "00000000000000";
             ELSE IF (cnt = AVG_TIME) THEN
                        zero <= (max_d + min_d)/2;
                        cnt := 0;
                    END IF;
                    IF(cnt = 0)  THEN
                        clr_out <= '1'; ctrl_out <= '0';
                    END IF;
                    IF (cnt = 30)  THEN clr_out <= '0';  END IF;
                    IF (cnt = 32)        THEN ctrl_out <= '1';  END IF;
                    IF (aft > max_temp) THEN max_temp <= aft;  END IF;
                    IF (aft < min_temp) THEN min_temp <= aft;  END IF;
        END IF; END IF; END IF;
    END PROCESS;

    generating: PROCESS (clk)        -- 生成脉冲
    BEGIN
        IF (RISING_EDGE(clk)) THEN
            IF reset = '1' THEN
                prev <= "00000000000000"; aft <= "00000000000000";
            ELSIF enable = '1' THEN
                aft <= sine_in; prev <= aft;
                IF ((zero>=prev) AND (zero<=aft)) THEN
                    pulse_out <= '1';
                ELSE    pulse_out <= '0';
        END IF; END IF; END IF;
    END PROCESS;
END rtl;
```

图 11.10 所示为数字过零检测 Modelsim 仿真波形，第 3 行是模拟 AD 采样得到的正弦波，第 4 行信号 pulse_out 就是在正弦波每一个过零点产生的脉冲信号。

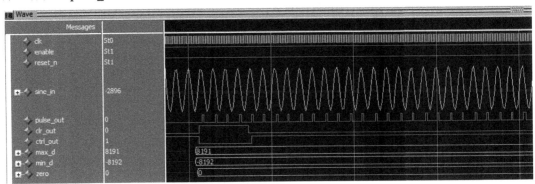

图 11.10   数字过零检测的 Modelsim 仿真波形

11.3.2 等精度频率测量

等精度频率测量有两个计数器，一个对标准频率时钟计数，另一个对被测频率时钟计数，计数器的 ctrl 输入端是使能输入，用于控制计数器计数的长度，clr 输入端是同步清零输入。测量开始之前首先 clr 置高电平，使所有寄存器和计数器清零。然后由外部控制器发出频率测量使能信号，即使 ctrl 为高电平，而内部的门控信号 ena 要到被测脉冲的上升沿才会置为高电平，同时两个计数器开始计数。当 ctrl 持续一段时间之后，由外部控制器置为低电平，而此时 ena 信号仍将保持下一个被测脉冲的上升沿到来时才为 0，此时计数器停止工作。这样就使得计数器的工作时间总是等于被测信号的完整周期，这就是等精度频率测量的关键所在。比如在一次测量中，被测信号的计数值为 N_t，对基准时钟的计数值为 N_r，设基准时钟的频率为 F_r，则被测信号的频率为 $F_t = F_r \times N_t \div N_r$。最后两个计数值传输到主控制器中计算得到被测信号的频率。下面的例子给出等精度频率测量的 VHDL 源代码。

【例 11.5】 等精度频率测量 VHDL 源代码。

```vhdl
LIBRARY IEEE;
USE IEEE.STD_LOGIC_1164.ALL;
USE IEEE.NUMERIC_STD.ALL;
----------------------------------------
ENTITY freq_ms IS
    PORT(clk_ref  : IN STD_LOGIC;
        clk_test : IN STD_LOGIC;
        clr      : IN STD_LOGIC;
        ctrl     : IN STD_LOGIC;
        ref_cnt  : BUFFER integer;
        test_cnt : BUFFER integer);
END ENTITY;
----------------------------------------
ARCHITECTURE rtl OF freq_ms IS
SIGNAL ena      :   STD_LOGIC;
BEGIN

    counter1: PROCESS (clk_test)  -- 测量时钟计数器
    BEGIN
        IF (RISING_EDGE(clk_test)) THEN
            IF clr = '1' THEN   test_cnt <= 0;
            ELSIF ena = '1' THEN
                test_cnt <= test_cnt + 1;
        END IF; END IF;
    END PROCESS;
    counter2: PROCESS (clk_ref)  -- 参考时钟计数器
    BEGIN
        IF (RISING_EDGE(clk_ref)) THEN
            IF clr = '1' THEN  ref_cnt <= 0;
            ELSIF ena = '1' THEN  ref_cnt <= ref_cnt + 1;
        END IF; END IF;
    END PROCESS;
```

```vhdl
    enable: PROCESS (clk_test)    -- 门控信号产生
    BEGIN
        IF (RISING_EDGE(clk_test)) THEN
            IF clr = '1' THEN   ena <= '0';
            ELSE ena <= ctrl;
        END IF; END IF;
    END PROCESS;
END rtl;
```

图 11.11 所示为等精度频率测量模块的 Modelsim 仿真波形，其中第最后一行 test_cnt 输出端输出的是被测信号的计数值，倒数第 2 行 ref_cnt 输出端输出的是基准时钟的计数值。

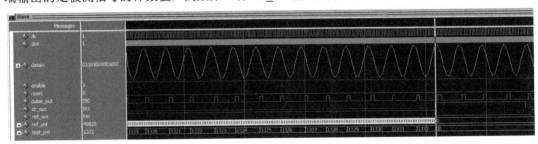

图 11.11   等精度频率测量得到的实时信号波形

11.3.3   数字测量系统

数字过零检测法和等精度频率测量结合起来组成一个数字测量系统，其顶层设计 VHDL 源代码如例 11.6 所示，过零检测得到的脉冲输入到等精度频率测量模块，同时输入的还有清零信号和门控信号。调用 altpll 锁相环模块（mypll）产生系统所需的 2 个时钟。

【例 11.6】   数字测量系统顶层设计 VHDL 源代码。

```vhdl
LIBRARY ieee;
USE ieee.std_logic_1164.all;
LIBRARY work;
ENTITY top IS
    PORT(inclk :  IN  STD_LOGIC;
        ad :  IN  STD_LOGIC_VECTOR(13 DOWNTO 0);
        pulse_out :  OUT  STD_LOGIC;
        adclk :  OUT  STD_LOGIC;
        c1 :  OUT  STD_LOGIC;
        ref_cnt :  OUT  STD_LOGIC_VECTOR(31 DOWNTO 0);
        test_cnt :  OUT  STD_LOGIC_VECTOR(31 DOWNTO 0));
END top;
ARCHITECTURE bdf_type OF top IS
COMPONENT mypll
    PORT(inclk0 : IN STD_LOGIC;
        c0 : OUT STD_LOGIC;
        c1 : OUT STD_LOGIC);
END COMPONENT;
COMPONENT cross_zero_cal
GENERIC (AVG_TIME : INTEGER;
        DATA_WIDTH: INTEGER;
```

```vhdl
                MAX_COUNT : INTEGER;
                MIN_COUNT : INTEGER);
    PORT(clk : IN STD_LOGIC;
        reset : IN STD_LOGIC;
        enable : IN STD_LOGIC;
        sine_in : IN STD_LOGIC_VECTOR(13 DOWNTO 0);
        pulse_out : OUT STD_LOGIC;
        clr_out : OUT STD_LOGIC;
        ctrl_out : OUT STD_LOGIC);
END COMPONENT;
COMPONENT freq_ms
    PORT(clk_ref : IN STD_LOGIC;
        clk_test : IN STD_LOGIC;
        clr : IN STD_LOGIC;
        ctrl : IN STD_LOGIC;
        ref_cnt : OUT STD_LOGIC_VECTOR(31 DOWNTO 0);
        test_cnt : OUT STD_LOGIC_VECTOR(31 DOWNTO 0));
END COMPONENT;
SIGNAL  c0 : STD_LOGIC;
SIGNAL  c_ALTERA_SYNTHESIZED1 : STD_LOGIC;
SIGNAL  test : STD_LOGIC;
SIGNAL  SYNTHESIZED_WIRE_5 : STD_LOGIC;
SIGNAL  SYNTHESIZED_WIRE_1 : STD_LOGIC;
SIGNAL  SYNTHESIZED_WIRE_3 : STD_LOGIC;
SIGNAL  SYNTHESIZED_WIRE_4 : STD_LOGIC;
BEGIN
SYNTHESIZED_WIRE_5 <= '1';
u0 : mypll
PORT MAP(inclk0 => inclk,
        c0 => c0,
        c1 => c_ALTERA_SYNTHESIZED1);
SYNTHESIZED_WIRE_1 <= NOT(SYNTHESIZED_WIRE_5);
u1 : cross_zero_cal
GENERIC MAP(AVG_TIME => 1000000,
            DATA_WIDTH => 14,
            MAX_COUNT => 10000000,
            MIN_COUNT => 0)
PORT MAP(clk => c0,
        reset => SYNTHESIZED_WIRE_1,
        enable => SYNTHESIZED_WIRE_5,
        sine_in => ad,
        pulse_out => test,
        clr_out => SYNTHESIZED_WIRE_3,
        ctrl_out => SYNTHESIZED_WIRE_4
);
u2 : freq_ms
PORT MAP(clk_ref => c_ALTERA_SYNTHESIZED1,
```

```
            clk_test => test,
            clr => SYNTHESIZED_WIRE_3,
            ctrl => SYNTHESIZED_WIRE_4,
            ref_cnt => ref_cnt,
            test_cnt => test_cnt);
pulse_out <= test;
adclk <= c0;
c1 <= c_ALTERA_SYNTHESIZED1;
END bdf_type;
```

锁相环模块产生 2 个输出时钟信号，其中 c0 端设置为将输入时钟 2 分频，如图 11.12 所示；c1 端设置为将输入时钟 2 倍频，如图 11.13 所示。

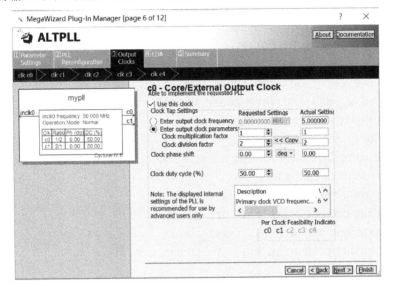

图 11.12　锁相环模块 c0 端设置为将输入时钟 2 分频

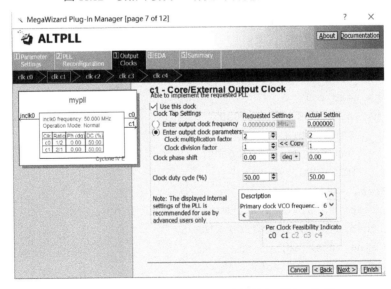

图 11.13　锁相环模块 c1 端设置为将输入时钟 2 倍频

将整个设计编译后下载到 FPGA 开发板，用 SignalTap II 波形调试工具观察，图 11.14 为等精度频率测量得到的 SignalTap II 实时信号波形，其中第 4 行 test_cnt 输出端输出的是被测信号的计数值，第 5 行 ref_cnt 输出端输出的是基准时钟的计数值。

Type	Name	-128	0	128	256	384	512	640	768	896
	⊞ ad									
	inclk									
	pulse_out									
	⊞ test_cnt	6396	6397	6398	6399	6400	6401	6402	6403	6404	6405	6406	6407	6408
	⊞ ref_cnt									
	freq_ms:inst6ena									

图 11.14　等精度频率测量得到的 SignalTap II 实时信号波形

11.4　QPSK 数字调制器 ●●●

四相移相键控（Quadrature Phase Shift Keying，QPSK）以其频带利用率高、抗干扰性能强，以及易于硬件实现等优势成为现代数字通信系统的主流调制解调方式，广泛应用于微波通信、卫星通信、移动通信及有线电视系统中。

1．调制原理

QPSK是利用载波的4个不同相位来表征数字信息，每一个载波相位代表两个比特的信息。因此，对于输入的二进制数字序列应该先进行分组。将每两个比特编为一组，采用相应的相位来表示。当初始相位取0时，4种不同的相位为：0、$\pi/2$、π、$3\pi/2$分别表示数字信息：11、01、00、10；当初始相位为$\pi/4$时，四种不同的相位为：$\pi/4$、$3\pi/4$、$5\pi/4$、$7\pi/4$分别表示11、01、00、10。这两种QPSK信号可以通过如图11.15所示的矢量图来表示。

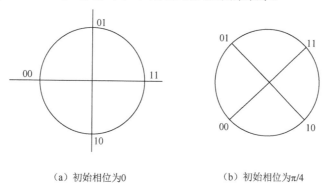

（a）初始相位为0　　　　　　（b）初始相位为$\pi/4$

图 11.15　QPSK 信号的矢量图表示

QPSK信号可以表示为：$e_0(t) = I(t)\cos\omega t - Q(T)\sin\omega t$，式中，$I(t)$为同相分量，$Q(t)$为正交分量。根据上式可以得到QPSK正交调制器的原理框图，如图11.16所示。

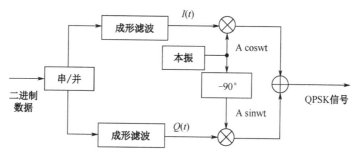

图 11.16　QPSK 正交调制器原理框图

从图11.16可以看出，QPSK调制器可以看作为两个BPSK调制器构成，输入的二进制信息序列经过串并转换，分成两路速率减半的序列$I(t)$和$Q(t)$，然后对$\cos\omega t$和$\sin\omega t$进行调制，相加后即可得到QPSK信号。经过串并变换之后的两个支路，一路为单数码元，另一路是偶数码元，这两个支路为正交，一个称为同相支路，即I支路，另一个称为正交支路，即Q支路。

2．成形滤波器设计

在 QPSK 调制过程中，如在调制前对基带信号进行成形滤波，除防止码间干扰外，还可以达到滤除边带信号频谱的目的。成形滤波器本质上就是一个低通滤波器，一般设计为升余弦滤波器，这里我们采用 MATLAB 仿真软件进行设计，输出结果是滤波器的系数文件"shape_Lpf.txt"，以下是生成滤波器系数的代码：

```
%% 生成平方升余弦滤波器系数
n_T=[-2 2];
rate=8;                %每个符号周期内输入的数据点数
beta=0.5;              %成形滤波器系数
T=1;
Shape_b = rcosfir(beta,n_T,rate,T);
figure; freqz(Shape_b)    % 作图
%% 将成形滤波器系数写入 shape_Lpf.txt 文件中
fid=fopen('shape_Lpf.txt','w');
fprintf(fid,'%12.12f\r\n',Shape_b);
fclose(fid);
```

本例基于Quartus II 13.1实现，在Quartus II 13.1软件中调用FIR Complier IP核的方法步骤如下。选择菜单Tool→MegaWizard Plug-In Manager，启动MegaWizard Plug-In Manager，如图11.17所示。

在随后出现的图11.18所示的页面中，选中第1个复选框Create a new custom megafunction variation，进入图11.19所示的页面，在该页面中从左侧选中FIR Compiler核，在右侧选用VHDL文件类型，并命名为fir_lpf.vhd。

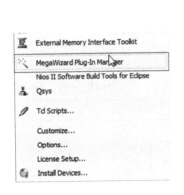

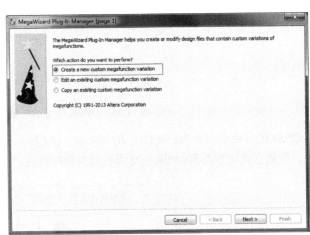

图 11.17　启动 MegaWizard Plug-In Manager　　　图 11.18　MegaWizard Plug-In Manager 页面 1

单击Next按钮进入FIR Compiler的详细设置，如图11.20所示，设置分为3步。

（1）参数设置

关于FIR滤波器的参数比较多，使用的时候要注意参数的含义，否则可能会工作不正常，参数设置如图11.21所示。

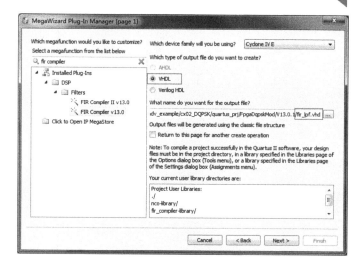

图 11.19 选择文件类型

图 11.20 FIR Compiler 的设置引导

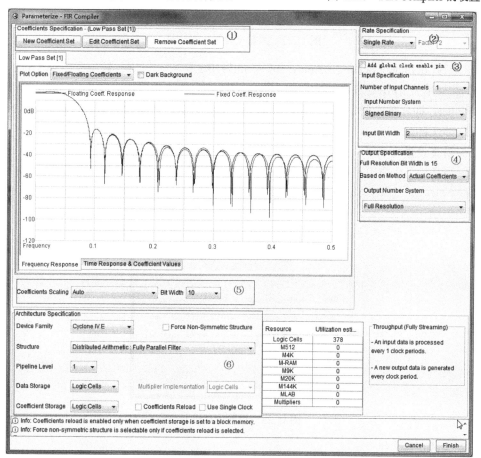

图 11.21 FIR Compiler 的参数详细设置界面

① 滤波器系数设置：单击Edit Coefficient Set进入系数生成对话框二级设置界面，如图11.22所示，我们将前述MATLAB代码产生的shape_Lpf.txt系数文件导入。

② 选择Single Rate。

③ 选择Input Bit Width为2。

④ 选择Output Number System为Full Resolution，在这里可以看到输出的位宽自动计算为15位。

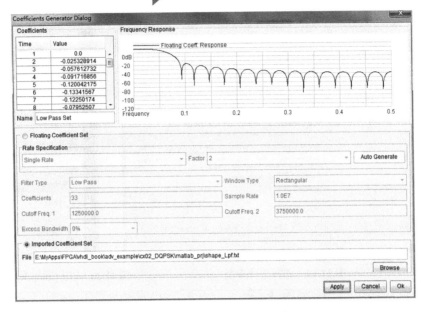

图 11.22　系数文件导入对话框

⑤ 选择Coefficient Scaling为Auto，Bit Width为10位。

⑥ 此处是关于FIR滤波器IP核实现结构的参数，Structure选用Distributed Arithmetic: Fully Parallel Filter，即分布式算法实现结构，Pipeline Level选为1，Data Storage和Coefficient Storage都选用Logic Cells。

（2）仿真设置

这一步是为了生成用于仿真的模型文件，如图11.23所示设置模型语言为VHDL即可。

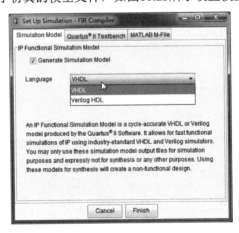

图 11.23　设置仿真模型

（3）生成IP核文件

这一步会花费几分钟时间，完成之后就可以调用FIR滤波器IP核了。

3．本振设计

一般采用数控振荡器（NCO）来实现本振，下面详述调用NCO IP核的步骤和要点。选择菜单Tool→MegaWizard Plug-In Manager，在出现的界面中选中第1个复选框Create a new custom megafunction variation，进入IP核生成向导界面，在左侧点选NCO IP核，在右侧选择VHDL文件类型，并命名为nco.vhd。

完成向导设置之后会进入 NCO IP 核的详细设置，如图 11.24 所示，设置分为以下 3 个步骤。

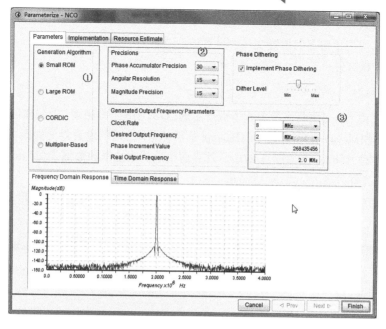

图 11.24 NCO IP 核参数设置

（1）参数设置

重点对图上标注的 4 点进行介绍。

① 产生方式（算法）。指NCO的几种实现算法，不同的选择所消耗的硬件资源有很大的不同，这里选用消耗资源比较少的Small ROM查找表方法。

② 与精度相关的参数。有相位累加器精度、角度精度和幅度精度，所选的数值越大，所占用的逻辑资源和存储器资源就越多。

③ 输出频率参数。Clock Rate设为8MHz，Desired Output Frequency设为2MHz，其中Phase Incement Value最好能够记录下来，后面调用模块时要用到。

④ 输出设置。如图 11.25 所示，设置输出为双输出方式。

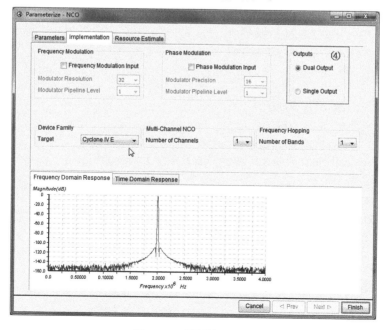

图 11.25 设置输出方式

（2）仿真设置

这一步生成可用于仿真的模型文件，设置模型语言为VHDL即可。

（3）生成IP核文件

4. 乘法器设计

成形滤波之后的I、Q两路信号要和本振产生的COS、SIN信号相乘，乘法器调用LPM_MULT核实现，同样采用MegaWizard Plug-In Manager引导实现，关键的设置界面如图11.26所示，选择2个输入的位宽均为15bits；在如图11.27所示的界面中选择乘法器的数据类型为Signed有符号型；将生成的VHDL文件命名为mult15_15.vhd。

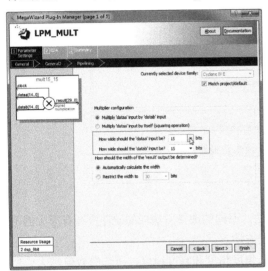
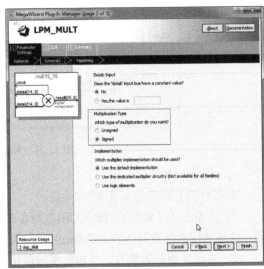

图 11.26　设置 LPM_MULT 数据宽度　　　图 11.27　设置 LPM_MULT 数据类型为 Signed 有符号型

5. QPSK 调制信号生成源代码

【例 11.7】　QPSK 调制信号生成 VHDL 源代码。

```
LIBRARY ieee;
USE ieee.std_logic_1164.all;
USE ieee.std_logic_unsigned.all;
ENTITY qpsk IS
   PORT (
      rst  : IN STD_LOGIC;
      clk  : IN STD_LOGIC;
      din  : IN STD_LOGIC;
      dout : OUT STD_LOGIC_VECTOR(16 - 1 DOWNTO 0));
END ENTITY qpsk;
ARCHITECTURE trans OF qpsk IS
   COMPONENT fir_lpf
        PORT(clk               :   IN STD_LOGIC;
             reset_n           :   IN STD_LOGIC;
             ast_sink_data     :   IN STD_LOGIC_VECTOR(1 DOWNTO 0);
             ast_sink_valid    :   IN STD_LOGIC;
             ast_source_ready  :   IN STD_LOGIC;
             ast_sink_error    :   IN STD_LOGIC_VECTOR(1 DOWNTO 0);
             ast_source_data   :   OUT STD_LOGIC_VECTOR(14 DOWNTO 0);
```

```vhdl
                  ast_sink_ready       :     OUT STD_LOGIC;
                  ast_source_valid     :     OUT STD_LOGIC;
                  ast_source_error     :     OUT STD_LOGIC_VECTOR(1 DOWNTO 0)
        );
   END COMPONENT;
   COMPONENT nco
        PORT(phi_inc_i  :    IN STD_LOGIC_VECTOR(29 DOWNTO 0);
             clk        :    IN STD_LOGIC;
             reset_n    :    IN STD_LOGIC;
             clken      :    IN STD_LOGIC;
             fsin_o     :    OUT STD_LOGIC_VECTOR(14 DOWNTO 0);
             fcos_o     :    OUT STD_LOGIC_VECTOR(14 DOWNTO 0);
             out_valid  :    OUT STD_LOGIC);
   END COMPONENT;
   COMPONENT mult15_15
        PORT( clock    :    IN STD_LOGIC;
             dataa     :    IN STD_LOGIC_VECTOR(14 DOWNTO 0);
             datab     :    IN STD_LOGIC_VECTOR(14 DOWNTO 0);
             result    :    OUT STD_LOGIC_VECTOR(29 DOWNTO 0));
   END COMPONENT;
  SIGNAL reset_n          : STD_LOGIC;
  SIGNAL dint             : STD_LOGIC;
  SIGNAL ab               : STD_LOGIC_VECTOR(1 DOWNTO 0);
  SIGNAL count            : STD_LOGIC_VECTOR(2 DOWNTO 0);
  SIGNAL dintmp           : STD_LOGIC;
  SIGNAL di               : STD_LOGIC_VECTOR(1 DOWNTO 0);
  SIGNAL dq               : STD_LOGIC_VECTOR(1 DOWNTO 0);
  SIGNAL ast_sink_valid   : STD_LOGIC;
  SIGNAL ast_source_ready : STD_LOGIC;
  SIGNAL ast_source_error : STD_LOGIC_VECTOR(1 DOWNTO 0);
  SIGNAL ast_sink_error   : STD_LOGIC_VECTOR(1 DOWNTO 0);
  SIGNAL sink_readyi      : STD_LOGIC;
  SIGNAL source_validi    : STD_LOGIC;
  SIGNAL source_errori    : STD_LOGIC_VECTOR(1 DOWNTO 0);
  SIGNAL di_lpf           : STD_LOGIC_VECTOR(14 DOWNTO 0);
  SIGNAL sink_readyq      : STD_LOGIC;
  SIGNAL source_validq    : STD_LOGIC;
  SIGNAL source_errorq    : STD_LOGIC_VECTOR(1 DOWNTO 0);
  SIGNAL dq_lpf           : STD_LOGIC_VECTOR(14 DOWNTO 0);
  SIGNAL source_erroriq   : STD_LOGIC_VECTOR(1 DOWNTO 0);
  SIGNAL out_valid        : STD_LOGIC;
  SIGNAL clken            : STD_LOGIC;
  SIGNAL carrier          : STD_LOGIC_VECTOR(29 DOWNTO 0);
  SIGNAL sin              : STD_LOGIC_VECTOR(14 DOWNTO 0);
  SIGNAL cos              : STD_LOGIC_VECTOR(14 DOWNTO 0);
  SIGNAL mult_i           : STD_LOGIC_VECTOR(29 DOWNTO 0);
  SIGNAL mult_q           : STD_LOGIC_VECTOR(29 DOWNTO 0);
```

```vhdl
    SIGNAL douttem          : STD_LOGIC_VECTOR(29 DOWNTO 0);
BEGIN
   reset_n <= NOT(rst);
    --输入一级缓冲
   PROCESS (clk)
   BEGIN
     IF (clk'EVENT AND clk = '1') THEN  dint <= din;
     END IF;
   END PROCESS;
   --串并转换
   PROCESS (clk, rst)
   BEGIN
     IF (rst = '1') THEN
        ab <= "00";
        count <= "000";
        dint <= '0';
     ELSIF (clk'EVENT AND clk = '1') THEN
        count <= count + "001";
        IF (count = "000") THEN
           dintmp <= din;
        ELSIF (count = "100") THEN
           ab <= (din & dintmp);
     END IF;  END IF;
   END PROCESS;
   --符号映射
   PROCESS (clk, rst)
   BEGIN
     IF (rst = '1') THEN di <= "00";  dq <= "00";
     ELSIF (clk'EVENT AND clk = '1') THEN
        IF ((NOT(ab(0))) = '1') THEN  di <= "01";
        ELSE  di <= "11";
        END IF;
        IF ((NOT(ab(1))) = '1') THEN  dq <= "01";
        ELSE  dq <= "11";
        END IF;  END IF;
   END PROCESS;
   ast_sink_valid <= '1';
   ast_source_ready <= '1';
   ast_sink_error <= "00";
   --I路成形滤波器
   u2 : fir_lpf
     PORT MAP( clk       => clk,
        reset_n          => reset_n,
        ast_sink_data    => di,
        ast_sink_valid   => ast_sink_valid,
        ast_source_ready => ast_source_ready,
        ast_sink_error   => ast_sink_error,
```

```vhdl
                   ast_source_data   => di_lpf,
                   ast_sink_ready    => sink_readyi,
                   ast_source_valid  => source_validi,
                   ast_source_error  => source_errori);
    --Q 路成形滤波器
    u3 : fir_lpf
      PORT MAP(clk            => clk,
          reset_n             => reset_n,
          ast_sink_data       => dq,
          ast_sink_valid      => ast_sink_valid,
          ast_source_ready    => ast_source_ready,
          ast_sink_error      => ast_sink_error,
          ast_source_data     => dq_lpf,
          ast_sink_ready      => sink_readyq,
          ast_source_valid    => source_validq,
          ast_source_error    => source_erroriq);
    clken <= '1';
    carrier <= "00100000000000000000000000000000";
    --用数控振荡器作为本振，产生 cos sin 信号
    u4 : nco
      PORT MAP(phi_inc_i  => carrier,
          clk         => clk,
          reset_n     => reset_n,
          clken       => clken,
          fsin_o      => sin,
          fcos_o      => cos,
          out_valid   => out_valid);
    --I 路乘法器
    u5 : mult15_15
      PORT MAP(
          clock    => clk,
          dataa    => sin,
          datab    => di_lpf,
          result   => mult_i);
    --Q 路乘法器
    u6 : mult15_15
      PORT MAP(
          clock    => clk,
          dataa    => cos,
          datab    => dq_lpf,
          result   => mult_q);
     -- I Q 两路相加
    PROCESS (clk, rst)
    BEGIN
       IF (rst = '1') THEN
         douttem <= "00000000000000000000000000000000";
       ELSIF (clk'EVENT AND clk = '1') THEN
```

```
            douttem <= mult_i + mult_q;
        END IF;
    END PROCESS;
    dout <= douttem(29 DOWNTO 14);        --截位输出
END ARCHITECTURE trans;
```

6．仿真

图11.28显示了QPSK调制信号产生的仿真波形，其中第3行是QPSK调制信号波形，第4、5行是I路数字波形和成形滤波后的基带波形，第6、7行是Q路数字波形和成形滤波后的基带波形。

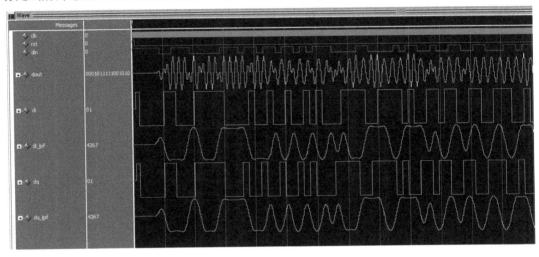

图 11.28   QPSK 调制信号产生仿真波形

11.5   小型神经网络 ●●●

人工神经网络是在现代神经科学的基础上提出和发展起来的，旨在反映人脑结构及功能的一种抽象数学模型。自 1943 年美国心理学家 W. McCulloch 和数学家 W. Pitts 提出形式神经元的抽象数学模型——MP 模型以来，人工神经网络理论技术经过了 50 多年曲折的发展。特别是 20 世纪 80 年代，人工神经网络的研究取得了重大进展，有关的理论和方法已经发展成一门界于物理学、数学、计算机科学和神经生物学之间的交叉学科。它在模式识别、图像处理、智能控制、组合优化、金融预测与管理、通信、机器人以及专家系统等领域得到广泛的应用，提出了 40 多种神经网络模型，其中比较著名的有感知机、Hopfield 网络、Boltzman 机、自适应共振理论及反向传播网络（BP）等。在这里我们仅讨论最基本的网络模型及其学习算法。

神经网络高度并行互联的系统，这样的特性使得它的硬件实现非常消耗硬件资源，也非常有挑战性。图 11.29 是一个单层反馈神经网络的示意图，xi 表示第 i 个输入，wij 是第 i 个输入与第 j 个神经元之间的权重值，而 yj 表示第 j 个输出。所以有

$$
\begin{aligned}
y1 &= f\left(x1 \times w11 + x2 \times w21 + x3 \times w31\right) \\
y2 &= f\left(x1 \times w12 + x2 \times w22 + x3 \times w32\right) \\
y3 &= f\left(x1 \times w13 + x2 \times w23 + x \times w33\right)
\end{aligned}
\tag{11-2}
$$

式中，$f( )$ 表示激活函数。

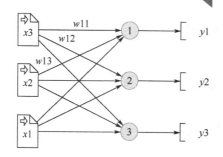

图 11.29　单层反馈神经网络结构示意图

图 11.30 所示是一种通用单层反馈神经网络硬件实现结构，有 3 个神经元结点，它有一个权重输入接口，权重值 w 顺序进入一组移位寄存器，权重值和输入做乘累加运算产生的值进入一个查找表 LUT（lookup table），LUT 实现了激活函数（根据不同的应用可建立不同的 LUT）并产生期望的输出值 yi。

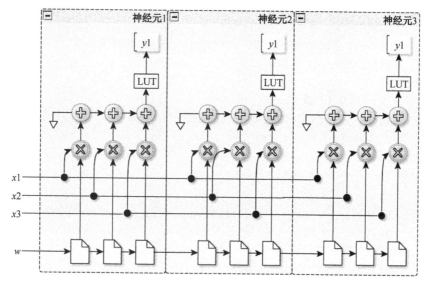

图 11.30　单层反馈神经网络硬件实现结构

下面的 VHDL 例子将会实现如图 11.30 所示的包含 3 个神经元的小型神经网络，但是例子中不包括 LUT，因为 LUT 要根据具体应用场合产生，读者可自行在输出口添加，神经元的数量也可以自行修改。

【例 11.8】　3 个神经元的小型神经网络 VHDL 源代码。

```
LIBRARY IEEE;
USE IEEE.STD_LOGIC_1164.ALL;
USE IEEE.STD_LOGIC_ARITH.ALL;
ENTITY Small_NN IS
GENERIC(n: INTEGER := 3;          -- 神经元个数
        m: INTEGER := 3;          -- 每个神经元的输入权重数
        b: INTEGER := 4);         -- 位宽
PORT (  x1  : IN SIGNED(b-1 DOWNTO 0);
        x2  : IN SIGNED(b-1 DOWNTO 0);
        x3  : IN SIGNED(b-1 DOWNTO 0);
        W   : IN SIGNED(b-1 DOWNTO 0);
        Clk : IN STD_LOGIC;
```

```vhdl
                y1  : OUT SIGNED(2*b-1 DOWNTO 0);
                y2  : OUT SIGNED(2*b-1 DOWNTO 0);
                y3  : OUT SIGNED(2*b-1 DOWNTO 0));
END Small_NN;
--------------------------------------------------
ARCHITECTURE neural OF Small_NN IS
-- 寄存输出
    TYPE weights IS ARRAY ( 1 TO n*m) OF SIGNED(b-1 DOWNTO 0);
    TYPE inputs IS ARRAY ( 1 TO m) OF SIGNED(b-1 DOWNTO 0);
    TYPE outputs IS ARRAY ( 1 TO m) OF SIGNED(2*b-1 DOWNTO 0);
BEGIN
    PROCESS (clk, w, x1 , x2 , x3)
        VARIABLE weight: weights;
        VARIABLE input: inputs;
        VARIABLE output : outputs;
        VARIABLE prod, acc: SIGNED(2*b-1 DOWNTO 0);
        VARIABLE sign : STD_LOGIC;
    BEGIN
        ----- 移位寄存器: --------------
        IF (clk' EVENT AND clk= '1') THEN
            weight := w & weight( 1 TO n*m-1 );
        END IF;
        -----------初始化:--------------------
        input(1) := x1;
        input(2) := x2;
        input(3) := x3;
        ------ 乘累加: -----------------
        L1: FOR i IN 1 TO n LOOP
            acc := (OTHERS => '0' );
        L2: FOR j IN 1 TO m LOOP
                prod := input(j)*weight( m* (i-1)+j);
                sign := acc (acc'LEFT);
                acc := acc + prod ;
        ---- 溢出检查: -----------------
                IF( sign=prod(prod'left)) AND
                    (acc (acc'left) /= sign) THEN
                    acc := (acc'LEFT => sign, OTHERS=> NOT sign);
                END IF;
            END LOOP L2;
            output(i) := acc;
        END LOOP L1;
        --------- 输出: -------------------------
        y1 <= output(1) ;
        y2 <= output(2) ;
        y3 <= output(3) ;
    END PROCESS;
END neural;
```

仿真结果如图 11.31 所示。为了更加清楚地显示仿真的结果，所输入的数据都是比较简单的值，这 3 个神经元的输入 $x1$、$x2$、$x3$ 为 4 bit 输入，且为有符号数，输入的数值范围是-8～7，而 8 比特输出的数值范围是-128～127。固定输入数据 $x1=3$，$x2=4$，$x3=5$，设定有 9 个权重 w，随着 9 个时钟周期顺序输入，分别是 $w9=1$，$w8=2$，$w7=3$，……，$w1=9$。因为 w 是 4 比特的有符号数，9 实际上是-7，而 8 实际上是-8，这一点在进行计算的时候要考虑清楚。当 9 个权值 w 全部进入模块后，就会计算出第 1 组输出，计算过程是这样的：

$$
\begin{aligned}
y1 &= x1 \times w1 + x2 \times w2 + x3 \times w3 \\
&= 3 \times (-7) + 4 \times (-8) + 5 \times 7 \\
&= -18
\end{aligned}
\tag{11-3}
$$

$$
\begin{aligned}
y2 &= x1 \times w4 + x2 \times w5 + x3 \times w6 \\
&= 3 \times 6 + 4 \times 5 + 5 \times 4 \\
&= 58
\end{aligned}
\tag{11-4}
$$

$$
\begin{aligned}
y3 &= x1 \times w7 + x2 \times w8 + x3 \times w9 \\
&= 3 \times 3 + 4 \times 2 + 5 \times 1 \\
&= 22
\end{aligned}
\tag{11-5}
$$

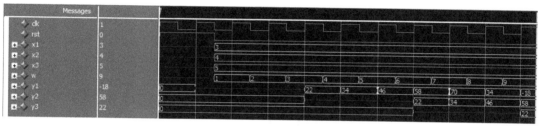

图 11.31　小型神经网络仿真波形图（ModelSim）

上述 3 个值-18、58 和 22 和图中右下角 $y1$、$y2$ 和 $y3$ 三行的数值一样，验证了 VHDL 模块计算的正确。

11.6　数字 AGC ●●○○

数字AGC是数字中频接收的重要辅助电路，数字中频接收机设置自动增益控制的目的在于使接收机的增益随着信号的强弱进行调整，或者保持接收机的输出恒定在一定范围。对于前者是指接收机的入口端的数字AGC，在接收弱信号时使接收机具有足够高的增益，使得信噪比最大化，在接收强信号时使接收机工作在正常范围之内（主要是保证A/D转换器不溢出）；对于后者是指数字接收机与后续处理电路之间的数字AGC，后面的处理电路往往要求接收机的输出保持恒定，至少不能波动太大，数字AGC的作用就是稳定输出的幅度。这两种数字AGC虽然所处的位置不同，但是本质是相同的，下面首先给出一个数字中频接收机系统的设计框图，介绍了数字AGC在系统中所处的地位和作用，然后以后端输出的数字AGC为例说明硬件电路设计的思想和基于VHDL具体实现。

1. 数字 AGC 技术原理

与模拟AGC相比，数字AGC可实现更为复杂的控制算法，并且数字AGC的响应和收敛速度更快、稳定性更好。数字AGC技术通常是指在对中频模拟信号进行数字化后，根据样本幅值的大小，反过来控制前端中频放大电路中的可编程数控衰减器，将信号输出调整到适合检测的幅值范围内，或者控制输出的数字信号幅度或功率稳定在一个恒定的值上。无论哪种方法都要在信号数字化后进一步处理，所以称为数字AGC技术。图11.32就是数字中频接收机系统的原理框图。

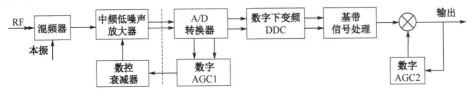

图 11.32　数字中频接收机系统原理框图

在图11.32中，数字中频接收机系统中有数字AGC1和数字AGC2，一个在A/D转换器之后，另一个在输出之前，二者控制算法有一些区别：AGC1产生数控衰减器的控制字，AGC2直接产生乘法器的乘倍数。

2．数字 AGC 实现思路

本节介绍的数字AGC的特点在于开发迅速、占用资源少、调节方便、灵敏度高和控制范围大。图11.33是接收机输出端数字AGC的设计框图。

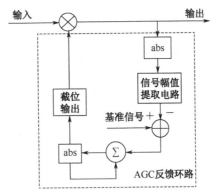

图 11.33　数字 AGC 设计框图

下面详述设计的原理，输入信号和乘法器的增益权值相乘得到受控输出，此输出向下进入AGC反馈环路，首先对进入反馈环路的信号求模值（abs），接着进入信号幅值提取电路，这部分电路的设计下面还要详细讲，其主要功能是提取输入信号的包络，也可以理解为计算输入信号的平均幅度，然后幅值提取电路出来的信号和基准信号进行比较，实际上就是相减，得出的差值进入累加器相加，累加器相当于一个积分器，是对误差量的一个从始至终的累计，当输入没有变化时积分值将趋向于一个固定的值，截取积分量的前几位数输出给增益控制乘法器和输入相乘。这样就完成了整个AGC反馈环路，实际上全部电路搭建完成之后，需要调节的参数包括基准信号和截位长度的确定，基准信号决定了受控输出的大小，截位的长度反映了控制的收敛时间、稳定度以及控制的范围。

3．信号幅值提取电路

如图11.34所示的信号幅值提取电路也是决定数字AGC性能的关键电路之一，由于噪声的扰动，反馈环路输入的信号抖动是比较大的，如果输入不经过处理就会影响AGC的稳定性和响应时间，所以求模之后和送入比较器之前首先提取信号的包络，这样进入比较器的值就会变化起伏比较小也更能反映信号实际的幅度（功率）。

图11.34中，输入K个值得到平均值输出，其中，$p(n)$为AGC电路输出值的绝对值，$y(n)$为后续反馈环路的输入。在用VHDL硬件描述语言实现时，会用到一个16阶的移位寄存器组和一个16输入并行加法器。

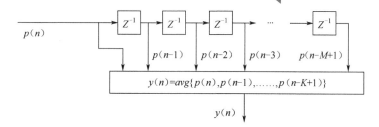

图 11.34 信号幅值提取电路

16阶移位寄存器组有1个输入端，同时有16个输出端，用VHDL语言描述如下。

【例11.9】 16阶移位寄存器VHDL描述。

```
LIBRARY ieee;
USE ieee.std_logic_1164.all;
USE ieee.std_logic_unsigned.all;
ENTITY basic_shift_register_with_multiple_taps IS
   PORT(clk : IN STD_LOGIC;
      enable : IN STD_LOGIC;
      rst    : IN STD_LOGIC;
      sr_in  : IN STD_LOGIC_VECTOR(15 DOWNTO 0);
      tap0   : OUT STD_LOGIC_VECTOR(15 DOWNTO 0);
      tap1   : OUT STD_LOGIC_VECTOR(15 DOWNTO 0);
      tap2   : OUT STD_LOGIC_VECTOR(15 DOWNTO 0);
      tap3   : OUT STD_LOGIC_VECTOR(15 DOWNTO 0);
      tap4   : OUT STD_LOGIC_VECTOR(15 DOWNTO 0);
      tap5   : OUT STD_LOGIC_VECTOR(15 DOWNTO 0);
      tap6   : OUT STD_LOGIC_VECTOR(15 DOWNTO 0);
      tap7   : OUT STD_LOGIC_VECTOR(15 DOWNTO 0);
      tap8   : OUT STD_LOGIC_VECTOR(15 DOWNTO 0);
      tap9   : OUT STD_LOGIC_VECTOR(15 DOWNTO 0);
      tap10  : OUT STD_LOGIC_VECTOR(15 DOWNTO 0);
      tap11  : OUT STD_LOGIC_VECTOR(15 DOWNTO 0);
      tap12  : OUT STD_LOGIC_VECTOR(15 DOWNTO 0);
      tap13  : OUT STD_LOGIC_VECTOR(15 DOWNTO 0);
      tap14  : OUT STD_LOGIC_VECTOR(15 DOWNTO 0);
      tap15  : OUT STD_LOGIC_VECTOR(15 DOWNTO 0)
   );
END basic_shift_register_with_multiple_taps;
ARCHITECTURE trans OF basic_shift_register_with_multiple_taps IS
   -- Declare intermediate signals for referenced outputs
   SIGNAL tap0_xhdl0  : STD_LOGIC_VECTOR(15 DOWNTO 0);
   SIGNAL tap1_xhdl1  : STD_LOGIC_VECTOR(15 DOWNTO 0);
   SIGNAL tap2_xhdl7  : STD_LOGIC_VECTOR(15 DOWNTO 0);
   SIGNAL tap3_xhdl8  : STD_LOGIC_VECTOR(15 DOWNTO 0);
   SIGNAL tap4_xhdl9  : STD_LOGIC_VECTOR(15 DOWNTO 0);
   SIGNAL tap5_xhdl10 : STD_LOGIC_VECTOR(15 DOWNTO 0);
   SIGNAL tap6_xhdl11 : STD_LOGIC_VECTOR(15 DOWNTO 0);
   SIGNAL tap7_xhdl12 : STD_LOGIC_VECTOR(15 DOWNTO 0);
   SIGNAL tap8_xhdl13 : STD_LOGIC_VECTOR(15 DOWNTO 0);
```

```vhdl
    SIGNAL tap9_xhdl14 : STD_LOGIC_VECTOR(15 DOWNTO 0);
    SIGNAL tap10_xhdl2 : STD_LOGIC_VECTOR(15 DOWNTO 0);
    SIGNAL tap11_xhdl3 : STD_LOGIC_VECTOR(15 DOWNTO 0);
    SIGNAL tap12_xhdl4 : STD_LOGIC_VECTOR(15 DOWNTO 0);
    SIGNAL tap13_xhdl5 : STD_LOGIC_VECTOR(15 DOWNTO 0);
    SIGNAL tap14_xhdl6 : STD_LOGIC_VECTOR(15 DOWNTO 0);
BEGIN
    -- Drive referenced outputs
    tap0 <= tap0_xhdl0;  tap1 <= tap1_xhdl1;
    tap2 <= tap2_xhdl7;  tap3 <= tap3_xhdl8;
    tap4 <= tap4_xhdl9;  tap5 <= tap5_xhdl10;
    tap6 <= tap6_xhdl11;  tap7 <= tap7_xhdl12;
    tap8 <= tap8_xhdl13;  tap9 <= tap9_xhdl14;
    tap10 <= tap10_xhdl2;  tap11 <= tap11_xhdl3;
    tap12 <= tap12_xhdl4;  tap13 <= tap13_xhdl5;
    tap14 <= tap14_xhdl6;  PROCESS (clk, rst)
    BEGIN
      IF (rst = '1') THEN
      tap0_xhdl0 <= "0000000000000000";
      tap1_xhdl1 <= "0000000000000000";
      tap2_xhdl7 <= "0000000000000000";
      tap3_xhdl8 <= "0000000000000000";
      tap4_xhdl9 <= "0000000000000000";
      tap5_xhdl10 <= "0000000000000000";
      tap6_xhdl11 <= "0000000000000000";
      tap7_xhdl12 <= "0000000000000000";
      tap8_xhdl13 <= "0000000000000000";
      tap9_xhdl14 <= "0000000000000000";
      tap10_xhdl2 <= "0000000000000000";
      tap11_xhdl3 <= "0000000000000000";
      tap12_xhdl4 <= "0000000000000000";
      tap13_xhdl5 <= "0000000000000000";
      tap14_xhdl6 <= "0000000000000000";
      tap15 <= "0000000000000000";
      ELSIF (clk'EVENT AND clk = '1') THEN
      IF (enable = '1') THEN
       tap0_xhdl0 <= sr_in;  tap1_xhdl1 <= tap0_xhdl0;
       tap2_xhdl7 <= tap1_xhdl1; tap3_xhdl8 <= tap2_xhdl7;
       tap4_xhdl9 <= tap3_xhdl8; tap5_xhdl10 <= tap4_xhdl9;
       tap6_xhdl11 <= tap5_xhdl10;tap7_xhdl12 <= tap6_xhdl11;
       tap8_xhdl13 <= tap7_xhdl12; tap9_xhdl14 <= tap8_xhdl13;
       tap10_xhdl2 <= tap9_xhdl14; tap11_xhdl3 <= tap10_xhdl2;
       tap12_xhdl4 <= tap11_xhdl3; tap13_xhdl5 <= tap12_xhdl4;
       tap14_xhdl6 <= tap13_xhdl5; tap15 <= tap14_xhdl6;
      END IF;  END IF;
   END PROCESS;
  END trans;
```

将此模块命名为basic_shift_register_with_multiple_taps.vhd，以备主程序调用。

16 输入并行加法器可利用 IP 核实现，运行 IP 核生成向导，在 Arithmetic 分类下找到 parrallel_add IP 核，该 IP 核的设置界面如图 11.35 所示，设置输入位宽为 16bits，同时设置为输入端的个数为 16 个。

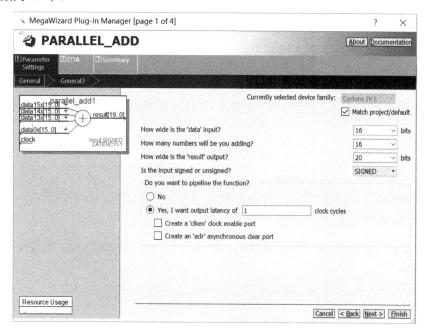

图 11.35　并行加法器设置界面

4. 反馈环路设计

信号幅值提取电路输出的幅值一个参考值做减法，差值经过累加去控制 AGC 环路的输出，这就是反馈环路的设计原理，其 VHDL 描述如例 11.10 所示，将该模块命名为 FeedbackLoop.vhd，便于在主程序中调用该模块。

【例11.10】　反馈环路的VHDL描述。

```vhdl
LIBRARY ieee;
USE ieee.std_logic_1164.all;
USE ieee.std_logic_unsigned.all;
ENTITY FeedbackLoop IS
   PORT(
     rst       : IN STD_LOGIC;
     clk       : IN STD_LOGIC;
     avg       : IN STD_LOGIC_VECTOR(15 DOWNTO 0);
     ref_value : IN STD_LOGIC_VECTOR(15 DOWNTO 0);
     df        : OUT STD_LOGIC_VECTOR(9 DOWNTO 0));
END FeedbackLoop;
ARCHITECTURE trans OF FeedbackLoop IS
   SIGNAL sum     : STD_LOGIC_VECTOR(25 DOWNTO 0);
   SIGNAL loopout : STD_LOGIC_VECTOR(25 DOWNTO 0);
   SIGNAL pd      : STD_LOGIC_VECTOR(15 DOWNTO 0);
BEGIN
   ------- 与参考信号求差值----------
   pd <= ref_value - avg;
```

```
--------累加器----------
  PROCESS(clk, rst)
  BEGIN
    IF (rst = '1') THEN
      sum <= "00000000000000000000000000";
      loopout <= "00000000000000000000000000";
    ELSIF (clk'EVENT AND clk = '1') THEN
      sum <= sum + (pd(15) & pd(15) & pd(15) & pd(15) & pd(15) & pd(15)
      & pd(15) & pd(15) & pd(15) & pd(15) & pd(15 DOWNTO 0));
      loopout <= sum + (pd(15) & pd(15) & pd(15) & pd(15) & pd(15)
& pd(15) & pd(15) & pd(15) & pd(15) & pd(15) & pd(15 DOWNTO 0));
    END IF;
  END PROCESS;
  df <= loopout(25 DOWNTO 16);
END trans;
```

5. 数字 AGC 的顶层设计

数字AGC的顶层VHDL源代码见例11.11，将其命名为SmallAGC.vhd，其文件层次结构如图11.36所示。

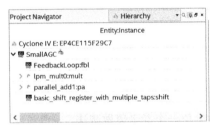

图 11.36　文件层次结构

【例 11.11】　数字 AGC 的顶层 VHDL 源代码。

```
LIBRARY ieee;
USE ieee.std_logic_1164.all;
    USE ieee.std_logic_signed.all;
ENTITY SmallAGC IS
  PORT(
    clk       : IN STD_LOGIC;
    rst       : IN STD_LOGIC;
    din       : IN STD_LOGIC_VECTOR(15 DOWNTO 0);
    agc_out   : OUT STD_LOGIC_VECTOR(15 DOWNTO 0));
END SmallAGC;
ARCHITECTURE trans OF SmallAGC IS
    COMPONENT lpm_mult0
        PORT(dataa     : IN STD_LOGIC_VECTOR (15 DOWNTO 0);
             datab     : IN STD_LOGIC_VECTOR (9 DOWNTO 0);
             result    : OUT STD_LOGIC_VECTOR (25 DOWNTO 0));
    END COMPONENT;
    COMPONENT parallel_add1
        PORT(
             clock     : IN STD_LOGIC   := '0';
             data0x    : IN STD_LOGIC_VECTOR (15 DOWNTO 0);
```

```
              data10x       : IN STD_LOGIC_VECTOR (15 DOWNTO 0);
              data11x       : IN STD_LOGIC_VECTOR (15 DOWNTO 0);
              data12x       : IN STD_LOGIC_VECTOR (15 DOWNTO 0);
              data13x       : IN STD_LOGIC_VECTOR (15 DOWNTO 0);
              data14x       : IN STD_LOGIC_VECTOR (15 DOWNTO 0);
              data15x       : IN STD_LOGIC_VECTOR (15 DOWNTO 0);
              data1x        : IN STD_LOGIC_VECTOR (15 DOWNTO 0);
              data2x        : IN STD_LOGIC_VECTOR (15 DOWNTO 0);
              data3x        : IN STD_LOGIC_VECTOR (15 DOWNTO 0);
              data4x        : IN STD_LOGIC_VECTOR (15 DOWNTO 0);
              data5x        : IN STD_LOGIC_VECTOR (15 DOWNTO 0);
              data6x        : IN STD_LOGIC_VECTOR (15 DOWNTO 0);
              data7x        : IN STD_LOGIC_VECTOR (15 DOWNTO 0);
              data8x        : IN STD_LOGIC_VECTOR (15 DOWNTO 0);
              data9x        : IN STD_LOGIC_VECTOR (15 DOWNTO 0);
              result        : OUT STD_LOGIC_VECTOR (19 DOWNTO 0));
      END COMPONENT;
  COMPONENT FeedbackLoop IS
      PORT (
          rst       : IN STD_LOGIC;
          clk       : IN STD_LOGIC;
          avg       : IN STD_LOGIC_VECTOR(15 DOWNTO 0);
          ref_value : IN STD_LOGIC_VECTOR(15 DOWNTO 0);
          df        : OUT STD_LOGIC_VECTOR(9 DOWNTO 0));
    END COMPONENT;
  COMPONENT basic_shift_register_with_multiple_taps IS
      PORT(clk   : IN STD_LOGIC;
      enable,rst  : IN STD_LOGIC;
      sr_in   : IN STD_LOGIC_VECTOR(15 DOWNTO 0);
      tap0,tap1,tap2,tap3 : OUT STD_LOGIC_VECTOR(15 DOWNTO 0);
      Tap4,tap5,tap6,tap7 : OUT STD_LOGIC_VECTOR(15 DOWNTO 0);
      Tap8,tap9,tap10,tap11 : OUT STD_LOGIC_VECTOR(15 DOWNTO 0);
      Tap12,tap13,tap14,tap15 : OUT STD_LOGIC_VECTOR(15 DOWNTO 0));
  END COMPONENT;
    SIGNAL df               : STD_LOGIC_VECTOR(9 DOWNTO 0);
    SIGNAL mult0            : STD_LOGIC_VECTOR(25 DOWNTO 0);
    SIGNAL r                : STD_LOGIC_VECTOR(19 DOWNTO 0);
    SIGNAL d0               : STD_LOGIC_VECTOR(15 DOWNTO 0);
    SIGNAL d1               : STD_LOGIC_VECTOR(15 DOWNTO 0);
    SIGNAL d2               : STD_LOGIC_VECTOR(15 DOWNTO 0);
    SIGNAL d3               : STD_LOGIC_VECTOR(15 DOWNTO 0);
    SIGNAL d4               : STD_LOGIC_VECTOR(15 DOWNTO 0);
    SIGNAL d5               : STD_LOGIC_VECTOR(15 DOWNTO 0);
    SIGNAL d6               : STD_LOGIC_VECTOR(15 DOWNTO 0);
    SIGNAL d7               : STD_LOGIC_VECTOR(15 DOWNTO 0);
    SIGNAL d8               : STD_LOGIC_VECTOR(15 DOWNTO 0);
    SIGNAL d9               : STD_LOGIC_VECTOR(15 DOWNTO 0);
    SIGNAL d10              : STD_LOGIC_VECTOR(15 DOWNTO 0);
    SIGNAL d11              : STD_LOGIC_VECTOR(15 DOWNTO 0);
    SIGNAL d12              : STD_LOGIC_VECTOR(15 DOWNTO 0);
```

```vhdl
    SIGNAL d13           : STD_LOGIC_VECTOR(15 DOWNTO 0);
    SIGNAL d14           : STD_LOGIC_VECTOR(15 DOWNTO 0);
    SIGNAL d15           : STD_LOGIC_VECTOR(15 DOWNTO 0);
    SIGNAL agc_out_abs   : STD_LOGIC_VECTOR(15 DOWNTO 0);
    SIGNAL sig_in        : STD_LOGIC_VECTOR(15 DOWNTO 0);
    -- Declare intermediate signals for referenced outputs
    SIGNAL agc_out_xhdl0 : STD_LOGIC_VECTOR(15 DOWNTO 0);
BEGIN
    -- Drive referenced outputs
    agc_out <= agc_out_xhdl0;
    sig_in <= (din(15) & din(15) & din(15) & din(15) & din(15) & din(15)
  & din(15) & din(15) & din(15 DOWNTO 8));
    ------调用 16x10 乘法器-----
    mult : lpm_mult0
      PORT MAP(dataa  => sig_in,
               datab  => df,
               result => mult0);
    ------调用 16 输入并行加法器-----
    pa : parallel_add1
      PORT MAP( clock => clk,
        data0x => d0, data10x => d10, data11x => d11,
        data12x => d12, data13x => d13, data14x => d14,
        data15x => d15, data1x => d1, data2x => d2,
        data3x => d3, data4x => d4, data5x => d5,
        data6x => d6, data7x => d7, data8x => d8,
        data9x => d9, result => r);
    ------调用移位寄存器组------
    shift : basic_shift_register_with_multiple_taps
      PORT MAP(clk  => clk,
        enable => '1', rst  => rst,
        sr_in => agc_out_abs, tap0 => d0,
        tap10 => d10, tap11 => d11, tap12 => d12,
        tap13 => d13, tap14 => d14, tap15 => d15,
        tap2 => d2,  tap3 => d3,  tap4  => d4,
        tap5 => d5,  tap6 => d6,   tap7 => d7,
        tap8 => d8,  tap9 => d9,  tap1  => d1);
    ------调用反馈环路模块------
    fbl : FeedbackLoop
      PORT MAP(rst    => rst,
        clk       => clk,
        avg       => r(18 DOWNTO 3),
        ref_value => "0110000110101000",  ----基准值 25000
        df        => df);
    ------AGC 输出值取绝对值------
    agc_out_abs <= ABS(agc_out_xhdl0);
    ------截位输出------
    agc_out_xhdl0(15 DOWNTO 0) <= mult0(16 DOWNTO 1);
END trans;
```

数字AGC编译后的RTL结构图如图11.37所示。

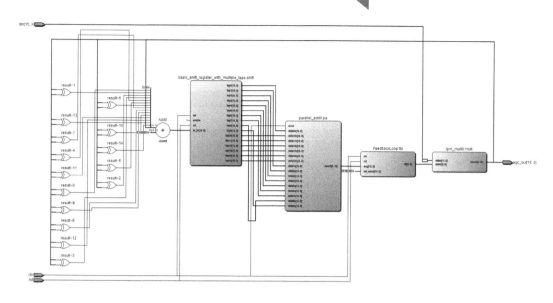

图 11.37 数字 AGC 编译后 RTL 结构图

6. 数字 AGC 的仿真

在数字AGC的具体电路设计中传输位宽的选择十分重要，原则是尽量保持有效的数据位数，对多余的符号位施行截位操作，满足最大精度的位宽选择是经过多次的调整和仿真得到的，并且下载到FPGA中进行了验证。

图11.38给出一个数字AGC控制和收敛过程波形示意图，第一列的波形是正弦信号发生器产生的最大幅度为251的正弦波；第二列的波形是数字AGC输出的受控的波形，最后收敛的幅度大约是15000（绝对数量）；第三列的波形是增益控制乘法器的增益量，可以看到它在一直增大，一直到AGC输出收敛。

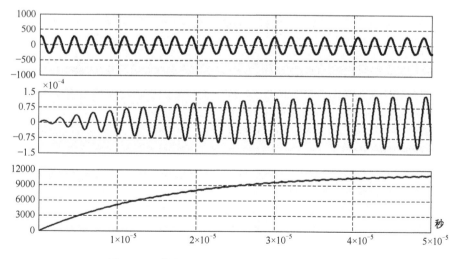

图 11.38 数字 AGC 控制和收敛过程波形示意图

图 11.39 给出数字 AGC 控制和收敛过程 ModelSim 仿真波形，第 3 列 sig_in 波形是预设的最大幅度为 128 的正弦波；第 4 列 agc_out 波形是数字 AGC 输出的受控的波形，最后收敛的幅度大约是 18000（绝对数量）；第 5 列 avg 波形是信号样值提取电路得到的信号平均幅度值；第 6 列 pd 波形是参考值减去信号幅值的差值；第 7 列即最后一列 df 波形是增益控制乘法器的增益量，可以看到它在一直增大，一直到 AGC 输出收敛,最后稳定在一个固定值上。图 11.40 是数字 AGC

控制和收敛过程 ModelSim 仿真波形的启动部分的局部放大，从中也可看到信号增大的趋势。

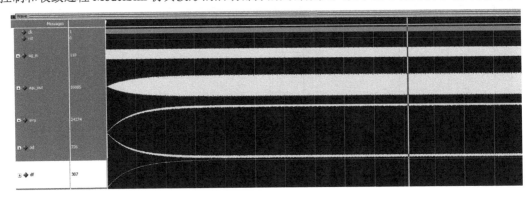

图 11.39   数字 AGC 控制和收敛过程仿真波形（ModelSim）

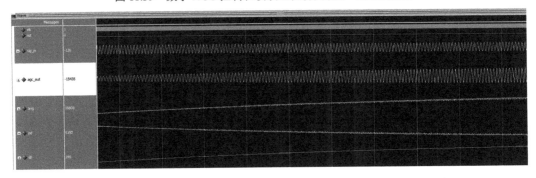

图 11.40   数字 AGC 控制和收敛过程 ModelSim 仿真波形（局部放大）

本节介绍了数字中频接收机中使用的一种轻量级、高灵敏度的数字 AGC，基于 FPGA 实现了该数字 AGC，仿真结果表明达到了设计目标。

习　题　11

11.1　设计一个基于直接数字式频率合成器（DDS）结构的数字相移信号发生器。

11.2　用VHDL设计并实现一个31阶的FIR滤波器。

11.3　用VHDL设计并实现一个32点的FFT运算模块。

11.4　某通信接收机的同步信号为巴克码1110010。设计一个检测器，其输入为串行码x，当检测到巴克码时，输出检测结果$y=1$。

11.5　用FPGA实现步进电机的驱动和细分控制，首先实现用FPGA对步进电机转角进行细分控制；然后实现对步进电机的匀加速和匀减速控制。

11.6　用FPGA设计实现一个语音编码模块，对经A/D采样（采样频率为8kHz，每个样点8bit量化编码）得到的64kbit/s数字语音信号进行压缩编码，将语音速率压缩至16kbit/s，编码算法采用CVSD（Continuously Variable Slope Delta，连续可变斜率增量）调制算法，编写VHDL源代码，用FPGA实现该编码算法。

附录 A VHDL 关键字

以下是 VHDL'87 标准和 VHDL'93 标准中定义的关键字（保留字），不可用做标识符。

abs	if	register
access	impure	reject
after	in	rem
alias	inertial	report
all	inout	return
and	is	rol
architecture	label	ror
array	library	select
assert	linkage	severity
attribute	literal	signal
begin	loop	shared
block	map	sla
body	mod	sll
buffer	nand	sra
bus	new	srl
case	next	subtype
component	nor	then
configuration	not	to
constant	null	transport
disconnect	of	type
downto	on	unaffected
else	open	units
elsif	or	until
end	others	use
entity	out	variable
exit	package	wait
file	port	when
for	postponed	while
function	procedure	with
generate	process	xnor
generic	pure	xor
group	range	
guarded	record	

参 考 文 献

[1] 王金明. 数字系统设计与 VHDL. 2 版. 北京：电子工业出版社，2018.

[2] IEEE Computer Society. IEEE Standard Verilog Hardware Description Language. IEEE Std 1364-2001, The Institute of Electrical and Electronics Engineers, Inc. 2001.

[3] IEEE Computer Society. 1364.1 IEEE Standard for Verilog Register Transfer Level Synthesis. IEEE Std 1364[1]. Institute of Electrical and Electronics Engineers, Inc. 2002.

[4] Actel Corporation. Actel HDL Coding Style Guide.

[5] Stuart Sutherland. The IEEE Verilog 1364-2001 Standard, What's New, and Why You Need It. Sutherland HDL, Inc. 2001.

[6] 潘松，黄继业. EDA 技术实用教程. 3 版. 北京：科学出版社，2006.

[7] 王庆春，何晓燕，崔智军. 基于 FPGA 的多功能 LCD 显示控制器设计. 电子设计工程. 2012，20(23). 西安：2012.